H.-J. Kretschmann · F. Wingert

Computeranwendungen bei Wachstumsproblemen in Biologie und Medizin

Einführung in die Theorie und exemplarische Darstellung der Praxis besonders an den Ergebnissen der Entwicklung des Zentralnervensystems

Mit 124 Abbildungen

Springer-Verlag Berlin · Heidelberg · New York 1971

Professor Dr. Hans-Joachim Kretschmann
Medizinische Hochschule Hannover
Department Anatomie
Leiter der Abteilung IV

Dr. Friedrich Wingert
Medizinische Hochschule Hannover
Department für Biometrie und Medizinische Informatik

3000 Hannover-Kleefeld, Roderbruchstraße 101

ISBN 978-3-540-05401-6 ISBN 978-3-642-93006-5 (eBook)

DOI 10.1007/ 978-3-642-93006-5

Vorwort

Dieses Buch entstand in gemeinsamer Arbeit der Autoren an Wachstumsproblemen des Gehirns. Einige Grundzüge der Theorie und verschiedene Ergebnisse wurden bereits früher in mehreren Aufsätzen veröffentlicht.

In den beiden Jahren 1969 und 1970 war der eine Autor (Wingert) am Deutschen Rechenzentrum tätig. Er erweiterte dort die Theorie wesentlich und schrieb mehrere Computer-Programme, die Lösungsmöglichkeiten für ein breites Spektrum von Wachstumsproblemen bieten. Die verschiedenen Stufen der Theorie wurden durch unsere Untersuchungen aus der quantitativen Neuroanatomie bestätigt. Auch unser älteres Material wurde für diese Studie mit den neuen Programmen ausgewertet und wird zum Teil hier erstmals veröffentlicht.

Die großzügige Bereitstellung der Anlagen des Deutschen Rechenzentrums und die finanzielle Hilfe der Deutschen Forschungsgemeinschaft machte unsere Arbeiten über Wachstumsprobleme möglich.

Im Laufe unserer Untersuchungen zeigte sich, daß gleiche oder ähnliche Probleme, wie wir sie in der Neuroanatomie fanden, auch in anderen Bereichen der Biologie und der Medizin auftreten. Daten aus anderen Disziplinen fanden wir im Schrifttum leider nur in einigen Fällen, da fast nie Originaldaten, sondern nur Mittelwerte veröffentlicht wurden, die für eine biometrische Wachstumsanalyse selten ausreichen. Infolge der aufwendigen Berechnungen beschränkten sich die bisherigen Publikationen fast ausschließlich entweder auf die Angabe von Frei-Hand-Kurven oder auf punktuelle Untersuchungen. Hier sollen die Computer-Programme ein neues Instrumentarium bieten.

Wir haben in diesem Buch ausführlich die mathematische Theorie des biologischen Wachstums und die Verwendung der Bibliotheksprogramme beschrieben, weil damit die Voraussetzungen geschaffen werden, neue Gebiete, z. B. die quantitative Embryologie bzw. die quantitative Untersuchung der Ontogenese zu erschließen. Außerdem können die theoretischen Grundlagen in weiten Bereichen der Biologie – wie in der Pflanzen-, Fisch- und Haustierzucht – angewendet werden. Dafür steht mit dieser Publikation das theoretische und in den Computer-Programmen auch das praktische interdisziplinäre Werkzeug zur Verfügung.

Nach einem Überblick über die in der Biologie und der Medizin interessierenden Wachstumsprozesse in Kapitel 1 wird in Kapitel 2 die Arbeit im "Vorfeld" der eigentlichen Wachstumsanalyse kurz dargestellt. Darunter fällt die Versuchsplanung, die Datenerhebung selbst und die Aufbereitung der Meßdaten zur Computereingabe.

In Kapitel 3 und 4 wird die mathematische Theorie der Wachstumsanalyse behandelt. Sie umfaßt die Beschreibung der vorwiegend als Wachstumsfunktionen verwendeten Funktionstypen und die Charakterisierung der für unsere Untersuchungen verwendeten Verallgemeinerung der logistischen Wachstumsfunktion sowie die Analyse des Reifegrades und die Untersuchung der Güte der Ausgleichung. In Kapitel 4 wird mit der Mehrkomponentenanalyse ein Verfahren vorgestellt, das in speziellen Fällen eine analytische Auftrennung in Phasen oder Komponenten gestattet. Die beiden Kapitel 3 und 4 stellen notwendigerweise große Anforderungen an den Leser, da er sich mit Begriffen und Methoden der höheren Mathematik auseinandersetzen muß. Das Verständnis der Theorie ist zwar keine Voraussetzung für die formale Anwendung der Programme, wohl aber für eine optimale Wachstumsanalyse. Auf die detaillierte Darstellung des mathematischen Kalküls der Ausgleichsrechnung wurde verzichtet, da dieser bereits an anderer Stelle veröffentlicht wurde und für die Anwendung in den hier geschriebenen Programmen zur Verfügung steht.

In Kapitel 5 wird eine kurze Einführung in die elektronische Datenverarbeitung gegeben, soweit sie als "Gebrauchsanweisung für Bibliotheksprogramme" notwendig ist. Einige häufige statistische Tests und die dafür verfügbaren Programme werden erläutert. Kapitel 5 enthält außerdem die Beschreibung der verschiedenen Programme zur Wachstumsanalyse mit Beispielen.

Aus den anfangs erwähnten Gründen umfaßt der Ergebnisteil in Kapitel 6 fast ausschließlich eigene Untersuchungen aus der quantitativen Neuroanatomie. Das Gehirn bietet jedoch durch seine komplexe Entwicklung eine solche Vielfalt von Wachstumsphänomenen, daß uns eine intensive Erörterung der hier auftretenden Probleme als gutes Modell für die Bearbeitung von Wachstumsproblemen in anderen Disziplinen erscheint. Die Darstellung der Entwicklung des Gehirns und seiner Regionen wurde so einfach gehalten, daß auch der nicht speziell neuroanatomisch orientierte Biologe und Mediziner ein anschauliches Bild erhält. Wir wollen gleichzeitig betonen, daß man mit denselben Programmen auch andere Merkmale wie zelluläre oder biochemische Größen während des Wachstums analysieren und dadurch Einblicke in heute noch unbekannte biologische Mechanismen erhalten kann.

In Kapitel 7 wird kritisch auf die in der Biologie weit verbreitete Allometrie-Rechnung eingegangen. Kapitel 8 enthält ein Glossar mit den wichtigsten im Text nicht definierten Begriffen und ein ausführliches Sachwortregister.

Dem Stiftungsvorstand des Deutschen Rechenzentrums, Herrn Dr. E. Glowatzki, haben wir für die kritische Durchsicht des Manuskripts und für wertvolle Hinweise zu danken. Verschiedene Anregungen erhielten wir auch von den Herren Prof. Dr. K. Fleischhauer, Direktor des Anatomischen Instituts der Universität Bonn, Prof. Dr. K.-W. Gaede, Direktor des Mathematischen Instituts der Technischen Hochschule Darmstadt, und Prof. Dr. B. Kummer, Direktor des Anatomischen Instituts der Universität Köln. Unseren Mitarbeitern Frau R. Kerl, Fräulein cand. med. A. Kreibig, Fräulein stud. med. Ch. Stapf, Herrn cand. med. N. Freckmann, Herrn cand. med. F. Lütz, Herrn H. Schneeberger und Herrn cand. med. dent. K.-D. Stoll danken wir für ihre tatkräftige Hilfe. Frau Dir. M. Helfrich gab uns die Möglichkeit, das Manuskript in einer Klausur fertigzustellen. Frau H. Runkel schrieb in vorbildlicher Weise das Manuskript, das für den Offsetdruck als Vorlage diente. Dem Springer-Verlag danken wir für die gute drucktechnische Ausstattung des Buches.

Frankfurt und Darmstadt, Dezember 1970

H.-J. Kretschmann
F. Wingert

Inhalt

Maschinensaal des Deutschen Rechenzentrums
mit der Anlage IBM 7094

1 Einleitung

Das Wachstum ist ein Grundphänomen aller lebenden Organismen. Die Probleme der Wachstumsanalyse erstrecken sich daher über Botanik, Pädiatrie, Zoologie, Anatomie, Cytologie, Histologie, Physiologie, Bakteriologie, Pharmakologie, Biochemie, Systematik, Evolutionslehre, Tierzucht und viele andere Gebiete der Biologie und der Medizin:

- In der Pflanzenzucht interessiert man sich z. B. für schnell wachsendes Getreide,
- in der Pädiatrie sind etwa die normalen und pathologischen Gewichtskurven von Neugeborenen und Kindern von Bedeutung,
- in der Fischzucht ist es die Zunahme des "Nichtgrätenanteils" der Fische,
- in der Haustierzucht die Fleischmenge des Schlachtviehs.
- Auch Bakterienkulturen wachsen nach ähnlichen Funktionen wie die Organe von Mensch und Tier.

Unter <u>Wachstum</u> im engeren Sinne verstehen wir die von der Zeit (<u>Alter</u>) abhängigen Größenänderungen (Zunahme und Abnahme) lebender Systeme in ihrer Gesamtheit, in ihren organisierten und nicht-organisierten, in ihren zellulären und nicht-zellulären und in ihren einzelnen biochemischen Teilen. Eine Zunahme des Substrats resultiert daraus, daß der Aufbau von Substanz schneller ist als deren Abbau. Zum Wachstum im weiteren Sinne wollen wir mathematische <u>Abhängigkeiten</u> quantitativer und qualitativer Merkmale rechnen, wenn diese wie Wachstumsprozesse im engeren Sinne verlaufen. Darunter fällt z. B. die <u>Wirkung</u> bei verschiedenen Dosen eines Medikamentes oder Giftes, wobei unter der Wirkung sowohl kontinuierlich meßbare (z. B. der Blutdruck), als auch diskret zählbare Variablen (z. B. die Anzahl in einem Versuch sterbender bzw. überlebender Tiere) verstanden werden.

Die graphische Darstellung der Meßdaten gegen die Zeit zeigt meist einen S-förmigen Verlauf, wenn das untersuchte Intervall groß genug ist und wenn es sich um einen asymptotischen Wachstumsprozeß handelt [15, 16, 17, 23, 27, 43, 49, 50, 51, 67, 68, 94 bis 98, 129, 130, 151 bis 153]. Die Meßdaten liegen jedoch nicht auf einer Kurve, sondern in einem mehr oder weniger breiten Band, dessen Verlauf den Trend anzeigt. Ist eine genügend große Anzahl von Messungen vorhanden, dann kann eine Frei-Hand-Kurve in das Datenband hineingelegt werden. Sie übernimmt die Information über den Trend. Die Abweichungen der einzelnen Meßdaten vom Verlauf der Kurve werden als "individuelle Fehler" oder als "Streuung" erklärt. Man ist stets bestrebt, den Kurvenverlauf in der Mitte des Datenbandes zu halten. Dadurch wird die Kompression der Informationen an jeder Stelle auf einen einzigen Kurvenpunkt erreicht. Die Frei-Hand-Kurve ist als die lückenlose Aneinanderreihung der Kurvenpunkte das Äquivalent für die Hypothese, daß dem Datenverlauf ein erfaßbarer funktioneller Zusammenhang zugrunde liegt, der von zufälligen Fehlern überlagert wird. Ein Kurvenpunkt ist eine Schätzung für den Mittelwert an einer Meßstelle. Daher besitzt die Frei-Hand-Kurve infolge ihrer Eigenschaft, die Menge der wahrscheinlichsten Meßergebnisse zu approximieren, eine gewisse praktische Bedeutung. Unter der Voraussetzung, daß der funktionelle Zusammenhang stetig ist, die (unbekannte) "wahre" Kurve also keine Sprünge besitzt, liefert die Schätzkurve auch dort Informationen, wo keine Messungen vorliegen (Interpolation, Extrapolation). Es ist leicht einzusehen, daß die Genauigkeit der Schätzkurve mit der Anzahl der Daten und der Gleichmäßigkeit ihrer Verteilung wächst und mit zunehmender Breite des Datenbandes geringer wird.

Mit der Frei-Hand-Kurve ist zwar ein wesentlicher Schritt zur Kompression der Informationen getan, die große subjektive Freiheit bei der Festlegung des Verlaufs mindert ihren praktischen Wert aber stark. Dazu kommt der Nachteil, daß die Informationen nur als Linie vorliegen und nicht als direkt vergleichbare und interpretierbare Zahlenwerte (Parameter). Weiterhin können Frei-Hand-Kurven nicht genau genug normiert werden. Damit fehlt eine Möglichkeit, sie untereinander zu vergleichen. Außerdem können mit Frei-Hand-Kurven keine statistischen Analysen und Mehrkomponentenanalysen durchgeführt werden, wie dies in Abschnitt 3.2 und Kapitel 4 gezeigt wird.

Ist die Frei-Hand-Kurve eine Gerade, dann kann die gesamte Information in die Angabe von zwei Punkten der Geraden komprimiert werden. Meist sind das die Punkte y an der Stelle $x=0$ (absolute Konstante B) und y an der Stelle $x = 1$ (Steigung

A + B). Dabei ist jedoch zu beachten, daß die Interpretation der Frei-Hand-Kurve als Gerade eine willkürliche, starke Einschränkung darstellt, sofern nicht theoretische Erkenntnisse einen linearen Zusammenhang postulieren. In der Medizin ist aber dieser Fall nicht oft gegeben. Bei den von uns beobachteten Wachstumsprozessen ist der Datenverlauf meist nicht-linear.

Es gibt bisher keine Theorie, die die mathematische Form des funktionellen Zusammenhangs festlegt. Will man also – wie beim linearen Problem – den Kurvenverlauf durch Parameter charakterisieren, dann muß in einer ersten Stufe der Funktionstyp festgelegt werden. Die Postulate, den Datenverlauf zu objektieren, die Ergebnisse vergleichen zu können und Gesetzmäßigkeiten zu erkennen, zwingen zu

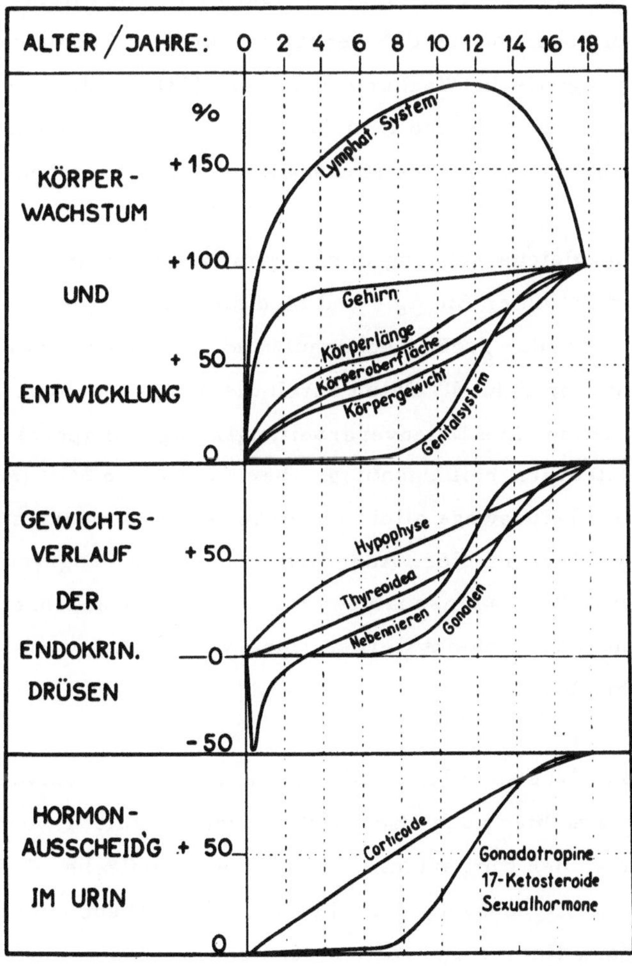

Bild 1: Frei-Hand-Kurven des relativen Wachstums der Körpergröße, des Gewichts verschiedener Organe und der Hormon-Ausscheidung beim Menschen [42]

diesem exakteren Vorgehen bei der Bestimmung der Schätzkurve. Mathematische Verfahren liefern wichtige zusätzliche Informationen: eine Schätzfunktion für die Kurve und Aussagen über deren Sicherheit. Beides sind Voraussetzungen guter quantitativer Resultate, die bei der Frei-Hand-Kurve nicht zu erhalten sind.

Zwei Beispiele aus der Literatur sollen für viele andere zeigen, wie Frei-Hand-Kurven bei Wachstumsanalysen zu falschen Aussagen führen können. Nach Bild 1 aus [42] scheint die Zunahme des Hirngewichts beim Menschen bis zum 18. Lebensjahr anzudauern, und nach einer zweiten Literaturstelle ([71 zitiert nach 52]): "... nimmt die Masse des Gehirns beim Menschen zwischen der Geburt und dem 14. Lebensjahr um mehr als das Vierfache zu." "Die Kurve steigt von der Embryonalzeit bis zum 14. Lebensjahr steil an" [52]. Tatsächlich haben Kurven, die nach der Methode der kleinsten Quadrate (GAUSS) erhalten wurden, einen anderen Verlauf. Die verallgemeinerte logistische Wachstumsfunktion (33) wurde Daten aus der Literatur [104] angepaßt ([152, 153] und Bild 50, 51). Dabei zeigt sich, daß mit etwa vier bis fünf Jahren die Zunahme des Hirngewichts beim Menschen beendet ist.

Seit GAUSS ist die Ausgleichsrechnung in den Naturwissenschaften eine unentbehrliche Methode geworden; in der Biologie und Medizin wird sie erst in der Gegenwart verwendet. Dafür ist wohl der große Rechenaufwand, besonders bei nicht-linearen Funktionen, mit verantwortlich. 50 Daten durch die 3-, 4- und 5-parametrige logistische Wachstumsfunktion ohne Datenverarbeitungsanlage zu approximieren, dauert Wochen, mit einer Datenverarbeitungsanlage aber nur wenige Minuten. Großrechenanlagen verkürzen aber keineswegs allein die Arbeitszeit, sondern sie vermeiden auch die vielen kleinen Rechenfehler. Außerdem können die Programme für die im folgenden beschriebenen Wachstumsanalysen im Deutschen Rechenzentrum dupliziert und jedem Interessenten zugeschickt werden. Ihre Verwendung wird in den Abschnitten 5.9 und 5.10 beschrieben.

Optimale Wachstumsanalysen werden in Biologie und Medizin Neuland erschließen, denn zu viele Fragen sind hier noch offen. Alle Kurven in Bild 1 vom Wachstum des lymphatischen Systems, der Körperlänge, der Körperoberfläche, des Körpergewichts, des Genitalsystems, der Hypophyse, der Thyreoidea, der Nebennieren und der Gonaden sind Frei-Hand-Kurven und sollten nunmehr für den gesunden, menschlichen Organismus mit mathematischen Methoden berechnet werden. In der zweiten Stufe wären Wachstumsanalysen bei gestörtem Hormonhaushalt oder unter anderen pathologischen Bedingungen wünschenswert. In der dritten Stufe müßte mit biometrischen

Methoden geprüft werden, ob und wie eine Therapie oder - allgemein - wie exogene Faktoren in das Wachstumsgeschehen eingreifen. Für den Menschen sind dies alles Langzeituntersuchungen, die zeitaufwendig, aber notwendig sind. Der bisher erforderliche große Rechenaufwand ist wohl die Ursache dafür, daß darüber nur grobe Schätzungen, aber keine zuverlässigen Angaben vorliegen. Wenn überhaupt, dann wurden diese Probleme nur punktuell untersucht. Bild 2 soll die dabei auftretenden Gefahren veranschaulichen.

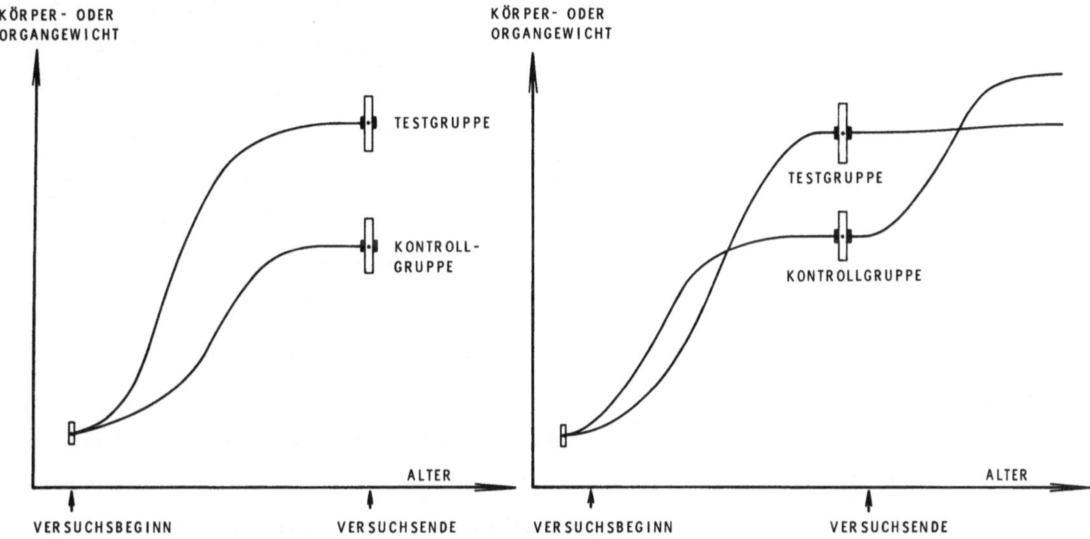

Bild 2: Verschiedene mögliche Wachstumsverläufe bei gleichen Stichprobenergebnissen, die zu Fehlinterpretationen führen können

Bei Versuchsbeginn werden zwei gleichwertige Gruppen zusammengestellt. Die Testgruppe wird dem exogenen Faktor ausgesetzt und später am Versuchsende die Variable Körper- oder Organgewicht oder eine andere physiologische Größe bei Test- und Kontrollgruppe statistisch verglichen. Aus der Wachstumskurve werden so zwei Punkte herausgegriffen. Bild 2 (rechts) zeigt, daß zwei derartige Stichproben eine intermediäre Phase des Entwicklungsprozesses treffen können und nur Werte liefern, die für diese Phase gelten. Solch komplizierte Wachstumskurven sind nicht hypothetisch, für das Zentralnervensystem werden sie in Abschnitt 6.3 gezeigt.

Eine Wachstumsanalyse liefert stets Informationen über einen größeren Zeitraum und nicht nur über wenige Punkte in einem Wachstumsprozeß. Die gleichen Probleme treten z.B. auf, wenn das Wachstum von Bakterienkulturen ohne und mit Zusatz von Antibiotika oder das Wachstum von Getreide, Fischen, Haustieren und biologischen Strukturen schlechthin punktuell untersucht wird.

Allein im neuroanatomischen Bereich sind durch bisherige Studien [72, 116, 122] viele interessante Phänomene entdeckt worden, die weiter geklärt werden sollten. So wurde nachgewiesen [86, 87], daß die Hirngewichte bei Füchsen in der ersten Gefangenschaftsgeneration schon um etwa 25 % reduziert werden. Es scheint, daß äußere Faktoren die Entwicklung des Zentralnervensystems wesentlich beeinflussen können. In diese Richtung weist auch eine vorläufige Studie [6] mit dem sogenannten "handling" bei neugeborenen und infantilen Ratten. Junge Ratten im Alter vom 2. bis 11. postnatalen Tag wurden täglich 15 Minuten aus dem Käfig genommen und gestreichelt, und es wurde mit ihnen gespielt. Die "handled" Ratten zeigten später im adulten Stadium ein anderes Verhalten als die "unhandled" Ratten. Das Hirngewicht und auch das Gewicht des Neocortex sollen bei den "handled" Ratten kleiner sein. Weitere Untersuchungen, vor allem an Primaten, sind notwendig; denn die Frage stellt sich auch für den Menschen, ob und wie weit die morphologische Entwicklung des Zentralnervensystems während des Wachstums beeinflußt werden kann.

Vor diesem Hintergrund sind unsere Untersuchungen über das Wachstum der Hirnregionen zu sehen. Nur aus praktischen Gründen wählten wir das Gehirn eines Kleinsäugers, um die Gesetzmäßigkeiten der Entwicklung der verschiedenen Hirnregionen bei einem normalen Stamm unter weitgehend konstanten exogenen Faktoren zu studieren. Die Ergebnisse werden in Kapitel 6 beschrieben. In künftigen Experimenten sollten die exogenen Faktoren variiert werden, um ihren Einfluß auf die Entwicklung der Hirnregionen zu verfolgen.

Das Wachstum der Hirnregionen wird hier nur als ein Beispiel für Wachstumsprozesse geschildert, wie sie in ähnlicher Form in anderen Bereichen der Biologie ablaufen. Die komplizierte dreidimensionale Struktur versuchten wir durch Bilder so zu veranschaulichen, daß die ermittelten Wachstumskurven auch als Modelle auf das wachsende Substrat von Getreidepflanzen, Bakterienkulturen, Haustieren, bösartigen Tumorzellen und auf andere Substrate übertragbar sind.

2 Der Weg zur Wachstumsfunktion

2.1 Versuchsplanung

Die Fragestellungen bei der Versuchsplanung kennt der Biologe oder Mediziner in seinem Spezialgebiet am besten. Hier sollen nur einige allgemeingültige Regeln für die Lösung von Wachstumsproblemen erwähnt werden.

Das Untersuchungsmaterial muß aus theoretischen und praktischen Gründen weitgehend homogen sein. Da Aussagen über ein bestimmtes Modell gefordert werden, muß das Modell einheitlich sein. Je inhomogener das Substrat ist, desto breiter wird das Datenband, desto weniger ist der Trend festgelegt und um so größer wird der Umfang des Experiments, wenn zuverlässige Schlüsse gezogen werden sollen.

Die Homogenität soll bei Labortieren möglichst in einer genetischen Identität bestehen, wie sie bei den sogenannten "erbgleichen" Stämmen wenigstens angenähert erreicht wird. So bewährten sich in unseren Untersuchungen die NMRI-Albinomäuse, deren individuelle Streuung gering war. Dadurch konnte der Umfang der Stichprobe niedrig gehalten werden. Bei Wildtieren sollte man streng darauf achten, daß sie aus einer einheitlichen Population stammen, damit nicht Populationsunterschiede das Bild verfälschen. Wenn ein Dimorphismus innerhalb einer Population vorliegt, müssen die Individuen in entsprechende Gruppen aufgeteilt und getrennt untersucht werden (z. B. Geschlechtsdimorphismus). Besitzen männliche Tiere ein größeres Gehirn als weibliche Tiere, dann müssen selbstverständlich zwei Wachstumsanalysen durchgeführt werden, da sonst am Ende einer Wachstumsphase noch eine Zunahme der Gehirngröße vorgetäuscht werden könnte, wenn ältere adulte weibliche Gehirne und noch ältere adulte männliche Gehirne in einer Stichprobe vereinigt werden.

Im Stadium der Versuchsplanung muß beachtet werden, daß die Stichprobe für den Wachstumsprozeß repräsentativ ist (Abschnitt 2. 2). Um dies zu unterstreichen, werden wir Angaben aus der Literatur wiedergeben (Abschnitt 6.3.1.3, 6.3.3), bei denen diese Regeln nicht eingehalten wurden und deshalb sichere Resultate der Arbeiten nicht erreicht werden konnten.

Die genaue Altersangabe des wachsenden Mediums stellt in manchen Fällen ein schwieriges Problem dar. In der Pflanzenzucht, bei Bakterienkulturen, bei Labor- und Haustieren ist dafür jedoch nur ein Kalenderprotokoll und eine Uhr notwendig. Auch sollte bei Amnioten die vorgeburtliche Lebenszeit beim Alter berücksichtigt werden. Unter Ontogenesetagen sind die Tage post conceptionem zu verstehen. Wird sinngemäß mit Ontogenesemonaten gerechnet, dann ist hierfür zweckmäßigerweise eine 30-Tage-Einheit post conceptionem festzulegen.

Bei Daten aus der menschlichen Entwicklung ist häufig das genaue Konzeptionsalter unbekannt. Wenn das Datum der letzten Regel vor einer Schwangerschaft bekannt ist, dann kann der geschätzte nächste Ovulationstermin als Zeitpunkt der Konzeption verwendet werden, vorausgesetzt, daß bei dem Embryo oder Kind die Maße wie Scheitel-Steiß-Länge, Körpergewicht, Armlänge mit den Werten in den entsprechenden Tabellen [121, 129] übereinstimmen.

Bei Wildtieren ist derzeitig die Altersangabe noch am schwierigsten. Im wesentlichen sind wir auf eine relative Datierung nach der Entwicklung bestimmter Merkmale angewiesen. Am besten hat sich hierbei die Bestimmung des Alters nach dem Zahnstatus bewährt. Es kann nach Tabellen [66, 102] innerhalb einer gewissen Streubreite geschätzt werden. Röntgenbilder der Zahnkeimanlagen [98] lassen eine noch genauere Datierung zu. Bei Meerkatzen ist die Verkalkung des Schwanzes ein guter Altersindikator für die Mitglieder einer Population. Auch Knochenkerne lassen sich im Röntgenbild für eine Altersbestimmung verwenden (Bilder 40, 41). Zweifellos sind diese Maße bisher wenig systematisch untersucht worden. Wenn für die Domestikations- und Evolutionsforschung Ergebnisse der Wachstumsanalysen auch an Wildtieren, vor allem an den dem Menschen besonders nahestehenden Primaten, einen heuristischen Wert zeigen, dann dürfte es nur eine Frage des finanziellen Einsatzes sein, das Problem der Altersbestimmung zu lösen. Die Tiere müßten in Reservaten gefangen, beringt oder anderweitig markiert werden. Die modernen Agglutinationsnachweise einer Frühschwangerschaft anhand des HCG-Tests (Choriongonadotropin-Test) machen bei regelmäßigen Kontrollen eine Einengung des Konzeptionstermins auf einen kleinen Streubereich möglich. In modernen

Primatenzentren dürften dies keine unüberwindlichen Probleme sein. Damit sind Wege beschrieben, die zu den Abszissenwerten der Meßdaten der Wachstumskurven führen.

Die Ordinatenwerte sind bei Gewichtsbestimmungen mit den modernen Schnellanalysenwaagen leicht zu bestimmen. Organe wie das Gehirn werden so schnell wie möglich post mortem herauspräpariert und ihr Gewicht im unfixierten Zustand als Frischgewicht festgestellt. Das Frischgewicht z. B. der Albinomausgehirne wird durch ihr spezifisches Gewicht (spez. Gewicht = 1.033 ± 0.006) dividiert, um das Frischvolumen des Gehirns zu erhalten.

Der weitere Weg zur Bestimmung des Frischvolumens der Hirnregionen ist kompliziert, weil sich im Laufe der Evolution die Hirnregionen verschoben, verzahnt und torquiert haben, so daß mit einfachen Messerschnitten diese Regionen nicht getrennt werden können. Deshalb müssen die Gehirne in regelmäßige Schnittserien zerlegt werden. Dazu werden die Gehirne in BOUINscher Flüssigkeit fixiert, in Paraffin eingebettet, geschnitten und mit Kresylechtviolett gefärbt [123]. Von einzelnen Schnitten werden Vergrößerungen hergestellt, an denen die Flächeninhalte der Hirnregionen (meist in mm^2) bestimmt werden. Der Abstand der Meßschnitte (Schrittweite) sollte von der Größe und Form der Hirnregion abhängig gemacht werden. Nach Prinzipien der Integralrechnung ergibt die Summe der Produkte aus Flächeninhalt und Schrittweite einen brauchbaren Näherungswert für das Volumen der Hirnregion (siehe (122), Abschnitt 6.3.2.1).

In den verwendeten Paraffinschnittserien schwankt die Schrumpfung der Gehirne zwischen 40 und 60 %. Deshalb muß für jedes Gehirn der Schrumpfungsfaktor bestimmt werden. Mit diesem wird dann für jedes einzelne Gehirn das Frischvolumen der Hirnregionen berechnet [151]. Entsprechend wird man vorgehen, wenn biochemische Größen eines wachsenden Substrats wie die Eiweiß-, DNS- oder Lipidmenge gemessen werden.

2.2 Vorversuch

Im Vorversuch soll ein grober Überblick über Lage und Form der Wachstumskurve gewonnen werden. Diesen erhält man am einfachsten in der graphischen Darstellung der Meßdaten einer kleinen Anzahl von Experimenten durch eine Frei-Hand-Kurve.

Im Hauptversuch soll nämlich das zu untersuchende Merkmal möglichst über den gesamten Variationsbereich gleichverteilt sein. Dieser Ordinatenbereich wird in Intervalle gleicher Länge eingeteilt, deren Anzahl sich nach dem Gesamtaufwand richtet, den man investieren will oder kann. Die Intervalle auf der Ordinate werden durch die Schätzkurve auf die Abszisse abgebildet (Bild 3). Sie gehen dort in Intervalle verschiedener Länge über, die am kürzesten sind, wo die Schätzkurve den steilsten Anstieg besitzt. Hier häufen sich auch die Meßdaten, wenn die Regel eingehalten wird, in allen Intervallen gleich viele Daten zu gewinnen. Für eine Reihe von Problemen soll das am weitesten rechts gelegene Intervall mehr Daten enthalten, wenn der letzte Abszissenbereich sehr groß ausfällt und der Verdacht auf Spätänderungen besteht. Eine umfangreiche Stichprobe schützt nicht vor krassen Fehlschlüssen. Der beschriebene Verteilungsplan sollte daher wenigstens angenähert eingehalten werden, zumal er bei gleicher Sicherheit der Aussage die geringste Anzahl an notwendigen Versuchen garantiert. Damit werden Zeit und eventuell wertvolles Tiermaterial eingespart.

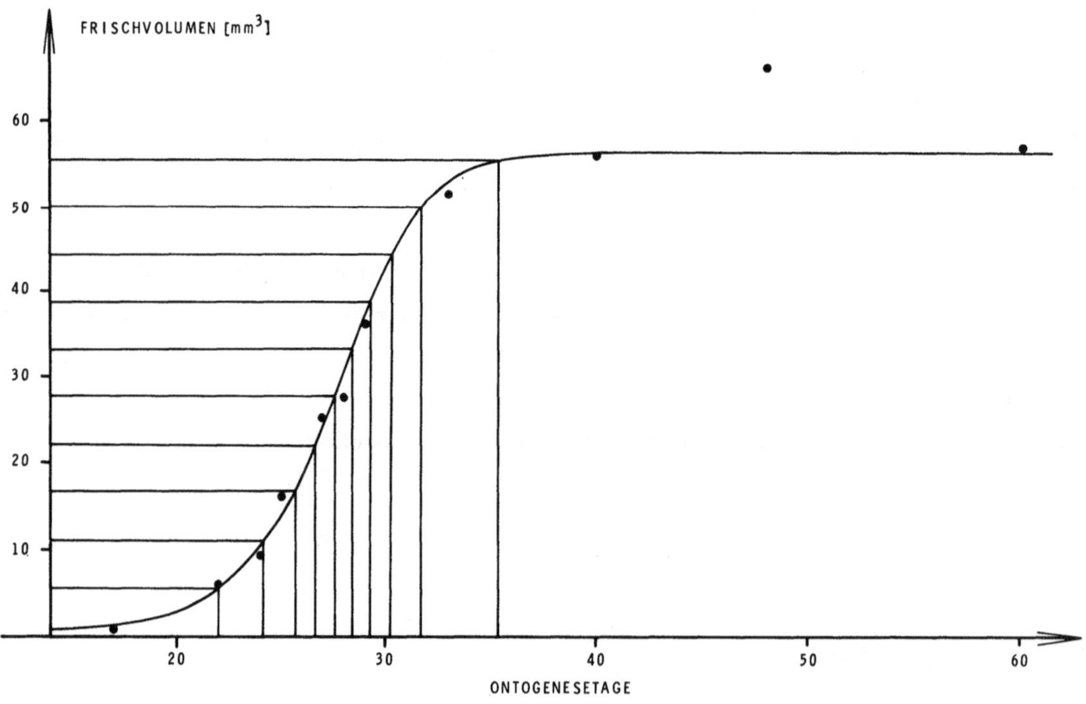

Bild 3: Projektion einer gleichmäßigen Intervallteilung des untersuchten Merkmals durch eine Frei-Hand-Kurve der Wachstumsfunktion auf die Abszisse (Alter) zur Versuchsplanung

2.3 Hauptversuch

Bei einer a priori geforderten Sicherheit der Aussage ist der Arbeitsaufwand im wesentlichen durch die Streuung des untersuchten Merkmals in der Population bestimmt. Je stärker der funktionelle Zusammenhang im Vergleich mit den zufälligen Abweichungen überwiegt, desto kleiner kann die Anzahl der Einzelversuche sein. Hier machen sich Inhomogenitäten im verwendeten Material sehr störend bemerkbar. Bei Serienuntersuchungen an einem Objekt läßt sich im Verlauf des Experiments die Variation beobachten, da bei asymptotischen Wachstumsprozessen die Streuung um den Mittelwert an einer Abszissenstelle meist mit dem Mittelwert ansteigt. Bei der Untersuchung verschiedener Objekte aus einer Population müssen aus den gleichen Gründen in manchen Fällen Erweiterungen der Stichprobe vorgenommen werden, um Beobachtungen abzusichern. Je besser die Klärung im Vorversuch vorgenommen wurde, um so seltener werden solche Überraschungen im Hauptversuch sein.

2.4 Elektronische Datenverarbeitung (EDV)

Mit dem Abschluß des Hauptversuchs liegen die Ergebnisse in Tabellenform vor. Eine Zeile der Tabelle enthält neben einer Angabe über das Individuum die unabhängige Variable (z. B. das Alter eines Versuchsobjekts) und alle an dem Objekt als Merkmale gemessenen abhängigen Variablen. Die technische Form des primären Datenträgers hängt vom Experiment selbst ab. So ist eine einfache Tabelle auf Papier ebenso gebräuchlich wie Markierungsbogen, Lochkarte, Magnetband oder Direkteingabe auf den Plattenspeicher einer Datenverarbeitungsanlage. Wir wollen hier die einfache Datenerfassung mit der handschriftlichen Tabelle und ihre Verarbeitung erläutern, da diese Form wohl die häufigste ist.

Die Datenmatrix in der Tabelle 7 (Abschnitt 6.5) wird auf Lochkarten übertragen. Eine Lochkarte entspricht einer Tabellenzeile. Reicht eine Lochkarte nicht aus, dann können Folgekarten benutzt werden. Eine Zeile der Datenmatrix (eine oder mehrere Lochkarten) ist ein Datensatz. Jeder Datensatz enthält als erste Angabe den Wert der unabhängigen Variablen und danach alle Messungen als abhängige Variablen (Bild 4). Vom Individuum N_1 beträgt z. B. das Alter t_1 und die Größe der ersten

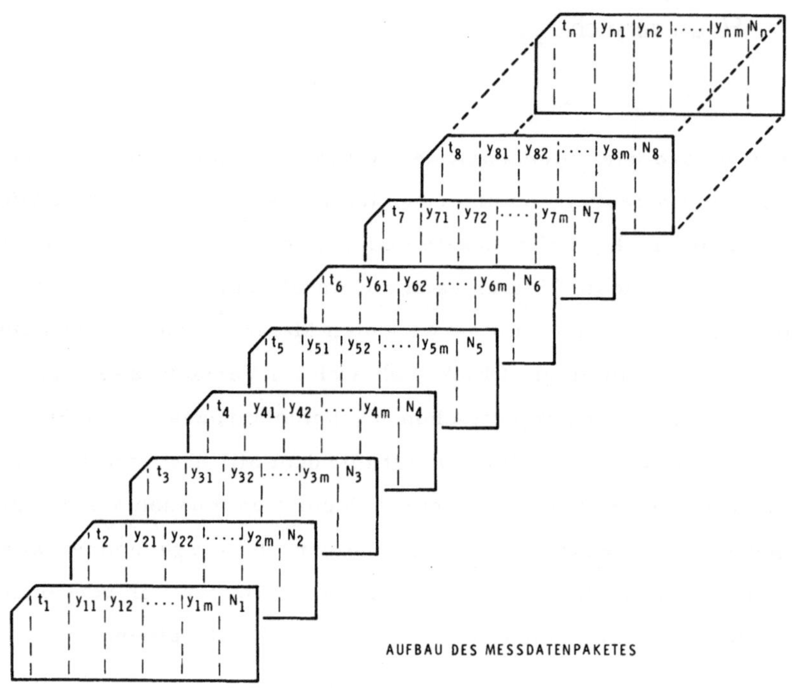

Bild 4: Anordnung der Meßdatenmatrix auf den Lochkarten

Hirnregion y_{11}, die der zweiten Hirnregion y_{12} usw.. Die zweite Lochkarte enthält in gleicher Anordnung die Daten des Individuums N_2, und so folgen die Lochkarten bis zum letzten Individuum N_n. Die zusätzliche Codierung N_i sollte auf jeder Lochkarte (auch den Folgekarten) enthalten sein, da sie eine schnelle Zuordnung von Karte und Untersuchungsobjekt gewährleistet. Folgekarten werden durchnumeriert, um eine schnelle Sortierung und Überprüfung des Kartenpakets vornehmen zu können. Beim Ablochen wird streng darauf geachtet, daß gleichwertige Daten an der gleichen Stelle der Lochkarten stehen und ihre Meßeinheiten gleich sind. Gleiche Dezimalstellen gleichwertiger Daten stehen in der gleichen Spalte der Lochkarte. Da Lochkarten mit Tabelliermaschinen aufgelistet werden können, erhält man leicht wieder eine klassische Tabelle als gut lesbare Unterlage. Bei Verwendung der Lochkarten für die EDV müssen jedoch diese Ablochkonventionen eingehalten werden, wenn Bibliotheksprogramme verwendet werden, da diese die Datensätze in einem bestimmten Ablochformat erwarten. Dies wird in Kapitel 5 näher erläutert.

Die Meßdatenkarten werden in eine festgelegte Folge von Programm- und Steuerkarten eingeordnet (Bild 5). Der Satz der Programmkarten für die hier beschriebenen Programme steht jedem Interessenten zur Verfügung. Wenn die Berechnungen am Deutschen Rechenzentrum vorgenommen werden sollen, können die Programme ohne Modifikationen verwendet werden. Bei anderen Datenverarbeitungsanlagen muß ein FORTRAN IV-Compiler und eine Speicherkapazität von mindestens 32 K Speicherwörtern vorhanden sein, und es können Modifikationen der Programme notwendig werden, die den Eigenarten des speziellen Computers Rechnung tragen.

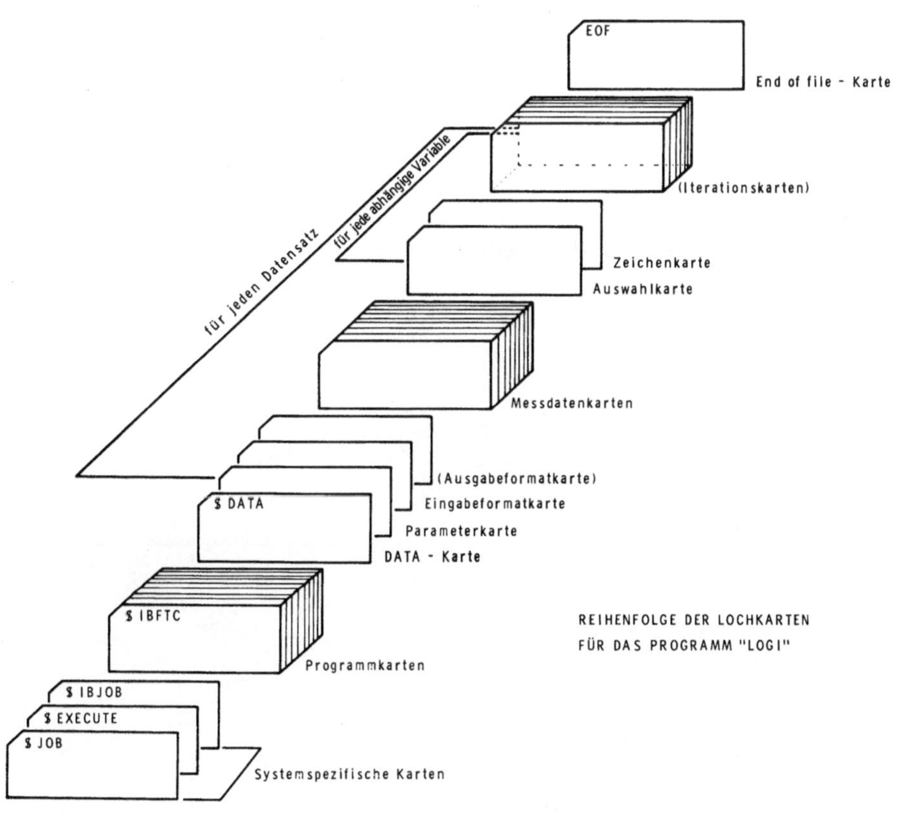

Bild 5: Anordnung von System-, Programm-, Steuer- und Meßdatenkarten für ein Bibliotheksprogramm (Programm LOGI, siehe Abschnitt 5.9.3)

Wie die in Bild 5 dargestellten Steuerkarten abgelocht werden, wird in Kapitel 5 ausführlich beschrieben.

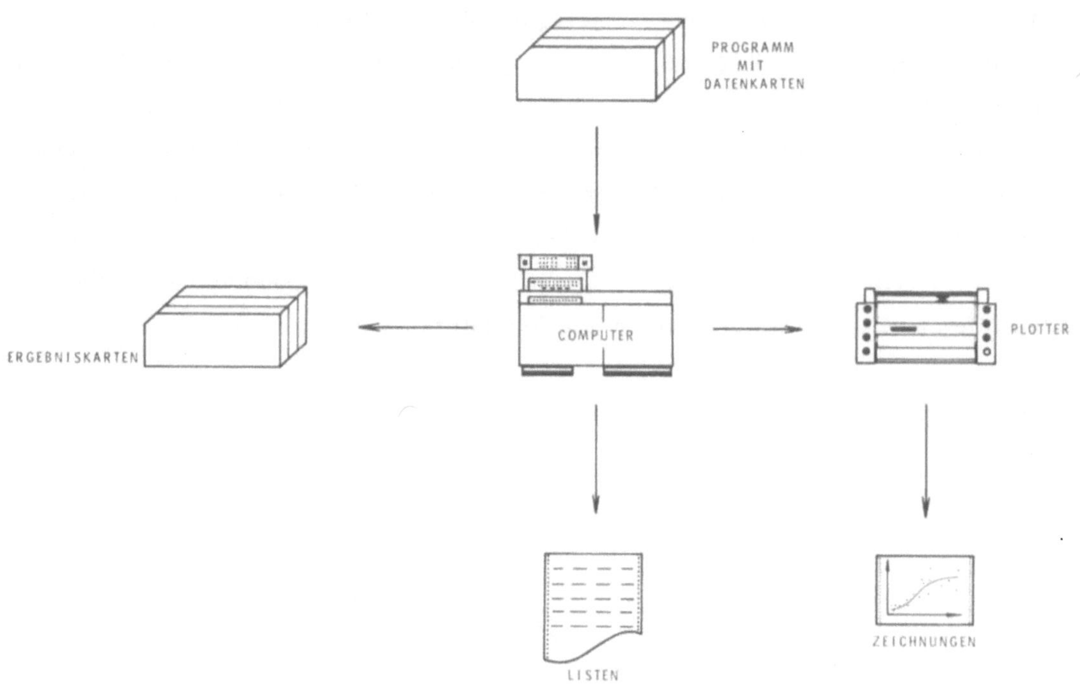

Bild 6: Verarbeitung eines Computerprogramms

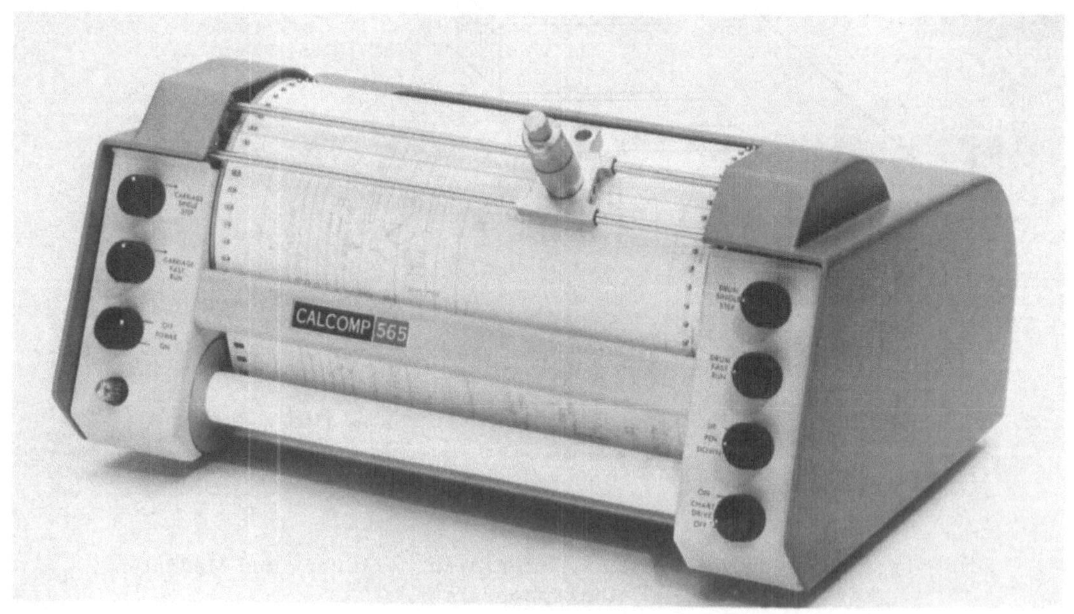

Bild 7: Koordinatenzeichengerät (Plotter)

Ein Programm wird ohne weiteren Eingriff des Benutzers verarbeitet (Bild 6). Er erhält als Ausgabe Ergebnislisten, Ergebniskarten oder Zeichnungen, die auf einem Koordinatenzeichengerät (Plotter) hergestellt werden (Bild 7).

Die in Abschnitt 5. 9 beschriebenen Programme berechnen Wachstumsfunktionen aus der Familie der verallgemeinerten logistischen Wachstumsfunktion (Abschnitt 3. 1. 5), statistische Kenngrößen der als Verteilungsfunktion interpretierten Wachstumsfunktion (Abschnitt 3. 2), Mehrkomponentenanalysen durch Summation 3-parametriger logistischer Wachstumsfunktionen (Kapitel 4), sie untersuchen Wachstumsfunktionen auf Parallelität (Abschnitt 5. 9. 5) und ermöglichen eine große Anzahl graphischer Darstellungen. Damit ist der praktische Weg beschrieben, der von den Meßdaten zu den Resultaten der Analyse führt.

3 Theoretische Grundlagen der Wachstumsanalyse

In Biologie und Medizin wird die Auswahl der Kurvenfamilie nicht durch theoretische Postulate, sondern durch praktische Überlegungen bezüglich der Güte der Anpassung bestimmt. Damit hat man zwar eine größere Freiheit in der Wahl des Kurventyps, gleichzeitig aber die Schwierigkeit, eine solche Funktion wählen zu müssen, die bei gleicher Güte der Anpassung möglichst klare biologische Aussagen liefert. Nach der Wahl des Funktionstyps legen die Werte der Parameter den Kurvenverlauf und die speziellen Eigenarten des Wachstums fest. Daher sollen die Parameter biologisch interpretiert werden können. Die gewählte Kurvenfamilie muß flexibel sein, um einen weiten Bereich praktisch auftretender Wachstumsverläufe erfassen zu können.

Da Wachstumsprozesse häufig zweiseitig asymptotisch und über längere Intervalle monoton verlaufen, werden als mathematische Modelle meist statistische Verteilungsfunktionen (Abschnitt 3. 2) verwendet. In den weiteren Abschnitten werden Eigenschaften einiger Familien von Wachstumsfunktionen und Verfahren zur Approximation von Wachstumsverläufen beschrieben.

3.1 Allgemeine Charakteristika der Wachstumsfunktionen

Sei y das wachsende Substrat und t die Zeit, dann kann man eine <u>Wachstumsfunktion</u> allgemein darstellen durch

(1) $$y = f(t;P) \quad .$$

Darin ist $P = (P_1, P_2, P_3, \ldots)$ ein Satz von <u>Parametern</u>, deren Anzahl und funktioneller Zusammenhang mit t durch die Funktionsvorschrift "f" festgelegt ist.

Sei t ein fester aber beliebiger Zeitpunkt und h eine positive Zahl, dann ist die Größe

$$(2) \qquad \frac{y(t+h)}{y(t)} = V(t,h)$$

der Vermehrungsfaktor, um den sich das Substrat zwischen t und (t + h) vermehrt. Das Verhältnis der Zunahme von y zwischen t und (t + h) und der Länge h des Intervalls

$$(3) \qquad \frac{y(t+h) - y(t)}{h} = \frac{y(t)}{h} \cdot (V(t,h) - 1)$$

ist die Steigung der Sekante zwischen den beiden Kurvenpunkten [t, y(t)] und [t + h, y(t + h)]. Sie geht für $h \to 0$ in die Steigung der Kurventangente in [t, y(t)] über:

$$(4) \qquad \lim_{h \to 0} \frac{y(t)}{h} \cdot (V(t,h) - 1) = \frac{dy}{dt} = \frac{df(t;P)}{dt} \quad .$$

Der Grenzwert (4) ist die erste Ableitung der Funktion $y = f(t;P)$ nach der Zeit t und wird als <u>Wachstumsrate</u> bezeichnet.

Division der Wachstumsrate durch den zur Zeit t erreichten Wert ergibt die <u>relative Wachstumsrate</u>

$$(5) \qquad \lim_{h \to 0} \frac{V(t,h) - 1}{h} = \frac{1}{f(t;P)} \cdot \frac{df(t;P)}{dt} = \frac{d(\log f(t;P))}{dt} \quad .$$

Im Unterschied zur Wachstumsrate (Ableitung der Funktion f) stellt die relative Wachstumsrate die logarithmische Ableitung der Funktion f dar.

Die im folgenden dargestellten Kurvenfamilien sind asymptotisch zu einer Geraden $y = P_1$. Der Parameter P_1 ist der im "Endzustand" erreichte <u>Idealwert</u> von y. Da

$$(6) \qquad \lim_{h \to \infty} y(t+h) = P_1, \qquad \lim_{h \to \infty} V(t,h) = \frac{P_1}{y(t)} =: V(t)$$

ist, stellt $V(t)$ den Faktor dar, um den $y(t)$ zum Zeitpunkt t noch wachsen muß, um den Endwert zu erreichen (Vermehrungsfaktor). Bei dem Vermehrungsfaktor im engeren Sinn ist t der Geburtszeitpunkt. Er ist von besonderem Interesse beim Nesthocker-Nestflüchter-Problem.

Dividiert man die Wachstumsfunktion (1) durch P_1, dann erhält man eine relativierte Wachstumsfunktion

$$(7) \qquad g(t;\overline{P}) = \frac{f(t;P)}{P_1}, \qquad \overline{P} = (1, P_2, P_3, P_4, P_5) \quad ,$$

die für jeden Zeitpunkt t den erreichten Anteil am späteren Endwert P_1 angibt. Wir wollen (7) daher als Reifegrad bezeichnen. Der mit dem Faktor 100 multiplizierte Reifegrad ist der prozentuale Anteil am Idealwert. Die Kenntnis des Reifegrads enthält bis auf P_1 alle Informationen über das Wachstum und ist bei vergleichenden Untersuchungen wertvoll.

Wichtige Informationen über den Verlauf des Wachstums wird uns bei allgemeinen Wachstumsfunktionen die Wachstumsrate des Reifegrads liefern. In diesem Zusammenhang sei darauf hingewiesen, daß der Kehrwert des Reifegrads (7) gleich dem Vermehrungsfaktor (6) zur Zeit t ist. Der bei manchen quantitativen Untersuchungen angegebene Vermehrungsfaktor stellt also eine punktuelle Information über die Funktion (7) dar.

3.1.1 Exponentialfunktion

Die Exponentialfunktion [51, 68, 119, 129, 130] besitzt die Darstellung

$$(8) \qquad y = f(t;P_1, P_2, P_3) = P_1 \cdot [1 - \exp(P_2 + P_3 \cdot t)]$$

mit der Wachstumsrate

$$(9) \qquad \frac{dy}{dt} = - P_1 \cdot P_3 \cdot \exp(P_2 + P_3 \cdot t) = - P_3 \cdot (P_1 - y) \quad .$$

Die Wachstumsrate (9) ist proportional der noch zu bildenden Größe $(P_1 - y)$. Der Proportionalitätsfaktor $(- P_3)$ ist eine positive Zahl, da bei einem asymptotischen Wachstum P_3 negativ ist. P_2 ist ein Lageparameter, der nur vom Nullpunkt der Zeitachse abhängt.

Da die Funktion (8) keinen Wendepunkt besitzt, ist sie vor allem für Approximationen in einem Schenkel des Datenverlaufs geeignet, sofern das Zeitintervall den Zeitpunkt des Erreichens von $P_1/2$ einschließt, da in der Nähe dieser Halbwertzeit ein Wendepunkt des Datenverlaufs liegt. Dieser Schwierigkeit ist nur dadurch zu begegnen, daß beide Schenkel getrennt approximiert werden.

Der Einfachheit halber sei dies für einen streng zu einem (Wende-) Punkt symmetrischen Datenverlauf demonstriert. P_1 sei gleich 1 und die Zeitachse sei so gelegt, daß $y(0) = P_1/2 = 1/2$ ist. Dann ergibt sich aus (8) für P_2 der Wert $- \ln 2$. Wenn der rechte Schenkel durch die Funktion

$$y_2(t) = 1 - \exp(- \ln 2 - |P_3| \cdot t)$$

approximiert wird, dann wird der linke Schenkel durch die Funktion

$$y_1(t) = \exp(- \ln 2 + |P_3| \cdot t)$$

approximiert. Die Ausgleichung eines S-förmigen Datenverlaufs durch eine einzige Funktion des Typs (8) ist nicht möglich.

3.1.2 Logistische (3-parametrige) Wachstumsfunktion

Die logistische Wachstumsfunktion [11 bis 13, 23, 68, 94 bis 97, 147, 148, 151 bis 153] besitzt die Darstellung

$$(10) \qquad y = f(t;P_1, P_2, P_3) = \frac{P_1}{1 + \exp(P_2 + P_3 \cdot t)}$$

mit der Wachstumsrate

$$(11) \qquad \frac{dy}{dt} = \frac{- P_1 \cdot P_3 \cdot \exp(P_2 + P_3 \cdot t)}{[1 + \exp(P_2 + P_3 \cdot t)]^2} = \frac{y}{P_1} \cdot [- P_3 \cdot (P_1 - y)] \quad .$$

Der Parameter P_1 ist wieder der asymptotisch erreichte Idealwert des wachsenden Substrats, und P_2 ist ein Lageparameter, der vom Nullpunkt der Zeitachse abhängt. Die Funktion (10) ist symmetrisch zu ihrem Wendepunkt (14). Die Wachstumsrate (11) ist eine Parabel, die symmetrisch zu der Geraden $y = P_1/2$ liegt. Sie ist wie bei der Exponentialfunktion proportional zu $(P_1 - y)$, enthält jedoch als Faktor noch den Kehrwert des Vermehrungsfaktors (6).

Bei asymptotischen Wachstumsprozessen mit steigender Substratgröße ist P_3 negativ. Mit steigendem Alter t wird der Beitrag der Exponentialfunktion zum Nenner von (10) immer kleiner und geht schließlich gegen Null. y nähert sich asymptotisch für $t \to \infty$ der Geraden $y = P_1$. Andererseits wird der Nenner immer größer, wenn $t \to -\infty$ geht, und die Wachstumsfunktion nähert sich asymptotisch der Abszisse (t-Achse).

An der Stelle

$$(12) \qquad t = W = -P_2/P_3 \qquad \text{(Halbwertzeit)}$$

wird der Exponent von (10) gleich 0, und y wird an der Stelle W gleich $P_1/2$. Die Steigung (Wachstumsrate) ist an der Stelle $t = W$ nach (11) gleich

$$(13) \qquad \left.\frac{dy}{dt}\right/_{t=W} = -\frac{P_1 \cdot P_3}{4} \quad .$$

Wie man durch nochmalige Differentiation der Wachstumsrate (11) zeigt, ist der Punkt

$$(14) \qquad [-P_2/P_3,\ P_1/2]$$

der Wendepunkt der logistischen Wachstumsfunktion, die Steigung im Wendepunkt (13) ist die maximale Steigung der Kurve und proportional dem Parameter P_3. Der Punkt (14) ist gleichzeitig Symmetriepunkt der Kurve.

Transformiert man (10) durch eine Translation der t-Achse (Verschiebung des Nullpunkts der Zeitrechnung) $u = t + \Delta$, dann wird

$$(15) \qquad y(u) = \frac{P_1}{1 + \exp(P_2 + P_3 \cdot (u - \Delta))} = \frac{P_1}{1 + \exp(\overline{P}_2 + P_3 \cdot u)}\,, \quad \overline{P}_2 = P_2 - P_3 \cdot \Delta \ .$$

Jede Translation ändert daher nur den Parameter P_2. Die spezielle Translation

(16) $$u = t + P_2/P_3 \quad ,$$

die den Nullpunkt der Zeitrechnung in den Wendepunkt legt, ergibt

(17) $$y(u) = \frac{P_1}{1 + \exp(P_3 \cdot u)} \quad .$$

Bessere Anfangsschätzungen für die Parameter als nach der Frei-Hand-Kurve erhält man durch eine geeignete Transformation, die (10) in eine lineare Funktion überführt. Hierfür werden die logits verwendet. Nach (10) ist

(18) $$P_1/y = 1 + \exp(P_2 + P_3 \cdot t) \quad ,$$

und daraus folgt

(19) $$\ln(P_1/y - 1) = P_2 + P_3 \cdot t \quad =: \operatorname{logit}(y/P_1) \qquad [13]$$

$$\text{mit} \qquad \operatorname{logit} x := \ln(1/x - 1) \quad .$$

Ist P_1 bekannt, dann können aus den Meßdaten y_i die Werte

(20) $$\operatorname{logit}(y_i/P_1) = Z_i \qquad (i = 1, 2, \ldots, n)$$

berechnet werden (Logit-Transformation). Dafür gibt es Tabellen [13, 57, 109].

Da die Funktion

(21) $$Z = P_2 + P_3 \cdot t \quad , \quad Z = \operatorname{logit}(y/P_1)$$

linear in den unbekannten Parametern ist, können P_2 und P_3 durch eine einfache lineare Regression geschätzt werden. Das Verfahren hat zwei wesentliche Voraussetzungen, sofern es für endgültige Parameterschätzungen verwendet wird:

- P_1 ist bekannt;
- y_i ist stets kleiner als P_1, da sonst das Argument des Logarithmus negativ wird.

Ist P_1 unbekannt, dann muß man sich mit einer mehr oder weniger guten einmaligen Schätzung zufriedengeben. Schwerwiegender ist die zweite Voraussetzung, da die Meßdaten oft um P_1 streuen, also auch Werte $y_i > P_1$ zu erwarten sind, wenn t genügend groß ist. Beschränkt man sich nicht auf Altersbereiche, in denen die y_i stets kleiner als P_1 sind, bleiben nur die Möglichkeiten, daß entweder die Schätzung für P_1 größer als das Maximum der y_i ist oder daß Meßdaten y_i, die größer als die Schätzung für P_1 sind, nicht in die Rechnung eingehen. Beide Möglichkeiten führen zu einer Verzerrung, sofern P_1 eine Zufallsvariable ist. Ungeachtet dessen bietet jedoch die Logitregression (21) die Möglichkeit, brauchbare Anfangsschätzungen für P_2 und P_3 zu erhalten, wobei man sich auf einen Altersbereich beschränken kann, in dem die genannten Schwierigkeiten nicht auftreten.

Nach (6) und (10) ist der Vermehrungsfaktor zur Zeit t

$$(22) \qquad V(t) = 1 + \exp(P_2 + P_3 \cdot t) \quad .$$

Bedingt durch den einfachen Bau der logistischen Wachstumsfunktion (10) genügen drei Informationen, um die Kurve festzulegen. Für ihre Auswahl sollte die biologische Bedeutung maßgebend sein. In der quantitativen Neuroanatomie sind die Systeme $\{P_1, W, V\}$ und $\{P_1, W, \left.\frac{dy}{dt}\right|_{t=W}\}$ gleichwertig. Sie hängen über die Formeln (12), (13) und (22) mit den primären Kurvenparametern P_i zusammen. Ein weiteres System wird durch die Berechnung statistischer Momente gegeben werden (Abschnitt 3.2).

Beispiele für die 3-parametrige logistische Wachstumsfunktion bringen die Bilder 8 bis 10. Die Kurve ist nach beiden Seiten asymptotisch gegen horizontale Geraden, von denen die untere linke Asymptote mit der Abszisse identisch ist. Der Parameter P_1 legt die Höhe der rechten oberen Asymptote fest.

In Bild 8 sind drei 3-parametrige logistische Wachstumsfunktionen mit gleichen Parametern P_2 und P_3 dargestellt. Tabelle 1 enthält die Werte von $y(t;P_1, P_2, P_3)$ an sechs Abszissenwerten t.

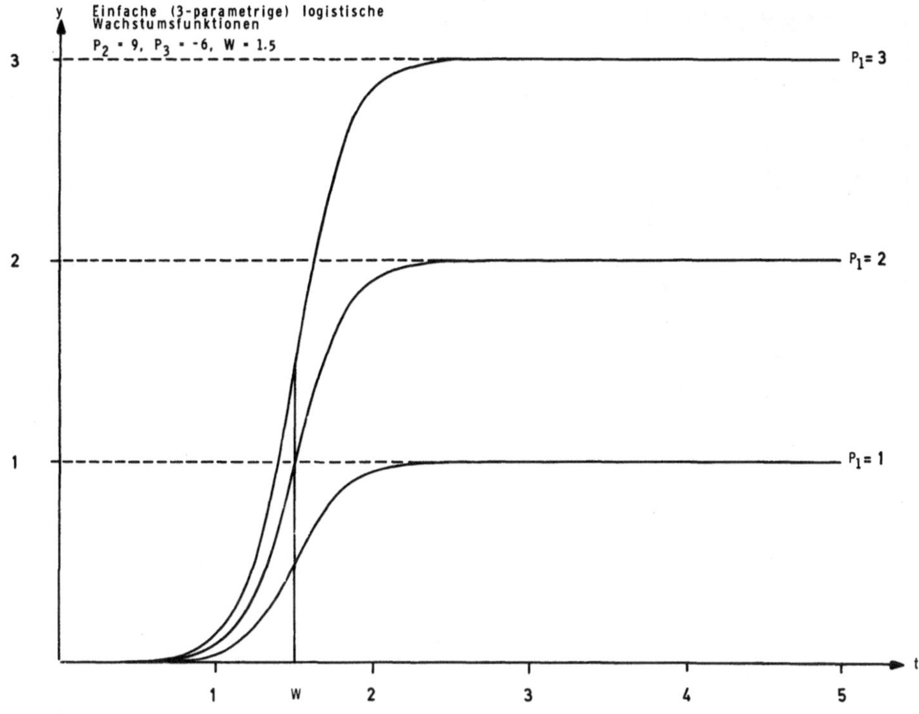

Bild 8: 3-parametrige logistische Wachstumsfunktionen mit gleichen Parametern P_2 und P_3

Tabelle 1: Ordinatenwerte von drei 3-parametrigen logistischen Wachstumsfunktionen mit gleichen Parametern P_2 und P_3 an sechs Abszissenwerten t.

t	0.0	1.0	1.5	2.0	2.5	3.0
y(t; 1, 9, -6)	0.00	0.05	0.50	0.95	1.00	1.00
y(t; 2, 9, -6)	0.00	0.09	1.00	1.91	2.00	2.00
y(t; 3, 9, -6)	0.00	0.14	1.50	2.86	2.99	3.00

Drei Kurven mit gleichem Wendepunkt (14) und gleichem Parameter P_1 zeigen Bild 9 und Tabelle 2.

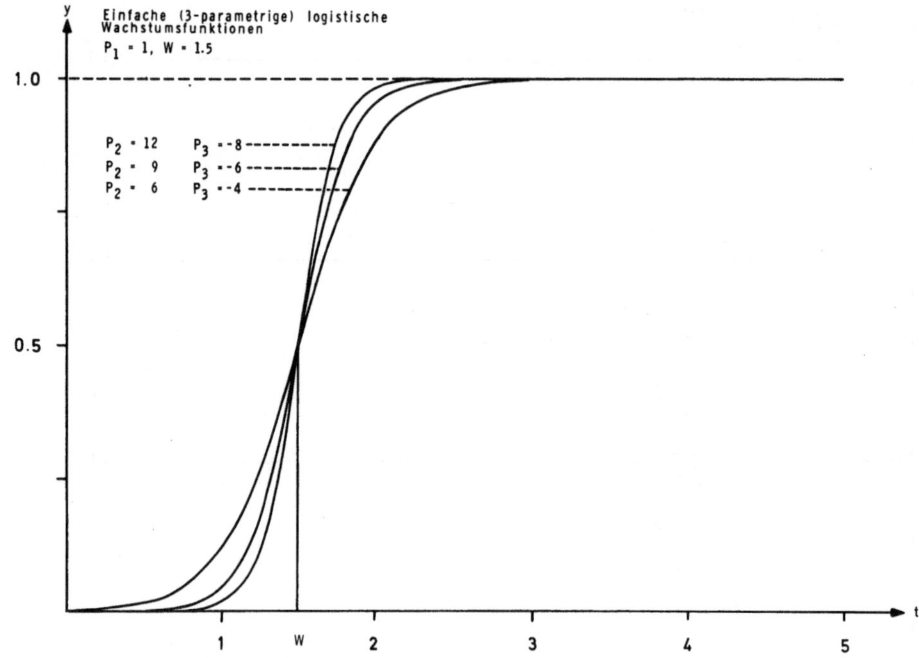

Bild 9: 3-parametrige logistische Wachstumsfunktionen mit gleichem Parameter P_1 und mit gleichem Wendepunkt.

Tabelle 2: Ordinatenwerte von drei 3-parametrigen logistischen Wachstumsfunktionen mit gleichem Parameter P_1 und gleichem Wendepunkt an sechs Abszissenwerten t.

t	0.0	1.0	1.5	2.0	2.5	3.0
y(t; 1, 12, -8)	0.00	0.02	0.50	0.98	1.00	1.00
y(t; 1, 9, -6)	0.00	0.05	0.50	0.95	1.00	1.00
y(t; 1, 6, -4)	0.00	0.12	0.50	0.88	0.98	1.00

Das Verhältnis von P_2 und P_3 legt nach (12) die Lage des Wendepunktes fest (Bild 10 und Tabelle 3).

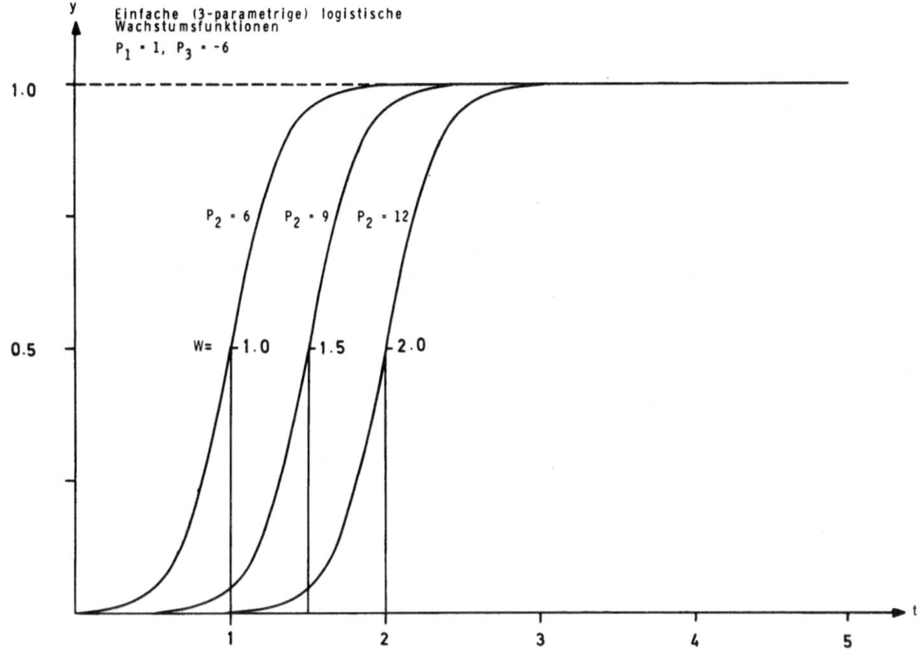

Bild 10: 3-parametrige logistische Wachstumsfunktionen mit gleichen Parametern P_1 und P_3

Tabelle 3: Ordinatenwerte von drei 3-parametrigen logistischen Wachstumsfunktionen mit gleichen Parametern P_1 und P_3 an sechs Abszissenwerten t.

t	0.0	1.0	1.5	2.0	2.5	3.0
y(t; 1, 6, -6)	0.00	0.50	0.95	1.00	1.00	1.00
y(t; 1, 9, -6)	0.00	0.05	0.50	0.95	1.00	1.00
y(t; 1, 12, -6)	0.00	0.00	0.05	0.50	0.95	1.00

3.1.3 GOMPERTZ-Funktion

Die GOMPERTZ-Funktion [119] besitzt die Darstellung

$$(23) \qquad y = f(t;P_1, P_2, P_3) = P_1 \cdot \exp[P_2 \cdot \exp(P_3 \cdot t)]$$

mit der Wachstumsrate

$$(24) \qquad \frac{dy}{dt} = P_1 \cdot P_2 \cdot P_3 \cdot \exp(P_3 \cdot t) \cdot \exp[P_2 \cdot \exp(P_3 \cdot t)] = - P_3 \cdot y \cdot \ln(P_1/y) \quad .$$

Die GOMPERTZ-Funktion ist eine unsymmetrische S-förmige Funktion, die an der Stelle $t = -\frac{\ln(-P_2)}{P_3}$ einen Wendepunkt besitzt. Sie ist eng mit der WEIBULL-Verteilung verwandt.

Die drei Familien (8), (10), (23) besitzen die gleiche Differentialgleichung für die Wachstumsrate [119], die von einem Parameter n abhängt:

$$(25) \qquad \frac{dy}{dt} = -\frac{P_3 \cdot y}{n \cdot P_1^n} \cdot (P_1^n - y^n) \quad .$$

Für n = - 1 geht (25) in (9), für n = + 1 geht (25) in (11) über. Für n = 0 geht (25) nach den Regeln für unbestimmte Ausdrücke über in

$$(26) \qquad \lim_{n \to 0} \frac{dy}{dt} = - P_3 \cdot y \cdot \lim_{n \to 0} \frac{P_1^n \cdot \ln P_1 - y^n \cdot \ln y}{P_1^n + n \cdot P_1^n \cdot \ln P_1} = - P_3 \cdot y \cdot \ln(P_1/y) \quad .$$

Für n = 0 erhält man also aus (25) die Wachstumsrate (24) der GOMPERTZ-Funktion als Grenzfall.

3.1.4 Normale Verteilungsfunktion

Eine vor allem in der Pharmakologie häufig verwendete Wachstumsfunktion ist die normale Verteilungsfunktion (kumulierte Normalverteilung) [47 bis 50, 132, 147, 148]:

$$(27) \qquad y = f(t;\mu,\sigma^2) = \frac{1}{\sqrt{2\pi} \cdot \sigma} \cdot \int_{-\infty}^{t} \exp\left(-\frac{(x-\mu)^2}{2\sigma^2}\right) \cdot dx = \Phi(t;\mu,\sigma^2)$$

mit der Wachstumsrate

$$(28) \qquad \frac{dy}{dt} = \frac{1}{\sqrt{2\pi} \cdot \sigma} \cdot \exp\left(-\frac{(t-\mu)^2}{2\sigma^2}\right) \qquad \text{(Dichte der Normalverteilung)} \quad .$$

Die unabhängige Variable t ist meist der Logarithmus der verabreichten Dosis, und y ist die normierte Wirkung (Maximalwirkung = 1). Die Funktion (27) erreicht asymptotisch den Wert 1 und besitzt bei $t = \mu$ (Mittelwert) einen Wendepunkt. Der Parameter σ^2 (Varianz) ist stets nicht-negativ und legt bei gegebenem Mittelwert die Wachstumsrate fest. Durch einfache lineare Transformationen kann man Mittelwert und Varianz von Φ normieren:

$$(29) \qquad \Phi(t;\mu,\sigma^2) = \Phi(t-\mu;0,\sigma^2) = \Phi(\frac{t}{\sigma};\mu,1) = \Phi(\frac{t-\mu}{\sigma};0,1) \ .$$

Die Änderung des Mittelwerts μ bewirkt eine Translationsbewegung der gesamten Kurve auf der Abszisse, die Änderung der Varianz σ^2 bewirkt eine lineare Verzerrung der Abszisse (Streckung bzw. Stauchung).

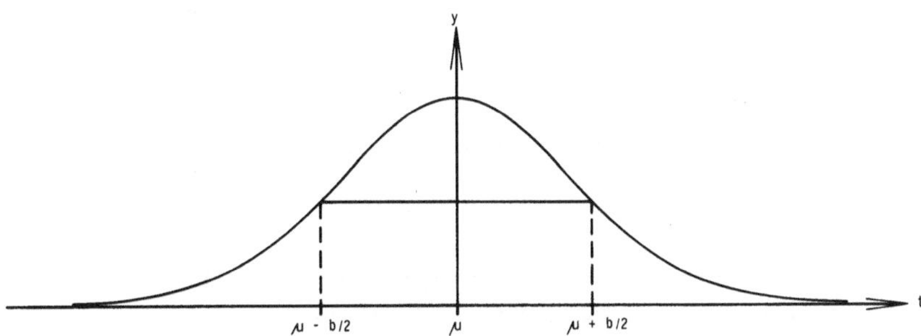

Bild 11: Beziehung zwischen der Form der Dichte der Normalverteilung und ihrer Halbwertsbreite

Die Dichte (28) ist symmetrisch zur Geraden $t = \mu$ und besitzt am Mittelwert μ ihr Maximum, an den Stellen $\mu \pm \sqrt{2 \ln 2} \cdot \sigma$ die Hälfte des Maximums. Der Abstand b dieser beiden Punkte (Halbwertsbreite) ist der Standardabweichung σ proportional (Bild 11):

$$(30) \qquad b = 2\sqrt{2 \ln 2} \cdot \sigma \approx 2.35\,\sigma \ .$$

μ ist der Lageparameter der Normalverteilung, er ist gleich der Halbwertzeit. σ^2 ist der Ausdehnungsparameter, er entspricht dem Parameter P_3 von (10). Je kleiner σ^2 ist, desto höher und enger ist die Dichte, desto mehr ist eine nach (27) verteilte Zufallsvariable um ihren Mittelwert konzentriert.

3.1.5 Verallgemeinerte logistische Wachstumsfunktion

Neben dem Übergang von einer der hier bisher spezifizierten Kurvenfamilien zu einer anderen bei einem Wechsel des Wachstumsproblems oder dem Aneinandersetzen verschiedener Kurventeile besteht eine Möglichkeit für die Behandlung allgemeiner Wachstumsverläufe in der Verallgemeinerung der logistischen Wachstumsfunktion (10), z.B.

$$(31) \qquad y = \frac{P_1}{\left[1 + \exp\left(\frac{P_2 + P_3 \cdot t}{P_4}\right)\right]^{P_4}} \qquad [109] \quad ,$$

in einer weiteren Verallgemeinerung von (31)

$$(32) \qquad \frac{dy}{dt} = P_1 \cdot y^{P_2} - P_3 \cdot y^{P_4} \qquad [16]$$

oder durch Einführen eines kubischen Polynoms im Exponenten von (10)

$$(33) \qquad y = \frac{P_1}{1 + \exp(P_2 + P_3 \cdot t + P_4 \cdot t^2 + P_5 \cdot t^3)} \qquad [112, 152, 153] \quad .$$

Die Verallgemeinerungsmöglichkeiten (31) und (32) werden im folgenden nicht verwendet. Die mathematischen Grundlagen der Verallgemeinerung (33), die wir im folgenden verwenden werden, sind in [152, 153] dargestellt und werden hier nur angeführt, sofern sie für das Verständnis notwendig sind.

Die Erhöhung der Anzahl der Parameter in (33) gegenüber (10) bewirkt eine stärkere Flexibilität des Kurvenverlaufs und damit eine erhebliche Erweiterung des Anwendungsbereichs. Dafür muß ein Mehraufwand bei der Berechnung der Parameter in Kauf genommen werden, ein Nachteil, der beim Einsatz eines Computers unerheblich ist.

Die Wachstumsrate der Verallgemeinerung (33) ist

$$(34) \qquad \frac{dy(t)}{dt} = \frac{-P_1 \cdot \frac{dP(t)}{dt} \cdot \exp(P(t))}{[1 + \exp(P(t))]^2} = -\frac{P_1 - y(t)}{P_1} \cdot y(t) \cdot \frac{dP(t)}{dt}$$

mit dem Polynom

$$(35) \qquad P(t) = P_2 + P_3 \cdot t + P_4 \cdot t^2 + P_5 \cdot t^3 , \qquad \frac{dP(t)}{dt} = P_3 + 2P_4 \cdot t + 3P_5 \cdot t^2 .$$

Die <u>Halbwertzeit</u> W ist definiert als reelle Lösung von

$$(36) \qquad P(W) = 0 \quad , \quad P \text{ nach } (35) \quad .$$

In die Wachstumsrate geht also gegenüber (11) noch ein quadratisches Polynom als Faktor ein.

Die Verallgemeinerung (33) ist zweiseitig asymptotisch, und die Asymptoten können die Geraden $y = P_1$ und $y = 0$ (t-Achse) sein. Welche Asymptote auf welcher Seite liegt, hängt vom Grad und vom Vorzeichen der höchsten Potenz des Polynoms P(t) nach (35) ab. Ist $P_5 = 0$ und $P_4 \neq 0$, dann sind die Asymptoten rechts und links gleich. Für $P_4 < 0$ ist es die Gerade $y = P_1$, für $P_4 > 0$ ist es die Gerade $y = 0$. Ist $P_5 \neq 0$, dann sind die Geraden $y = P_1$ und $y = 0$ Asymptoten. Ist $P_5 < 0$, dann liegt die Asymptote $y = P_1$ rechts, und die Asymptote $y = 0$ liegt links. Ist $P_5 > 0$, dann kehrt sich die Lage der Asymptoten um.

Ist $P_5 = 0$, dann hat (33) ein <u>Extremum</u> an einer Stelle t_0, die bestimmt ist durch

$$(37) \qquad \left.\frac{dP}{dt}\right|_{t=t_0} = P_3 + 2P_4 \cdot t_0 = 0 \rightarrow t_0 = -\frac{P_3}{2P_4} \quad .$$

Das Extremum ist ein Maximum $(P_4 > 0)$ oder ein Minimum $(P_4 < 0)$.

Ist $P_5 \neq 0$, dann lautet die Bedingung für die Lage der Extrema

$$P_3 + 2P_4 \cdot t + 3P_5 \cdot t^2 = 0$$

mit den Lösungen

$$(38) \qquad t_{1,2} = \frac{-P_4 \pm \sqrt{P_4^2 - 3P_3 \cdot P_5}}{3P_5}$$

Für $P_4^2 < 3P_3 \cdot P_5$ hat (38) keine reelle Lösung, und die verallgemeinerte Wachstumsfunktion (33) besitzt kein Extremum. Für $P_4^2 = 3P_3 \cdot P_5$ besitzt (38) eine Lösung $t_1 = t_2 = -\frac{P_4}{3P_5}$. Hier liegt kein echtes Extremum, sondern ein Wendepunkt mit horizontaler Tangente vor. Für $P_4^2 > 3P_3 \cdot P_5$ hat (38) zwei Lösungen; die Wachstumsfunktion besitzt ein Maximum und ein Minimum. Für $P_5 < 0$ liegt das Minimum rechts vom Maximum, für $P_5 > 0$ liegt das Maximum rechts vom Minimum. Der biologische Sinn dieser Kurvencharakteristika muß anhand des speziellen Problems entschieden werden.

Die verallgemeinerte logistische Wachstumsfunktion (33) kann mehrere Halbwertzeiten besitzen (bei einem quadratischen Polynom keine, eine oder zwei Halbwertzeiten, bei einem kubischen Polynom eine, zwei oder drei Halbwertzeiten), von denen normalerweise nur ein Wert biologisch sinnvoll ist, während die anderen Halbwertzeiten oft (weit) außerhalb des betrachteten Zeitintervalls liegen. Der Vermehrungsfaktor behält seine biologische Bedeutung, sofern er bei Auftreten eines sinnvollen Maximums auf dieses - und nicht auf P_1 - bezogen wird, wenn P_1 nicht Asymptote ist. Der Punkt (14) ist jetzt nicht mehr Symmetriepunkt der Kurve. Bezüglich der mathematischen Probleme sei auf [152, 153] verwiesen. Die Interpretation experimentell erhaltener Wachstumsfunktionen wird im Kapitel 6 gegeben.

Einige Beispiele:

Da P_1 nur ein konstanter Faktor ist, der auf die Kurvenform keinen wesentlichen Einfluß hat, sei er im folgenden gleich 1 gewählt. Durch Verschiebung des Nullpunkts der t-Achse in eine Halbwertzeit wird analog (17) P_2 gleich 0. Diese beiden Normierungen seien nun vorgenommen, und wir wollen anhand einiger typischer Beispiele die Beziehung zwischen P_3, P_4, P_5 und besonderen Kurvencharakteristika untersuchen.

4-parametrige logistische Wachstumsfunktion ($P_5 = 0$):

Die Lage des Extremums ist durch (37) gegeben. Drei Beispiele sind in Bild 12 und Tabelle 4 dargestellt.

5-parametrige logistische Wachstumsfunktion ($P_5 \neq 0$):

Hier sind drei verschiedene Fälle möglich, die durch die Anzahl ihrer Extrema unterschieden werden können: kein oder ein Extremum oder zwei Extrema. Hat die quadratische Gleichung keine reelle Lösung, dann resultiert eine Wachstumsfunktion ohne Extremum, ein in der Praxis häufig auftretender Fall. Ein einziges Extremum kommt kaum vor, da die Diskriminante in (38) dann gleich 0 wäre, was unwahrscheinlich ist, da die Parameter Zufallsvariablen sind. Beim Vorliegen von zwei

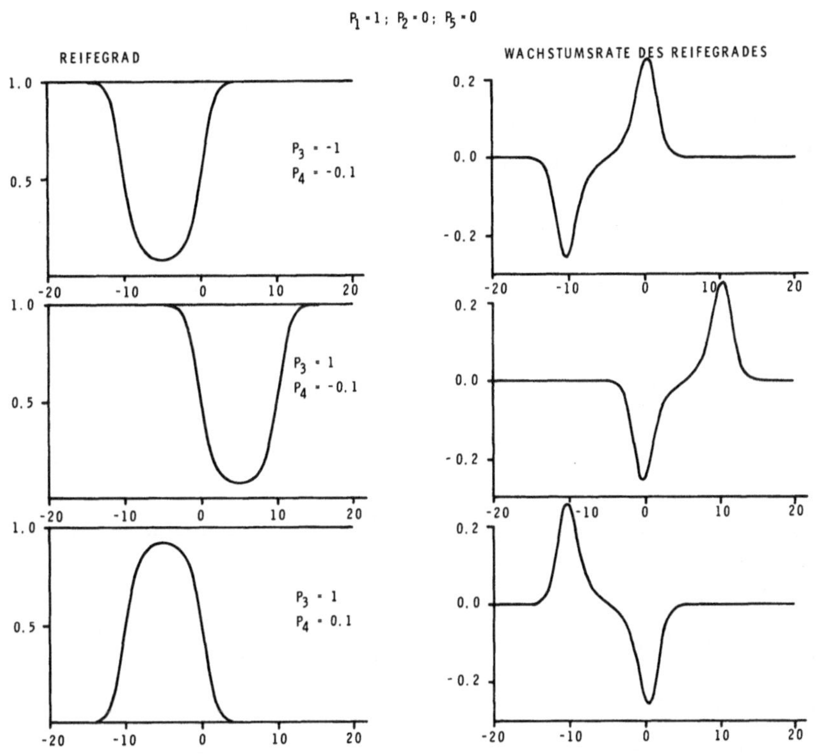

Bild 12: Reifegrad und Dichte (Wachstumsrate des Reifegrads) von drei 4-parametrigen logistischen Wachstumsfunktionen mit unterschiedlichen Parametern P_3 und P_4

Tabelle 4: Ordinatenwerte von drei 4-parametrigen logistischen Wachstumsfunktionen mit unterschiedlichen Parametern P_3 und P_4 an sechs Abszissenwerten t.

t	-20	-10	-5	5	10	20
y(t; 1, 0, -1.0, -0.1)	1.00	0.50	0.08	1.00	1.00	1.00
y(t; 1, 0, 1.0, -0.1)	1.00	1.00	1.00	0.08	0.50	1.00
y(t; 1, 0, 1.0, 0.1)	0.00	0.50	0.92	0.00	0.00	0.00

Extrema hängt ihre relative Lage vom Vorzeichen von P_5 ab. Aus den Beispielen wird klar, wo im allgemeinen der biologisch sinnvolle Bereich einer solchen Kurve gelegen ist. Je nach der Anzahl und der Ausprägung der Extrema kann die Kurve eine, zwei oder drei Halbwertzeiten besitzen (= Anzahl der Schnittpunkte der Kurve mit einer Geraden y = 0.5) als reelle Lösungen der Gleichung (36).

Drei typische Beispiele zeigen Bild 13 und Tabelle 5.

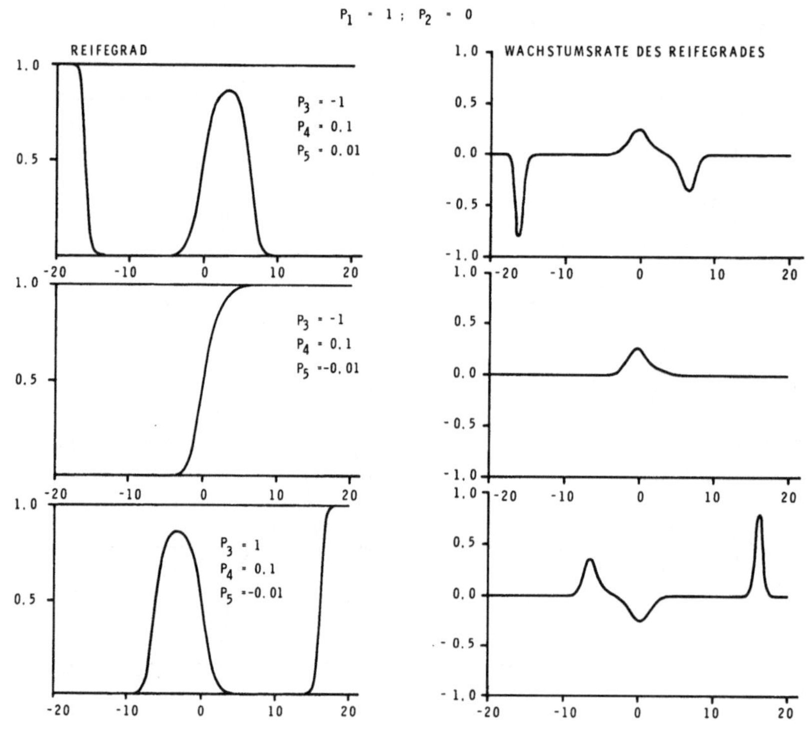

Bild 13: Reifegrad und Dichte (Wachstumsrate des Reifegrads) von drei 5-parametrigen logistischen Wachstumsfunktionen mit unterschiedlichen Parametern P_3 und P_5

Tabelle 5: Ordinatenwerte von drei 5-parametrigen logistischen Wachstumsfunktionen mit unterschiedlichen Parametern P_3 und P_5 an sechs Abszissenwerten t.

t	-20	-10	-5	5	10	20
y(t; 1, 0, -1, 0.1, 0.01)	1.00	0.00	0.00	0.78	0.00	0.00
y(t; 1, 0, -1, 0.1, -0.01)	0.00	0.00	0.00	0.98	1.00	1.00
y(t; 1, 0, 1, 0.1, -0.01)	0.00	0.00	0.78	0.00	0.00	1.00

3.1.6 Ausgleichsrechnung

Die Ausgleichsrechnung ist in vielen Lehrbüchern der Statistik beschrieben. Auf ihre Wiedergabe soll daher hier verzichtet werden, mit Ausnahme einiger Bemerkungen, die für das weitere Verständnis notwendig sind. Soweit die Programme davon betroffen werden, ist der Algorithmus auch in [152, 153] beschrieben.

Geht man von einer experimentellen Datenreihe aus, dann erfolgt die Auswahl der speziellen Funktion aus der Familie (33), d.h. die Festlegung der Größe der Parameter $P_1, \ldots, P_5$ nach einem mathematischen Verfahren, meist nach der Methode der kleinsten Quadrate. Da sich im Algorithmus die Parameter nicht direkt formelmäßig angeben lassen – wie das möglich wäre, wenn y linear von den Parametern abhinge –, führt ein Iterationsprozeß zu dem gesuchten Optimum, eine Prozedur, bei der schrittweise die Schätzwerte für die Parameter verbessert werden unter gleichzeitiger Verkleinerung der (gewichteten) Fehlerquadratsumme. Für das An-

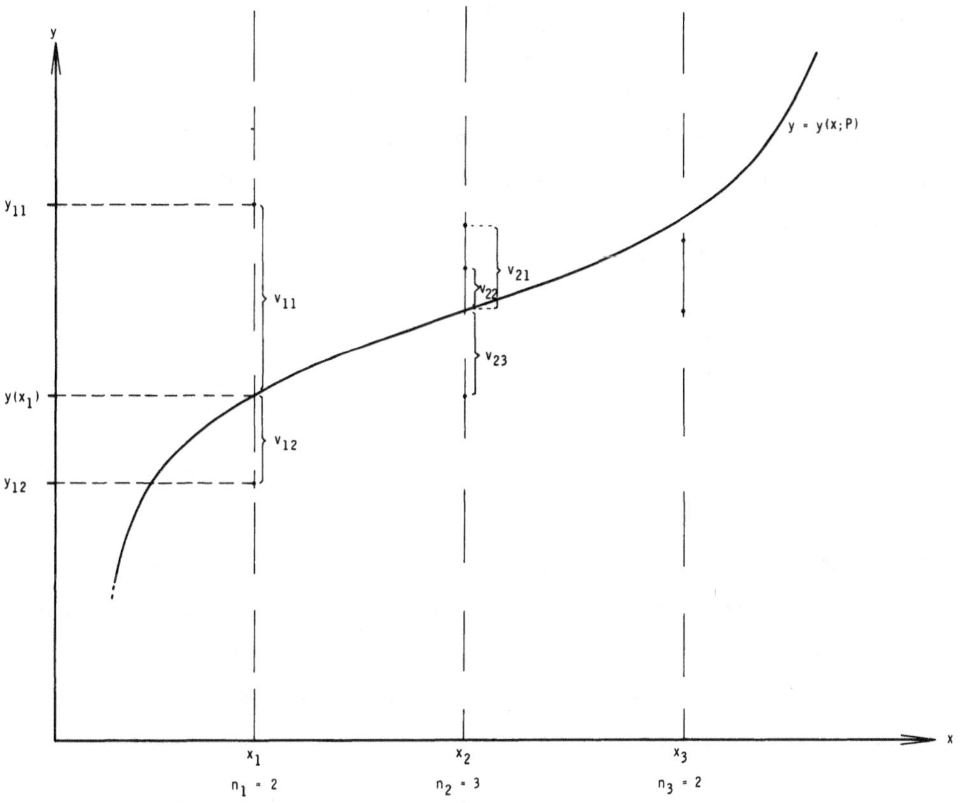

Bild 14: Ausgleichskurve mit verschiedenen Stichprobenpunkten

laufen des Verfahrens sind Anfangsschätzungen der Parameter notwendig, die man u. a. über eine Frei-Hand-Kurve der logistischen Wachstumsfunktion (10) bekommen kann ($P_4 = P_5 = 0$).

Bei allen Ausgleichsvorgängen geht man von der Annahme aus, daß die an einer Stelle x_i gemessenen n_i Daten y_{ij} zwei Anteile enthalten: einen Anteil, der von der direkten Abhängigkeit $y(x;P)$ stammt und einen Fehleranteil v_{ij} (Bild 14):

$$(39) \qquad y_{ij} = y(x_i;P) + v_{ij}, \quad v_{ij} = y_{ij} - y(x_i;P) \quad (j = 1, 2, \ldots, n_i;\ i = 1, 2, \ldots, n),$$

$$P = (P_1, P_2, P_3, P_4, P_5), \qquad \sum_{i=1}^{n} n_i = N \quad .$$

Die Messung y_{ij} ist also eine Schätzung für den unbekannten Wert $y(x_i;P)$. Sie ist um so genauer, je kleiner der Betrag von v_{ij} ist. v_{ij}^2 ist das Abstandsquadrat (Fehlerquadrat) des Meßdatums y_{ij} von dem Kurvenpunkt $y(x_i;P)$.

An jeder Stelle x_i seien die Fehler v_{ij} unabhängig voneinander und normalverteilt mit dem Mittelwert 0. Diese Bedingung ist hinreichend dafür, daß der Kurvenpunkt $y(x_i;P)$ der wahrscheinlichste Wert für eine Messung an der Stelle x_i ist. Die Summe aller Fehlerquadrate

$$(40) \qquad \sum_{i=1}^{n} \sum_{j=1}^{n_i} v_{ij}^2$$

ist ein Maß für die Abweichungen der Meßdaten von der Kurve $y(x;P)$. Da die Meßdaten gegeben sind, hängt (40) nur noch vom Verlauf der Kurve $y(x;P)$ und damit von $P = (P_1, P_2, P_3, P_4, P_5)$ ab. Dabei gehen alle Meßwerte gleichberechtigt in die Berechnung ein. Wenn wir aber annehmen, daß die Zuverlässigkeit der Meßdaten von der Meßstelle abhängt (d.h. die Bandbreite der Meßdaten ist vom Alter abhängig), ist ein Verfahren vorzuziehen, das dieser Tatsache Rechnung trägt, bei dem also der Beitrag des realen Abstandsquadrats v_{ij}^2 eines Meßpunktes zu unserem neu zu definierenden Maß für die Abweichung der Meßdaten vom Kurvenverlauf um so größer ist, je "sicherer" die Messung ist. Sei g_i ein Maß für die Ungenauigkeit, mit der man die Meßdaten an der Stelle x_i derart bestimmen kann, daß g_i um so größer ist, je unsicherer eine Messung ist. Wir erklären nun als neues Maß für die Abweichung eines Meßpunkts von der Kurve den Quotienten

$$\frac{v_{ij}^2}{g_i} \tag{41}$$

und die <u>gewichtete Fehlerquadratsumme</u>

$$\sum_{i=1}^{n} \sum_{j=1}^{n_i} \frac{v_{ij}^2}{g_i} = \sum_{i=1}^{n} \frac{1}{g_i} \cdot \sum_{j=1}^{n_i} [y_{ij} - y(x_i;P)]^2 \quad . \tag{42}$$

Nach der Theorie sollen die Gewichte g_i den Varianzen der Meßwerte an einer festen Stelle proportional sein [148].

Die Methode der kleinsten Quadrate ist ein Algorithmus, der schrittweise den Parametersatz P^* sucht, der von allen möglichen Parametersätzen P die kleinste gewichtete Fehlerquadratsumme (42) liefert. Ändert man an einer Stelle x_i den Kurvenverlauf, dann ändern sich alle v_{ij}^2 $(j = 1, 2, \ldots, n_i)$, und die Gewichte bewirken, daß der Effekt dort am größten ist, wo die Messung am zuverlässigsten ist. Dieser Algorithmus ist für die verallgemeinerte logistische Wachstumsfunktion (33) in dem Programm LOGI (Abschnitt 5.9.3) und für die Mehrkomponentenanalyse (Kapitel 4) in dem Programm KOMB (Abschnitt 5.9.7) programmiert.

Die Methode der kleinsten Quadrate bei nicht-linearen Ausgleichungen ist nicht problemlos; daher soll vor der Besprechung der Programme kurz auf die Schwierigkeiten eingegangen werden. Wie bereits gezeigt wurde, hängt die Fehlerquadratsumme (42) nur von dem Parametersatz $P = (P_1, P_2, P_3, P_4, P_5)$ ab, da die Meßdaten fest gegeben sind. Die Summe (42) ist also die abhängige Variable, P_i $(i = 1, 2, \ldots, 5)$ sind die unabhängigen Variablen. Die Aufgabe besteht nun darin, im 6-dimensionalen Raum den Punkt $P^* = (P_1^*, P_2^*, \ldots, P_5^*)$ zu finden, für den (42) das absolute Minimum annimmt. Der Algorithmus basiert nur auf notwendigen Bedingungen für ein Extremum, und es muß zudem noch, damit er durchführbar ist, das Problem linearisiert und die direkte Berechnung der Lösung durch einen Iterationsprozeß ersetzt werden. Damit ist keine Gewähr für das Erreichen eines Minimums und schon gar nicht für das Erreichen des <u>absoluten</u> Minimums gegeben. Wir sind daher nicht sicher,

- daß das Iterationsverfahren konvergiert,
- daß bei Konvergenz ein Minimum erreicht wird,
- daß ein Minimum das absolute Minimum der Fehlerfläche (42) ist.

Neben Existenz und Eindeutigkeit der Lösung ist auch die Frage nach der Stabilität der Lösung gegenüber Änderungen der Meßdaten von Interesse: Besteht bei Hinzunahme von ergänzenden Meßdaten die Gefahr, daß die neue Lösung eine völlig andere Gestalt besitzt, oder liegt sie in der Nachbarschaft der ersten Lösung ? Nach dem Bisherigen ist klar, daß gerade bezüglich der Stabilität die Wahl der Gewichte eine entscheidende Rolle spielt. Sind genügend Meßdaten vorhanden, dann sollten die Gewichte, der Theorie folgend, den Varianzen an den einzelnen Meßstellen proportional sein. Dadurch erhalten Ausreißer nur einen vergleichbar kleinen Einfluß auf die Lösung. Eine Variation der Meßdaten in Kombination mit den oben dargestellten Unsicherheiten des Verfahrens ist jedoch fast immer ein großes Problem. Dennoch ist die Situation nicht so schwierig, da man bei sorgfältigem Arbeiten und bei Anwendung einiger Kunstgriffe die meisten praktischen Probleme lösen kann. Das Verfahren ist um so stabiler und führt um so sicherer zum gewünschten Ziel, je weniger komplex die Fehlerfläche (42) ist, d.h. für unseren Fall je geringer die Anzahl der Parameter ist. Je näher wir uns schon am absoluten Minimum befinden, desto sicherer wird es erreicht. Eine gute Anfangsschätzung für eine Iteration ist daher die wichtigste Voraussetzung. Der theoretisch einfachste Weg dazu wäre ein systematischer Suchprozeß, bei dem über einem genügend dichten Netz von Parameter-Punkten $P = (P_1, P_2, \ldots, P_5)$ jeweils die Fehlerquadratsumme (42) bestimmt und das Minimum als Ausgangslösung genommen wird. Diese Möglichkeit ist aber praktisch nicht durchführbar, da schon ein grobes Netz mit 10 diskreten Werten für jeden Parameter insgesamt $10^5 = 100\,000$ Punkte besitzt; dies führt zu einem sehr hohen Rechenaufwand, der schnell die Kapazitätsgrenzen auch großer Computer erreicht.

Für die 3-parametrige Wachstumsfunktion (10) bietet die Logitregression (21) wohl die beste Möglichkeit für eine gute Anfangsschätzung, und bei einer mäßig guten Anfangsschätzung für P_1 hat das Programm LOGI (Abschnitt 5.9.3) bei allen bisher untersuchten Beispielen schnell das Minimum gefunden. Für höherparametrige Formen der Verallgemeinerung (33) sind in LOGI zwei Möglichkeiten eingebaut, die mit hoher Sicherheit zum Ziel führen.

Außer der Reduktion des Problems auf einen Polynomansatz nach mehr oder weniger grober Anfangsschätzung für den Parameter P_1, der Ausgleichung des reduzierten

Problems und schließlich des nicht-linearen Ausgleichs in einer Iterationsprozedur [152, 153] gibt es noch verschiedene davon abweichende Methoden. Zwei interessante Verfahren gehen von einem Differentialgleichungsansatz aus, was besonders in den Fällen naheliegend ist, in denen die Differentialgleichung linear ist. Erwähnt sei hier die Schätzung der Parameter mittels "internal least squares" [68] für die Exponentialfunktion (8) und für solche Funktionen, die sich auf sie zurückführen lassen, z. B. die 3-parametrige Wachstumsfunktion (10) durch die Transformation $z = \frac{1}{y}$ oder die GOMPERTZ-Funktion (23) durch die Transformation $z = \ln y$.

Zur Gewinnung von Anfangsschätzungen wurde auch mit Differenzengleichungen ausgeglichen [130].

3.1.7 Andere Strategien zur Schätzung der Mitteldosis LD_{50} bei Dosis-Wirkungskurven

Hier seien einige Verfahren besprochen, die in der Praxis bei normierten Wachstumsfunktionen ($P_1 = 1$) verwendet werden. Ihre Brauchbarkeit ist vor allem durch die Festlegung von P_1 eingeschränkt (Abschnitt 3.1.2) [21, 24, 47, 48, 54, 55, 132, 148].

Verabreicht man einer Gruppe von Versuchstieren eine bestimmte Dosis d eines Giftes, dann wird ein Teil y dieser Tiere eine Wirkung zeigen, z. B. sterben. y ist dann die Mortalität in der Versuchstiergruppe bei der Dosis d. Mit der Erhöhung der Dosis d erhöht sich auch der Anteil y der getöteten Tiere. In vielen Fällen steigt die Kurve y(d) von 0 bis 1 an. Auf diese Fälle wollen wir uns hier beschränken. Die Dosis-Mortalitätskurve wird meist als Wirkungskurve bezeichnet. Unterscheiden sich zwei Präparate nur in der Konzentration c der Wirksubstanz: $c_2/c_1 = \alpha$, dann erhält man zwei Wirkungskurven für die beiden Präparate

$$
(43) \qquad \begin{aligned} y_1 &= y_1(d) \\ y_2 &= y_2(\alpha \cdot d) \end{aligned} \qquad .
$$

Trägt man auf der Abszisse nicht die Dosis, sondern den Logarithmus t der Dosis auf, dann erhalten wir nach (43) mit $t = \log d$:

$$(44) \qquad \begin{aligned} y_1 &= y_1(t) \\ y_2 &= y_2(\log(\alpha \cdot d)) = y_2(t + \log \alpha) \quad . \end{aligned}$$

Die Kurven (44) nennen wir logarithmische Wirkungskurven. Ihr Vorteil liegt darin, daß sie bei zwei Substanzen, die sich nur in der Konzentration der Wirksubstanz unterscheiden, parallel sind. Die Verschiebung selbst ist der Logarithmus des Konzentrationsverhältnisses.

3.1.7.1 Flächenmethode

Die Flächenmethode [10, 85, 148] hat den Vorteil, daß keine Voraussetzungen über den mathematischen Typ der logarithmischen Wirkungskurve (44) gemacht werden müssen. Diese wird nur als symmetrisch vorausgesetzt, d.h. es gibt einen Punkt mit der Eigenschaft, daß eine Drehung um 180° um diesen Punkt die Kurve in sich selbst überführt. Die Ordinate des Symmetriepunkts muß daher $y = 0.5$ sein. Gesucht ist seine Abszisse W, also der Logarithmus der 50 %-Dosis. Der Nachteil des Verfahrens besteht darin, daß die Information über den gesamten Kurvenverlauf in der Angabe eines einzigen Punkts besteht.

Sei t_0 eine logarithmische Dosis, bei der die Mortalität praktisch gleich 0, sei t_{n+1} eine logarithmische Dosis, bei der die Mortalität praktisch gleich 1 ist, und W der Logarithmus der gesuchten 50 %-Dosis. Dann ist bis auf einen kleinen Fehler der Flächeninhalt des Rechtecks zwischen W und t_{n+1} (Bild 15) gleich

$$(45) \qquad (t_{n+1} - W) \cdot 1 \approx \int_W^{t_{n+1}} y \cdot dt + F_2 = \int_W^{t_{n+1}} y \cdot dt + F_1 \approx \int_{t_0}^{t_{n+1}} y \cdot dt \quad ,$$

und damit wird

$$(46) \qquad W \approx t_{n+1} - \int_{t_0}^{t_{n+1}} y \cdot dt \quad .$$

Teilt man das Intervall $[t_0, t_{n+1}]$ durch Teilpunkte t_i $(i = 1, \ldots, n)$ in $(n+1)$ Teilintervalle (Bild 15), dann kann das Integral in (46) durch die Trapezformel approximiert werden, in der zudem die unbekannten Wahrscheinlichkeiten y_i durch die beobachteten Häufigkeiten h_i (= Anteil der auf eine logarithmische Dosis t_i reagierenden Tiere) ersetzt werden. Mit $h_0 \approx 0$ und $h_{n+1} \approx 1$ ist:

$$(47) \qquad W \approx t_{n+1} - \frac{1}{2}[(h_0+h_1)\cdot(t_1-t_0) + (h_1+h_2)\cdot(t_2-t_1) + \ldots + (h_n+h_{n+1})\cdot(t_{n+1}-t_n)] =$$

$$= \frac{1}{2}(t_n+t_{n+1}) - \frac{1}{2}[h_1\cdot(t_2-t_0) + h_2\cdot(t_3-t_1) + \ldots + h_n\cdot(t_{n+1}-t_{n-1})] \quad .$$

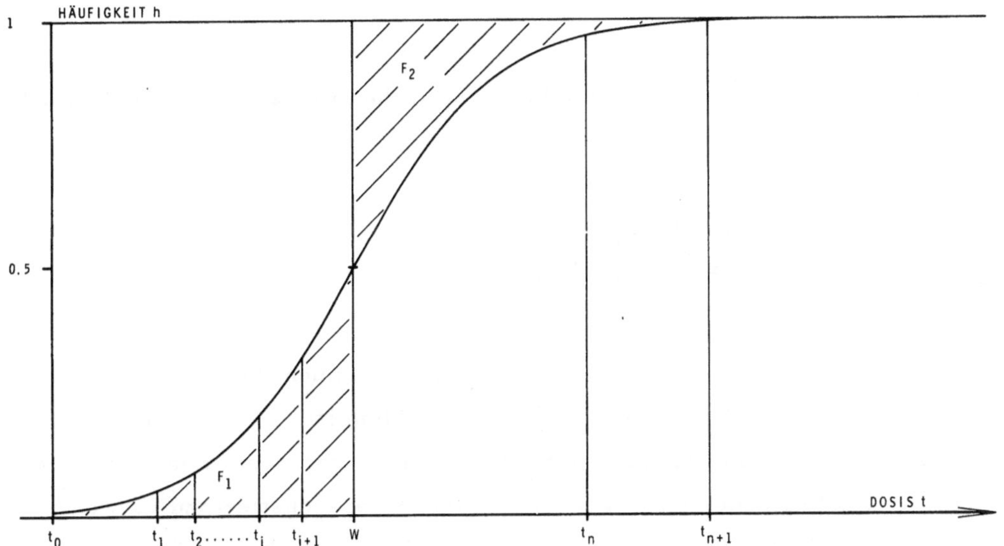

Bild 15: Schätzung der Mitteldosis LD_{50} mit der Flächenmethode

Der Ausdruck (47) vereinfacht sich bei einer äquidistanten Intervallteilung der Länge $\Delta = t_{i+1} - t_i$ $(i = 0, 1, \ldots, n)$ zu

$$(48) \qquad W \approx \frac{1}{2}(t_n + t_{n+1}) - \Delta\cdot\sum_{i=1}^{n} h_i \quad .$$

Die <u>Stichprobenvarianz</u> s^2 von W wird folgendermaßen bestimmt:
Der erste Term in (47) ist keine Zufallsvariable und liefert daher keinen Beitrag zu s^2. Da die n folgenden Terme unabhängig sind, ist

$$(49) \qquad s^2 = \sum_{i=1}^{n} s_i^2 \quad ,$$

wobei s_i^2 die Stichprobenvarianz eines Gliedes der Form

(50) $$-\frac{1}{2} h_i \cdot (t_{i+1} - t_{i-1})$$

ist. Darin ist $-\frac{1}{2}(t_{i+1} - t_{i-1})$ keine Zufallsvariable und h_i eine binomialverteilte Zufallsvariable mit dem Mittelwert y_i und der Stichprobenvarianz

(51) $$\frac{h_i \cdot (1 - h_i)}{N_i - 1} \quad .$$

N_i ist die Anzahl der Tiere, die mit der logarithmischen Dosis t_i behandelt wurden. Mit (49) bis (51) wird

(52) $$s^2 = \sum_{i=1}^{n} \frac{h_i \cdot (1 - h_i)}{4(N_i - 1)} \cdot (t_{i+1} - t_{i-1})^2 \quad .$$

Die Randglieder ($h_i \approx 0$ bzw. $h_i \approx 1$) geben nur einen kleinen Beitrag zur Stichprobenvarianz (52), da in diesen Fällen $h_i \cdot (1 - h_i)$ klein ist. Das Maximum erreicht $h_i \cdot (1 - h_i)$ in der Intervallmitte ($h_i = 0.5$). Damit die Stichprobenvarianz s^2 möglichst klein wird, ist es daher günstiger, um so mehr Versuchstiere zu verwenden, je näher die Mortalität bei 0.5 liegt. Große Versuchsgruppen bei niedriger Mortalität bedeuten Zeitvergeudung, große Versuchsgruppen bei hoher Mortalität bedeuten Tierverschwendung, sofern nur die Bestimmung von W erforderlich ist. Als Faustregel kann bei gleicher Intervallbreite gelten, daß der Quotient aus $h_i \cdot (1 - h_i)$ und dem Stichprobenumfang N_i für alle Gruppen gleich sein soll.

3.1.7.2 Schätzung zusätzlicher Standarddosen

Zur Erhöhung der Information über den Kurvenverlauf werden häufig zusätzliche Kurvenpunkte bestimmt (z. B. LD_{75}, LD_{90}).

Bei einer festen logarithmischen Dosis t_i ist die Mortalität (bzw. die Wirkung) h_i eine binomialverteilte Zufallsvariable mit der Erwartung y_i und der Varianz

(53) $$s^2(t_i) = \frac{y_i \cdot (1 - y_i)}{N_i} \quad .$$

Die TSCHEBYSCHEFF-Ungleichung liefert die Wahrscheinlichkeit P dafür, daß h_i dem Betrage nach um mehr als ein vorgegebenes ε von y_i abweicht:

$$(54) \qquad P(|h_i - y_i| \geq \varepsilon) \leq \frac{1}{\varepsilon^2} \cdot \frac{y_i \cdot (1 - y_i)}{N_i} \approx \frac{1}{\varepsilon^2} \cdot \frac{h_i \cdot (1 - h_i)}{N_i - 1} .$$

Bei vorgegebener Irrtumswahrscheinlichkeit P und vorgegebener Mortalität y_i dient die Ungleichung (54) zur Schätzung der notwendigen Anzahl N_i von Tieren.

3.1.7.3 Approximation der Wirkungskurve durch eine normale Verteilungsfunktion

Unter der Hypothese, daß die logarithmische Wirkungskurve (44) eine normale Verteilungsfunktion (27) darstellt [49, 50, 148], ist

$$(55) \qquad y = \Phi\left(\frac{t - \mu}{\sigma}\right) ,$$

wobei wieder t der Logarithmus der Dosis und μ ($\hat{=}$ W) der Logarithmus der 50%-Dosis ist. σ ist die Standardabweichung der Normalverteilung. Setzt man

$$(56) \qquad z = \Psi(y) ,$$

wobei $\Psi(y)$ die Umkehrfunktion der Verteilungsfunktion (55) ist, dann geht (55) über in die Gleichung einer Geraden

$$(57) \qquad z = \frac{t - \mu}{\sigma} .$$

Um nicht mit negativen Werten von z rechnen zu müssen, wird häufig eine 5 zu z addiert. (z + 5) wird als Probit bezeichnet.

Es gibt im Handel spezielle Funktionspapiere, die eine Umrechnung überflüssig machen. In einer Achsenrichtung ist die Dosis in einer logarithmischen Einteilung aufzutragen, die Ordinate ist nach der Umkehrfunktion Ψ eingeteilt.

Zur Schätzung von μ und σ dienen verschiedene Verfahren.

3.1.7.3.1 Einpunktmethode

Wenn σ genähert aus anderen Experimenten bekannt ist, wird eine logarithmische Dosis t möglichst nahe der Mitteldosis gegeben und durch den so erhaltenen Meßpunkt [t, z] eine Gerade mit der Steigung $1/\sigma$ gelegt. Der Schnittpunkt mit der Abszisse ist nach (57) $\mu = t - \sigma \cdot z$. Das Verfahren benutzt nur den Teil der Kurve, der den steilsten Anstieg besitzt, und ist damit weitgehend von der Hypothese einer normalen Wirkungskurve frei. Die Nachteile liegen darin, daß die Steigung sehr genau und die mittlere Dosis möglichst genau a priori bekannt sein müssen [147, 148].

3.1.7.3.2 Zweipunktmethode

Wenn μ und σ genähert bekannt sind, werden bei der Zweipunktmethode [148] zwei Dosen so gewählt, daß sie sicher auf beiden Seiten möglichst weit entfernt von der Mitteldosis und hinreichend weit entfernt von der 0%- und 100%-Dosis gelegen sind. Beide Punkte werden durch eine Gerade verbunden, deren Schnittpunkt mit der Abszisse die Schätzung W für μ liefert. In das Verfahren geht wesentlich die unsichere Hypothese der normalen Wirkungskurve ein. Zudem ist es nur brauchbar, wenn große Versuchsgruppen verwendet werden [148]. Diese Vorbehalte gelten, wenn auch in schwächerem Maß, für die meist verwendete Dreipunktmethode.

3.1.7.3.3 Dreipunktmethode

Bei der Dreipunktmethode [148] wird zusätzlich zu den bei der Zweipunktmethode verwendeten Dosen eine Dosis nahe der Schätzung für μ gewählt. Die Gerade wird durch lineare Regression geschätzt (Abschnitt 5.7.2).

Zuverlässige Schätzverfahren sind die lineare Regression und die graphische Methode [117] bei Verwendung einer größeren Anzahl von Dosen.

Als praktisches Beispiel für die Dreipunktmethode nach Logit-Transformation (19) wurden 23 Mittelwerte aus 119 Messungen für das Hirnfrischgewicht der Albinomaus zwischen 14 und 35 Ontogenesetagen verwendet (Daten siehe Bild 47). Aus diesen 23 Mittelwerten wurden alle $\binom{23}{3} = 1\,771$ Kombinationen von jeweils drei verschiedenen Punkten zur Berechnung der Regressionsparameter, der Korrelation und des Logarithmus der LD_{50} ($\hat{=}$ Halbwertzeit W) verwendet (Tabelle 6). Das Häufigkeitsdiagramm der Halbwertzeit W ist in Bild 16 dargestellt.

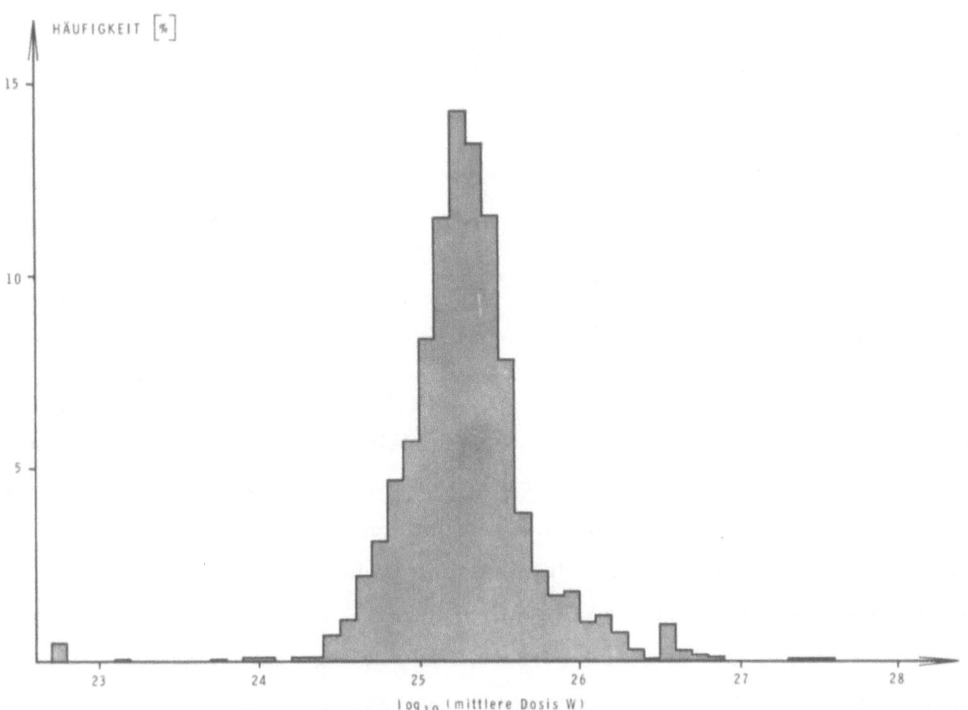

Bild 16: Häufigkeitsdiagramm der Halbwertzeit bei 1 771 Kombinationen von jeweils 3 Meßpunkten aus 23 Daten

Bei dieser sehr gut linear verlaufenden Datenreihe sind die Verteilungen um die Mittelwerte konzentriert, die sich ihrerseits praktisch nicht von den Ergebnissen der Gesamtregression unterscheiden.

Tabelle 6: Vergleich der Regressionsergebnisse für den Ansatz $y = A \cdot x + B$, ($W = -B/A$, R = Korrelationskoeffizient) einer Gesamtregression für 23 Mittelwerte und der Verteilungsparameter von 1 771 Dreipunkt-Regressionen.

x = Alter in Ontogenesetagen,

$y = \ln\left(\frac{480 - HG}{480}\right)$,

HG = Hirnfrischgewicht [mg] der Albinomaus.

	A	B	R	W
Gesamtregression	-0.249	6.244	-0.998	25.04
Mittelwert	-0.249	6.263	-0.998	25.21
Varianz	0.0004	0.253	0.0001	0.183
Schiefe	-0.848	2.023	19.858	0.144
Exzeß	7.798	18.293	478.637	14.906
Spannweite	0.278	8.851	0.295	8.069

3.1.7.3.4 Auf und Ab-Methode

Das Prinzip der Auf und Ab-Methode [37, 38, 120, 148] besteht darin, daß ein Tier mit einer logarithmischen Ausgangsdosis t behandelt wird und bei Eintreten einer Reaktion (z. B. Tod) das nächste Tier mit einer um a erniedrigten, bei Ausbleiben einer Reaktion mit einer um a erhöhten logarithmischen Dosis behandelt wird. Es treten in der Versuchsreihe also nur die logarithmischen Dosen t, $t \pm a$, $t \pm 2a, \ldots$ auf. Die Gesamtanzahl der "Erfolge" (Reaktion) sei N_1, die Gesamtanzahl der Mißerfolge sei N_2, und N sei das Minimum von N_1 und N_2. Im weniger häufigen Ereignis (Reaktion oder keine Reaktion) seien die logarithmischen Dosen nach steigender Größe geordnet: $\ell_0 < \ell_1 < \ell_2 < \ldots$, und das Ereignis sei dabei $n_0, n_1, n_2, \ldots$ mal aufgetreten. Dann lautet die Schätzung W für μ

$$W = \ell_0 + a \cdot \left[\frac{1}{N} \cdot \sum_i i \cdot n_i \pm 0.5\right] \quad . \tag{58}$$

Das Vorzeichen + gilt, wenn in der Rechnung die Mißerfolge benutzt wurden, anderenfalls gilt das Vorzeichen −.

Die Schätzung s für die Standardabweichung σ ist

$$(59) \qquad s = 1.62 \left[\frac{N \cdot \sum_i i^2 \cdot n_i - \left(\sum_i i \cdot n_i \right)^2}{N^2} + 0.03 \right] .$$

Der Vorteil des Verfahrens liegt darin, daß sich die Dosen nicht zu stark von der LD_{50} unterscheiden werden, weil mit zunehmender Entfernung von μ die Wahrscheinlichkeit für die "Umkehr" stark ansteigt. Dadurch ist die Empfindlichkeit gegenüber der Hypothese einer normalen Wirkungskurve gering. Ein Nachteil besteht darin, daß bei jedem Versuch der Ausgang des vorigen Versuchs bekannt sein muß. Dieser Nachteil kann teilweise durch das Ansetzen mehrerer Parallelmeßreihen ausgeglichen werden.

a soll zwischen $\frac{1}{2}\sigma$ und 2σ liegen, so daß eine grobe Schätzung der Varianz bekannt sein muß.

3.1.8 Linearisierende Transformationen

Ist die Asymptote P_1 bekannt, dann gibt es Transformationen

$$z = z(y) \quad ,$$

die die nicht-linearen Wachstumsfunktionen $y = f(t;P)$ in lineare Funktionen oder Polynome überführen. Das Problem der Bestimmung der Parameter reduziert sich dann erheblich, zumal dafür praktisch überall Computerprogramme zur Verfügung stehen.

Für die Berechnung der Umkehrfunktion $\psi(y)$ nach (56) der normalen Verteilungsfunktion (55) gibt es eine rationale Approximation [70].

Linearisierende Transformationen bei verschiedenen Wachstumsfunktionen:

Wachstumsfunktion $y(t) =$	Transformation $z(y) =$	Reduziertes Problem $z(t) =$	Bemerkungen
Exponentialfunktion (8) : $P_1 \cdot [1 - \exp(P_2 + P_3 \cdot t)]$	$\ln \frac{P_1 - y}{P_1}$	$P_2 + P_3 \cdot t$	
GOMPERTZ-Funktion (23) : $P_1 \cdot \exp[P_2 \cdot \exp(P_3 \cdot t)]$	$\ln \ln(P_1/y)$	$\overline{P}_2 + P_3 \cdot t$	$\overline{P}_2 = \ln(-P_2)$
Normale Verteilungsfunktion (27) : $\frac{1}{\sqrt{2\pi} \cdot \sigma} \cdot \int_{-\infty}^{t} \exp(-\frac{(x-\mu)^2}{2\sigma^2}) \cdot dx$	$\Psi(y)$	$\overline{P}_1 + \overline{P}_2 \cdot t$	$\Psi(y)$ ist die Umkehrfunktion der standardisierten Normalverteilung. $z + 5$ wird als <u>Probit</u> von y bezeichnet. $\overline{P}_1 = -\mu/\sigma$, $\overline{P}_2 = 1/\sigma$
Verallgemeinerte logistische Wachstumsfunktion (33) : $\frac{P_1}{1 + \exp(P_2 + P_3 \cdot t + P_4 \cdot t^2 + P_5 \cdot t^3)}$	Logit-Transformation (19): $\ln \frac{P_1 - y}{y}$	$P_2 + P_3 \cdot t + P_4 \cdot t^2 + P_5 \cdot t^3$	Rückführung auf ein lineares Problem durch die Transformationen $x_i = t^i \quad (i = 1, 2, 3)$

3.2 Reifegrad
Interpretation der Wachstumsfunktion als Verteilungsfunktion

Die Parameter der 3-parametrigen logistischen Wachstumsfunktion (10) beschreiben die Form der Wachstumskurve. Wir sind daher in der Lage, die Kenntnis der Parameterwerte in Aussagen über Eigenarten des Wachstums zu übersetzen. So hat P_1 die Bedeutung des Idealwerts, P_3 legt die Geschwindigkeit des Wachstums (Steilheit der Wachstumskurve) fest, und die Halbwertzeit (12) ist durch das Verhältnis von P_2 zu P_3 bestimmt. Zudem wissen wir, daß die Kurve symmetrisch zu ihrem Wendepunkt (14) ist.

Die Verallgemeinerung zur 4- und 5-parametrigen Wachstumsfunktion (33) ermöglicht uns, auch komplexere Wachstumsverläufe zu approximieren, und bietet außerdem den Zugang zu einer höheren Untersuchungsstufe (Kapitel 4). Der Preis, den wir für diese Verallgemeinerung bezahlen müssen, besteht in der Hauptsache in dem Verlust einer direkten Beziehung zwischen den Parametern und der Form der Wachstumskurve. Die Parameter P_2 bis P_5 im Exponenten von (33) besitzen eine große Kovarianz. Das bedeutet, daß mit der Änderung eines Parameterwertes Änderungen der Werte der anderen Parameter gekoppelt sind. Die Folge ist ein Verlust an Stabilität der Parameterwerte; geringfügige Änderungen des Kurvenverlaufs können starke Änderungen der Parameterwerte bewirken und umgekehrt. Das erschwert den Vergleich und die Klassifikation verschiedener Wachstumsfunktionen. Diese Schwierigkeit beseitigen Sekundärparameter, die folgende Forderungen erfüllen sollen:

Die Sekundärparameter

- sind von den Primärparametern P_i in einfacher Form ableitbar,
- haben eine anschauliche biologische Bedeutung,
- haben einen hohen Informationsgehalt bezüglich der Wachstumsfunktion,
- werden bei kleinen Änderungen des Kurvenverlaufs wenig geändert.

In diesem Sinn ist der Primärparameter P_1 auch ein Sekundärparameter, wenn die Wachstumsfunktion monoton gegen P_1 steigt. Beim Vorliegen eines Maximums besitzt der Maximalwert die gleiche Bedeutung als Idealwert.

Weitere Sekundärparameter sind der Vermehrungsfaktor und die Halbwertzeit.

Dividiert man die Wachstumsfunktion (33) durch P_1 (bzw. durch das Maximum), dann erhält man eine Funktion

$$(60) \qquad F(t) = \frac{1}{1 + \exp(P(t))} \qquad \text{bzw.} \qquad F(t) = \frac{P_1/\text{Maximum}}{1 + \exp(P(t))}$$

mit $P(t) = P_2 + P_3 \cdot t + P_4 \cdot t^2 + P_5 \cdot t^3$. Diese Funktion besitzt die Asymptote 1 bzw. das Maximum 1 (Reifegrad).

Der Reifegrad (60) enthält die gesamte Information über die Wachstumsform und - bis auf P_1 - alle Informationen über das Wachstum des Substrats. Da der Reifegrad durch die Normierung leichter vergleichbar ist, wollen wir von ihm ausgehend nach geeigneten weiteren Sekundärparametern suchen.

Den Reifegrad können wir auch durch seine Änderungstendenz an jeder Stelle beschreiben. Differentiation von (60) nach t ergibt die Wachstumsrate des Reifegrads:

$$(61) \qquad f(t) = - \frac{\frac{dP(t)}{dt} \cdot \exp(P(t))}{[1 + \exp(P(t))]^2}$$

$$\text{bzw.} \qquad f(t) = - \frac{P_1}{\text{Maximum}} \cdot \frac{\frac{dP(t)}{dt} \cdot \exp(P(t))}{[1 + \exp(P(t))]^2} \quad .$$

Das Differential $dF(t) = f(t) \cdot dt$ ist die in dem infinitesimalen Intervall von t bis $t + dt$ erfolgende Zunahme des Reifegrads. Ist $F(t)$ monoton steigend, dann ist (60) eine Verteilungsfunktion mit der Dichte (Wachstumsrate des Reifegrads) $f(t)$. Auf solche Reifegrade wollen wir uns vorerst beschränken.

Da Integration und Differentiation inverse Operationen sind, kann der Reifegrad zu einem Zeitpunkt t auch erhalten werden, wenn der gesamte Flächeninhalt unter der Kurve der Wachstumsrate des Reifegrads links von t bestimmt wird, also

$$(62) \qquad \text{Reifegrad}(t) = \int_{-\infty}^{t} \text{Dichte}(t) \cdot dt \quad .$$

Reifegrad und Dichte bestimmen sich gegenseitig. Um dem mathematisch interessierten Leser den Zugang zu erleichtern, sei der Weg zu einem Satz von Sekundärparametern kurz beschrieben. Verwendung und Verständnis der Sekundärparameter hängen jedoch nicht vom Verständnis der nachfolgenden Ableitung ab.

Unter gewissen Voraussetzungen kann die Dichte (61) durch eine Integraltransformation (FOURIER-Transformation) in eine andere Funktion übergeführt werden, die die gesamte Information über die Dichte enthält:

$$(63) \qquad c(u) = \int_{-\infty}^{\infty} \exp(i \cdot u \cdot t) \cdot f(t) \cdot dt \, , \qquad f(t) = \frac{1}{2\pi} \cdot \int_{-\infty}^{\infty} \exp(- i \cdot u \cdot t) \cdot c(u) \cdot du \quad .$$

$c(u)$ ist die <u>charakteristische Funktion</u>. Die formale Entwicklung von $c(u)$ in eine TAYLOR-Reihe an der Stelle 0 ist:

$$(64) \qquad c(u) = c(0) + \frac{c^{(1)}(0)}{1!} \cdot u + \frac{c^{(2)}(0)}{2!} \cdot u^2 + \frac{c^{(3)}(0)}{3!} \cdot u^3 + \ldots \quad .$$

Die in (64) auftretenden Ableitungen $c^{(i)}$ erhalten wir durch Differentiation unter dem Integral. Es ist nach (63)

$$c(0) = \int_{-\infty}^{\infty} 1 \cdot f(t) \cdot dt = \text{Reifegrad}(\infty) = 1 \quad ,$$

und allgemein ist

$$(65) \qquad c^{(n)}(0) = i^n \cdot \int_{-\infty}^{\infty} t^n \cdot f(t) \cdot dt \qquad (n = 0, 1, 2, \ldots) \quad .$$

Das Integral

$$(66) \qquad E(t^n) := \int_{-\infty}^{\infty} t^n \cdot f(t) \cdot dt \qquad (n = 0, 1, 2, \ldots)$$

heißt <u>Erwartungswert</u> von t^n oder n-tes (nicht-zentrales) <u>Moment</u> von t. Da i. allg. die TAYLOR-Reihe (64) mit den Erwartungswerten, die charakteristische Funktion (63) mit der TAYLOR-Reihe, die Dichte (61) mit der charakteristischen Funktion und der Reifegrad mit der Dichte festgelegt ist, ist der Reifegrad (60) i. allg. durch die Erwartungswerte (66) eindeutig festgelegt.

E(t) wird auch als Mittelwert oder nur als Erwartungswert (von t) bezeichnet:

(67) $$E(t) = \int_{-\infty}^{\infty} t \cdot f(t) \cdot dt \quad .$$

Die zentralen Momente μ_n werden definiert durch

(68) $$\mu_n := E[(t - E(t))^n] = \int_{-\infty}^{\infty} (t - E(t))^n \cdot f(t) \cdot dt \qquad (n = 0, 1, 2, \ldots) .$$

Die zentralen Momente sind invariant gegen Translationen auf der Abszisse. Das besonders wichtige zweite zentrale Moment μ_2 heißt Varianz (von t).

Die zentralen Momente bis zur Ordnung 4, ausgedrückt in den nicht-zentralen Momenten bis zur Ordnung 4, sind:

(69) $$\mu_1 = 0$$

(70) $$\mu_2 = E(t^2) - E^2(t)$$

(71) $$\mu_3 = E(t^3) - 3\, E(t^2) \cdot E(t) + 2\, E^3(t)$$

(72) $$\mu_4 = E(t^4) - 4\, E(t^3) \cdot E(t) + 6\, E(t^2) \cdot E^2(t) - 3\, E^4(t) \quad .$$

Nur vier der Momente werden uns interessieren, da sie den Reifegrad weitgehend beschreiben. Dazu wollen wir zur 3-parametrigen Wachstumsfunktion (10) zurückkehren, deren Reifegrad stets eine Verteilungsfunktion ist. Für den Reifegrad der 3-parametrigen Wachstumsfunktion (10) ist:

(73) $$E(t) = \int_{-\infty}^{\infty} t \cdot \frac{- P_3 \cdot \exp(P_2 + P_3 \cdot t)}{[1 + \exp(P_2 + P_3 \cdot t)]^2} \cdot dt = - \frac{P_2}{P_3} \quad .$$

Der Mittelwert E(t) beim 3-parametrigen Reifegrad ist identisch mit der Halbwertzeit (12), der Abszisse des Symmetriepunktes. Die Varianz, das zweite zentrale Moment, ist:

(74) $$\mu_2 = E[(t + P_2/P_3)^2] = \int_{-\infty}^{\infty} \left[t + \frac{P_2}{P_3}\right]^2 \cdot \frac{-P_3 \cdot \exp(P_2 + P_3 \cdot t)}{[1 + \exp(P_2 + P_3 \cdot t)]^2} \cdot dt =$$

$$= \frac{\pi^2}{3\, P_3^2} \approx \frac{3.3}{P_3^2} \quad .$$

Die Varianz von t hängt nach (74) beim 3-parametrigen Reifegrad nur von dem Parameter P_3 ab, der die Wachstumsgeschwindigkeit festlegt. Die Auflösung von (74) nach P_3 ergibt

(75) $$|P_3| = \frac{\pi}{\sqrt{3\,\mu_2}} \approx \frac{1.8}{\sqrt{\mu_2}} \quad .$$

Die maximale Wachstumsrate des Reifegrads ist $-P_3/4$ an der Stelle $t = W$. Die beiden Stellen, an denen die Hälfte dieses Maximalwerts erreicht ist, erfüllen die Bedingung

(76) $$f(t) = -\frac{P_3 \cdot \exp(P_2 + P_3 \cdot t)}{[1 + \exp(P_2 + P_3 \cdot t)]^2} = -\frac{P_3}{8} \quad .$$

Die Gleichung (76) führt auf

$$8 \exp(P_2 + P_3 \cdot t) = [1 + \exp(P_2 + P_3 \cdot t)]^2 \quad ,$$

und damit ist

$$P_2 + P_3 \cdot t = \ln(3 \pm \sqrt{8})$$

mit den beiden Lösungen

(77) $$t_{1,2} = \frac{\ln(3 \pm \sqrt{8}) - P_2}{P_3} \quad .$$

Der Abstand b dieser beiden Lösungen ist ein Maß für die Breite (Halbwertsbreite) der Wachstumsrate des Reifegrads:

(78) $$b = t_2 - t_1 = \frac{\ln(3 - \sqrt{8}) - \ln(3 + \sqrt{8})}{P_3} \approx \frac{3.5}{|P_3|} \approx 2 \cdot \sqrt{\mu_2} \quad .$$

Zu Mittelwert (67) und Varianz (70) sollen noch zwei weitere Sekundärparameter definiert werden, die spezielle Formbesonderheiten charakterisieren. Die Schiefe des Reifegrads definieren wir durch

$$(79) \qquad \gamma_1 \quad := \quad \frac{\mu_3}{\mu_2^{3/2}}$$

und den Exzess durch

$$(80) \qquad \gamma_2 \quad := \quad \frac{\mu_4}{\mu_2^2} - 3 \qquad .$$

Für alle zu einer Geraden $t = t_0$ symmetrischen Dichten ist mit $t = -\tau$:

$$(81) \qquad \mu_3 = \int_{-\infty}^{\infty} [t - E(t)]^3 \cdot f(t) \cdot dt = \int_{\infty}^{-\infty} [-\tau - E(-\tau)]^3 \cdot f(-\tau) \cdot d(-\tau) =$$

$$= - \int_{-\infty}^{\infty} [\tau - E(\tau)]^3 \cdot f(\tau + 2t_0) \cdot d\tau \qquad .$$

Durch die Transformation $t = \tau + 2t_0$ geht das letzte Integral über in

$$(82) \qquad - \int_{-\infty}^{\infty} [t - 2t_0 - E(t - 2t_0)]^3 \cdot f(t) \cdot dt = - \int_{-\infty}^{\infty} (t - E(t))^3 \cdot f(t) \cdot dt = - \mu_3 \ ,$$

da für einen konstanten Wert a gilt $E(t - a) = E(t) - E(a) = E(t) - a$. Wegen $\mu_3 = -\mu_3$ folgt daher aus (81) und (82) $\mu_3 = 0$. Ist die Dichte des Reifegrads (61) symmetrisch – wie bei der 3-parametrigen logistischen Wachstumsfunktion – dann ist die Schiefe (79) gleich 0.

Schiefe und Exzess sind unabhängig gegen Translationen (wie die zentralen Momente selbst) und gegen lineare Verzerrungen der Abszisse, da nach (68)

$$\mu_n(k \cdot t) = k^n \cdot \mu_n(t)$$

ist. Der Exzess (80) ist durch die Subtraktion von 3 so normiert, daß er bei der Dichte der Normalverteilung (28) gleich Null wird. Für die 3-parametrige Wachstumsfunktion (10) ist $\gamma_1 = 0$ und $\gamma_2 = 1.2$.

Mit Mittelwert (67), Varianz (70), Schiefe (79) und Exzess (80) verfügen wir über vier Sekundärparameter, die einerseits den Reifegrad (60) weitgehend beschreiben und andererseits bei der 3-parametrigen Wachstumsfunktion (10) direkt aus den Primärparametern hergeleitet werden können. Sie geben – wie die Primärparameter der 3-parametrigen Form – spezielle Kurvencharakteristika wieder, im Gegensatz zu den Primärparametern sind sie aber verallgemeinert (Ausnahmen siehe unten).

Ihre Bedeutung läßt sich anhand eines Modells verstehen. Wenn wir die Einheitsmasse kontinuierlich auf der gesamten reellen Achse verteilen, dann ist die Dichte (61) die Funktion der Massenbelegung, und das Integral der Dichte von $-\infty$ bis zu einer Stelle t – das Integral entspricht dem Reifegrad an der Stelle t – ist gleich der Gesamtmasse "links von t". Für $t \to +\infty$ wird diese Masse gleich 1.

Die Sekundärparameter im einzelnen sind:

- Idealwert P_1 (bzw. Maximalwert),
- Vermehrungsfaktor (6),
- Halbwertzeit W (36). Die Fläche unter der Dichte (61) ist links und rechts von W gleich (die Gesamtmasse links und rechts von W ist gleich: Massenmittelpunkt).
- Mittelwert (67). Der Mittelwert ist ein Lageparameter der Wachstumsrate des Reifegrads. Bei symmetrischen Dichten ist er gleich der Halbwertzeit. In der 3-parametrigen Form ist der Mittelwert die Stelle maximaler Zunahme des Reifegrads.

  In Bild 78 rechts unten wurde eine Ordinatenparallele an der Halbwertzeit (= Mittelwert) der Wachstumsrate des Reifegrads eingezeichnet.

  Die Differenz zwischen Halbwertzeit und Mittelwert ist ein Maß für die Unsymmetrie der Dichte. (Der Mittelwert ist der Schwerpunkt der Massenbelegung.)

- Die Varianz μ_2 nach (70) beschreibt die Konzentration der Dichte (61) um den Mittelwert (67). Sie ist unabhängig von Verschiebungen der Dichte entlang der Abszisse. Je kleiner μ_2 ist, desto stärker ist die Dichte um den Mittelwert konzentriert, desto steiler steigt der Reifegrad (60) an. In der 3-parametrigen Form ist die Bedeutung der Varianz durch ihren Zusammenhang mit der Halbwertsbreite (78) besonders klar. (Die Varianz entspricht dem auf den Schwerpunkt bezogenen Trägheitsmoment der Massenbelegung.)

In Bild 101 rechts unten ist die Wachstumsrate eines Reifegrads mit einer kleinen Varianz und in Bild 78 die Wachstumsrate eines Reifegrads mit einer großen Varianz dargestellt.

- Schiefe (79) und Exzess (80) beschreiben im besonderen "innere Eigenschaften" der Dichte: Die Schiefe γ_1 ist ein Maß für die Unsymmetrie. Sie ist unabhängig von linearen Transformationen der Abszisse (Transformationen der Form $\tau = \alpha \cdot t + \Delta$) im Gegensatz zur Differenz zwischen Halbwertzeit und Mittelwert, die nur unabhängig ist gegenüber Transformationen der Form $\tau = t + \Delta$.

  In Bild 105 rechts oben ist die Wachstumsrate des Reifegrads mit einer linkssteilen Kurve ($\triangleq$ positive Schiefe) und in Bild 34 rechts oben, Wurf "Q", die Wachstumsrate des Reifegrads mit einer rechtssteilen Kurve ($\triangleq$ negative Schiefe) zu erkennen.

  Der Exzess γ_2 ist ein Maß für den Anteil der Masse weit "draußen" vom Mittelwert an der Gesamtmasse 1. Ein positiver Exzess liegt dann vor, wenn der Anteil der "Schwänze" größer ist als bei der Dichte der Normalverteilung ("Glockenkurve") (28). Ist der Anteil kleiner, dann ist der Exzess negativ. Je größer der Exzess ist, desto langsamer klingt die Dichte nach beiden Seiten ab. Wie γ_1 ist auch γ_2 gegen lineare Transformationen invariant.

Schiefe und Exzess der 3-parametrigen Wachstumsfunktion (10) sind unabhängig von den Parametern gleich 0 bzw. gleich 1.2. Die Dichte ist also eine symmetrische Glockenkurve, bei der die Schwänze etwas stärker ins Gewicht fallen als bei der normalen Dichte. Schiefe und Exzess sind empfindlicher als Mittelwert und Varianz gegen geringfügige Änderungen der Dichte, da bei ihrer Berechnung Momente höherer Ordnung eingehen.

3.2.1 Sekundärparameter des Reifegrads der 4- und 5-parametrigen logistischen Wachstumsfunktion

Die Verallgemeinerungen (33) sind durch die höhere Flexibilität schwieriger zu behandeln als die 3-parametrige Wachstumsfunktion (10), besonders dann, wenn Extrema auftreten. Formal kann man jedoch wie bei der 3-parametrigen Form vorgehen – bei dem häufig auftretenden 5-parametrigen Fall ohne Extrema sogar ohne Einschränkungen. Die Integrale (66) und (68) sind allerdings nicht mehr geschlossen auswertbar, sie müssen numerisch integriert werden, wofür sich verschiedene Standardintegrationsprogramme anbieten. Die Integrationsgrenzen hängen von der Art und Lage der Extrema ab, die oft in biologisch nicht mehr sinnvollen Bereichen liegen (z. B. Minimum bei negativem Alter). Eine allgemeine Anleitung läßt sich hier nicht mehr geben. In vielen Fällen kann die Kurve des Reifegrads durch eine Verteilungsfunktion ersetzt werden, die links von einem nahe bei 0 gelegenen Minimum gleich 0 und rechts vom Maximum (= 1) gleich 1 ist, was einer Integration vom Minimum bis zum Maximum entspricht.

Da in diesen allgemeinen Fällen im Gegensatz zur 3-parametrigen logistischen Verteilung Schiefe und Exzess stark von der speziellen Größe der Primärparameter abhängen, lassen sich aus ihren jeweiligen Werten biologisch interessante Schlüsse ziehen. So zeigt eine deutlich von 0 abweichende Schiefe einen zeitlich verschieden starken Einfluß mehrerer Komponenten auf das wachsende Substrat an, wobei das Vorzeichen von γ_1 eine zusätzliche Information über Lage und Form dieser Einflüsse liefert. In die gleiche Richtung weisen Größe und Vorzeichen der Differenz von Mittelwert (67) und Halbwertzeit (36).

3.2.2 Sekundärparameter des Reifegrads der normalen Verteilungsfunktion

Für die normale Verteilungsfunktion (27) sind Primär- und Sekundärparameter identisch:

$$\text{Mittelwert} = \mu$$
$$\text{Varianz} = \sigma^2$$
$$\text{Schiefe} = \text{Exzess} = 0 \quad .$$

3.3 Problem der guten Ausgleichsfunktion

3.3.1 Funktionstyp und Güte der Anpassung

Für nicht-lineare Probleme der Ausgleichsrechnung gibt es wenige Tests, die zuverlässige Aussagen über die Brauchbarkeit des Funktionstyps und die Güte der Ausgleichung ermöglichen. Wir haben daher ein Näherungsverfahren gewählt, das auf die Tests in der Theorie der linearen Regressionsanalyse führt.

Sei $Y(t)$ das wachsende Substrat, dann können wir Y an jeder Stelle t darstellen durch

$$Y(t) = \tilde{Y}(t) + Z(t) ,$$

wobei wir voraussetzen wollen, daß für festes aber beliebiges t der Fehler $Z(t)$ normalverteilt ist mit dem Mittelwert 0. Die Ausgleichsfunktion (1) ist an jeder Stelle t eine Schätzung für $Y(t)$. Den Fehler dieser Schätzung entwickeln wir in eine Reihe:

$$(83) \qquad Y(t) - f(t;P) = A_0 + A_1 \cdot t + A_2 \cdot t^2 + A_3 \cdot t^3 + \ldots \quad .$$

Das Polynom in (83) ist der Anfang einer Reihenentwicklung des Fehlers gegen den Erwartungswert an der Stelle t. Die Koeffizienten A_0, A_1, ... können durch Polynomregression (Abschnitt 5.7.2) geschätzt werden. Ist $f(t;P)$ der Erwartungswert von Y an einer Stelle t, dann muß (83) linear und nicht signifikant gegen die t-Achse sein.

Die entsprechenden Tests sind: Varianzquotienten-Test (109) der gewichteten Fehlerquadratsumme bei Polynomregression (Linearitätstest) und Signifikanz-Test (STUDENT-Test (103)) für die Koeffizienten einer linearen Regressionsfunktion. Die Regressionen sollen mit den gleichen Gewichten wie bei der nicht-linearen Ausgleichung selbst berechnet werden (Abschnitt 3.1.6).

3.3.2 Logistisches Bestimmtheitsmaß

Analog zum linearen Fall soll ein Maß für die Bindung der Meßwerte an die Ausgleichskurve definiert werden. Wir werden in Abschnitt 5.7.2 sehen, daß das lineare Bestimmtheitsmaß ρ^2 (Quadrat des linearen Korrelationskoeffizienten) den Anteil an der Varianz von $Y(t)$ darstellt, der auf die funktionale Abhängigkeit entfällt. $(1 - \rho^2)$ ist der Restanteil der Varianz, der von der Streuung um die Regressionsgerade herrührt. In der gleichen Weise können wir die Varianz im nicht-linearen Fall aufspalten. Wir wollen den Anteil der Varianz von $Y(t)$, der auf die Abhängigkeit von t entfällt, als logistisches Bestimmtheitsmaß ρ_ℓ^2 bezeichnen. Dazu stellen wir $Y(t)$ dar als Summe

$$Y = X + Z \quad , \qquad X = f(t;P) \tag{84}$$

und definieren die logistische Korrelation formal als Korrelation zwischen Y und X. Das logistische Bestimmtheitsmaß ρ_ℓ^2 liegt zwischen 0 (die Gesamtvarianz von Y entfällt auf den Fehler Z) und 1 (die Gesamtvarianz von Y entfällt auf die funktionale Abhängigkeit).

4 Mehrkomponentenanalyse

In manchen Fällen bietet sich noch eine weitere Verallgemeinerung zur Analyse einer Meßdatenreihe an. Besteht der Verdacht auf ein mehrphasiges Wachstum bzw. auf das Vorliegen mehrerer Komponenten mit zeitlich verschiedenem Beitrag zur Gesamtgröße, dann kann ein Ansatz mit einer Summe 3-parametriger logistischer Wachstumsfunktionen (10) gemacht werden, wobei jeder Komponente ein Summand entspricht. So kann auf numerischem Weg die Zerlegung einer Gesamtgröße in verschiedenwertige Komponenten möglich sein.

Eine solche Zerlegung in Komponenten ist von großem Wert, wenn eine Differenzierung der Komponenten und eine getrennte Messung durch den Bau des Substrats nur schwer oder gar nicht möglich ist (wie z. B. bei einigen Hirnregionen infolge ihrer Durchdringungsstruktur). Weiter kann dieses Verfahren zur Aufdeckung von Übereinstimmungen in verschiedenen untersuchten Objekten führen, die bei der Analyse mit einer der in Abschnitt 3. 1 beschriebenen Familien von Wachstumsfunktionen verdeckt blieben. Die Auswertung der verallgemeinerten logistischen Wachstumsfunktion (33) kann den Verdacht auf das Vorliegen separabler Komponenten bestätigen und deren Lage recht genau anzeigen (Programm MOMT, Abschnitt 5. 9. 6). Sind die Komponenten hinreichend gut trennbar, dann besitzt die Wachstumsrate (34) des Reifegrads zwei Gipfel (z. B. in Bild 105 rechts oben) oder nur eine deutliche Unsymmetrie (z. B. in Bild 86 rechts oben).

Der allgemeine Ansatz für n Komponenten ist:

$$(85) \qquad y(t) = \sum_{j=1}^{n} \frac{P_{j1}}{1 + \exp(P_{j2} + P_{j3} \cdot t)} \quad .$$

Der Algorithmus zur Schätzung der Parameter ist früher schon beschrieben worden [152, 153]. Es ändern sich hier nur die Anzahl der zu schätzenden Parameter $(3 \cdot n)$

und die partiellen Ableitungen zur Berechnung der Normalmatrix.

Mit der Abkürzung $E = \exp(P_{j2} + P_{j3} \cdot t)$ sind die partiellen Ableitungen:

$$(86) \qquad \frac{\partial y}{\partial P_{ji}} = \left\{ \begin{array}{ll} \frac{1}{1+E} & (i = 1) \\ -\frac{P_{j1} \cdot E}{(1+E)^2} & (i = 2) \\ -\frac{P_{j1} \cdot t \cdot E}{(1+E)^2} & (i = 3) \end{array} \right\} .$$

Der Algorithmus wurde im Programm KOMB (Abschnitt 5. 9. 7) verwendet. Zur Eingabe in das Programm sind Anfangsschätzungen der Parameter notwendig. Sind diese Anfangsschätzungen nicht aus anderen Quellen gegeben, dann kann die 5-parametrige Wachstumsfunktion (33) (Programm LOGI, Abschnitt 5. 9. 3) verwendet werden. Hat die graphische Darstellung der Wachstumsrate des Reifegrads (61) der 5-parametrigen Wachstumsfunktion (Programm MOMT, Abschnitt 5. 9. 6) mehrere Gipfel (z. B. in Bild 105 rechts oben) und interpretiert man diese als Überlagerung verschiedener Komponenten, dann werden folgende Werte gemessen bzw. geschätzt:

$$(87) \qquad \begin{array}{lll} \text{Höhen der Maxima} & = & m_1, m_2, \ldots , \\ \text{Abszissenwerte der Maxima} & = & W_1, W_2, \ldots , \\ \text{Halbwertsbreiten} & = & b_1, b_2, \ldots . \end{array}$$

Dazu kommt der Parameter P_1 der 5-parametrigen logistischen Wachstumsfunktion. Aus diesen Werten lassen sich die Anfangsschätzungen der Parameter P_{j1}, P_{j2}, P_{j3} berechnen. Der Zusammenhang ist durch die folgenden Formeln gegeben, die auf den Eigenschaften der 3-parametrigen Wachstumsfunktion (10) beruhen, wenn man beachtet, daß der Reifegrad durch Division durch P_1 erhalten wird:

Nach (13) ist

$$(88) \qquad P_1 \cdot m_j = -\frac{P_{j1} \cdot P_{j3}}{4} \qquad (j = 1, 2, \ldots) ,$$

nach (12) ist

$$(89) \qquad W_j = -\frac{P_{j2}}{P_{j3}} \qquad (j = 1, 2, \ldots) ,$$

und nach (78) ist

$$(90) \qquad b_j \approx \frac{3.5}{|P_{j3}|} \qquad (j = 1, 2, \ldots) .$$

Daher ist nach (90)

$$(91) \qquad P_{j3} \approx -\frac{3.5}{b_j} \qquad (j = 1, 2, \ldots) ,$$

nach (91) und (89) ist

$$(92) \qquad P_{j2} \approx 3.5 \cdot \frac{W_j}{b_j} \qquad (j = 1, 2, \ldots) ,$$

und nach (91) und (88) ist

$$(93) \qquad P_{j1} \approx \frac{8}{7} \cdot P_1 \cdot m_j \cdot b_j \qquad (j = 1, 2, \ldots) .$$

Die Berechnung der Anfangsschätzungen (91) bis (93) für die Parameter kann auch dem Programm KOMB überlassen werden. Dann sind die Werte für P_1, m_j, W_j und b_j einzugeben und eine besondere Steuergröße auf einer Steuerkarte zu lochen.

Stellt man eine Wachstumsfunktion als Summe mehrerer 3-parametriger logistischer Wachstumsfunktionen (10) dar, dann ergeben sich die nicht-zentralen Momente (66) der Summenfunktion $y(t)$ durch einfache gewichtete Addition der nicht-zentralen Momente der Komponenten. Für

$$(94) \qquad y(t) = \frac{P_{11}}{1 + \exp(P_{12} + P_{13} \cdot t)} + \frac{P_{21}}{1 + \exp(P_{22} + P_{23} \cdot t)} + \ldots = $$

$$= y_1(t) + y_2(t) + \ldots$$

und

$$(95) \qquad Q_1 = \sum_{j=1}^{n} P_{j1}$$

ist die (94) entsprechende Dichte

$$(96) \qquad f(t) = Q_1^{-1} \cdot \frac{dy(t)}{dt} = Q_1^{-1} \cdot \sum_{j=1}^{n} \frac{dy_j(t)}{dt} = Q_1^{-1} \cdot \sum_{j=1}^{n} P_{j1} \cdot f_j(t)$$

mit den Dichten der Komponenten

$$(97) \qquad f_j(t) = -\frac{P_{j3} \cdot \exp(P_{j2} + P_{j3} \cdot t)}{[1 + \exp(P_{j2} + P_{j3} \cdot t)]^2} \quad .$$

Für (96) kann man daher auch schreiben:

$$(98) \qquad f(t) = \sum_{j=1}^{n} \alpha_j \cdot f_j(t)$$

mit den Gewichten

$$(99) \qquad \alpha_j = Q_1^{-1} \cdot P_{j1} \quad .$$

Daher ergeben sich die nicht-zentralen Momente (66) der Summenfunktion als gewichtete Summe der nicht-zentralen Momente der Komponenten zu:

$$(100) \qquad E(t^i) = \sum_{j=1}^{n} \alpha_j \cdot E_j(t^i) \qquad (i = 1, 2, \ldots) \quad .$$

Varianz, Schiefe und Exzess erhält man über (70) bis (72), (79) und (80).

5 Einführung in die Benutzung von Bibliotheksprogrammen

Alle für die Wachstumsanalyse beschriebenen Programme sind in der Sprache FORTRAN IV für die IBM 7094 des Deutschen Rechenzentrums geschrieben, lassen sich aber mit geringfügigen Änderungen auch auf anderen Computern rechnen, wenn diese über einen Kernspeicher von wenigstens 32 K Wörtern und einen FORTRAN IV-Compiler verfügen. Zum Verständnis bei ihrem Einsatz seien einige praktische Fragen erörtert, die in ihrer grundlegenden Bedeutung für alle Computer Gültigkeit besitzen, im Detail jedoch spezifisch für die IBM 7094 sind. Der Leser, der sich ausführlicher über die Programmiersprache FORTRAN IV informieren möchte, sei auf die Literatur verwiesen [80, 108] .

Ein in FORTRAN geschriebenes Programm ist ein Quellenprogramm. Es kann nicht direkt bearbeitet werden, sondern wird vom Computer mit Hilfe eines speziellen Übersetzungsprogramms (Compiler) in eine Reihe von maschinenspezifischen Anweisungen übersetzt (Assemblerprogramm). Ein zweites Übersetzungsprogramm, das wie der Compiler selbst Teil des Betriebssystems ist (Assembler), übersetzt diese Zwischenstufe in eine Reihe von Elementaranweisungen (Maschinenprogramm), die direkt vom Computer verarbeitet werden können. Die Eingabe eines FORTRAN-Programms in den Computer kann über Lochkarten, Magnetband, Plattenspeicher usw. geschehen. Die Verarbeitung des FORTRAN-Programms erfordert keinen Eingriff durch den Benutzer.

Die am häufigsten verwendete Eingabeform ist die Lochkarte. Eine Lochkarte hat 80 Spalten und 12 Zeilen, also insgesamt 960 Positionen. Jede Spalte entspricht einem Symbol (Ziffer, Buchstabe, Sonderzeichen). Die Information wird als rechteckige Lochung durch spezielle Lochgeräte auf der Karte codiert. In der Programmiersprache FORTRAN werden jedoch nicht alle möglichen Lochkombinationen einer Spalte verwendet. Jedem legalen Symbol (10 Ziffern, 27 Buchstaben, 11

Sonderzeichen) entspricht eine Lochkombination von 1 bis 3 Lochungen in einer Spalte. Eine Spalte ohne Lochung wird als blank bezeichnet und mit einem "b" abgekürzt.

Eine Folge zusammengehöriger Spalten in einer Karte ist ein Feld. Ein Feld kann nur Ziffern - evtl. mit einem Vorzeichen - (numerisches Feld), nur Buchstaben (alphabetisches Feld) oder irgendwelche der legalen Zeichen (Textfeld) enthalten. Zusammengehörige Informationen, die aus mehr als einem Symbol bestehen (z. B. Alter, Gewicht, Text usw.), werden in ein Feld gelocht. Die Anzahl der zu einem Feld gehörenden Spalten ist die Feldweite.

5.1 Ablochformulare

Ablochformulare (Bild 17) sind beim Ablochen größerer Datenmengen nützlich. Jeder Zeile des Formulars entspricht dabei eine Lochkarte, und die 80 durchnumerierten Spalten entsprechen den Spalten der Lochkarte. Jede Information, die - durch das Programm gesteuert - vom Computer gelesen werden soll, ist ein Datum; Meßdaten sind die im Versuch gewonnenen Werte, die von programmsteuernden Daten zu unterscheiden sind.

5.2 Zahlentypen

In FORTRAN gibt es zwei grundsätzlich verschiedene Zahlentypen:

Festkommazahlen (fixed point numbers, integers): - 153, 0, 7, +4, ...

Gleitkommazahlen (floating point numbers, real numbers): 3.4, -117.13, ...

Der äußere Unterschied zwischen beiden Typen ist der Dezimalpunkt bei Gleitkommazahlen, der bei Festkommazahlen fehlt. Das rührt von einer verschiedenen maschineninternen Darstellung beider Zahlentypen her.

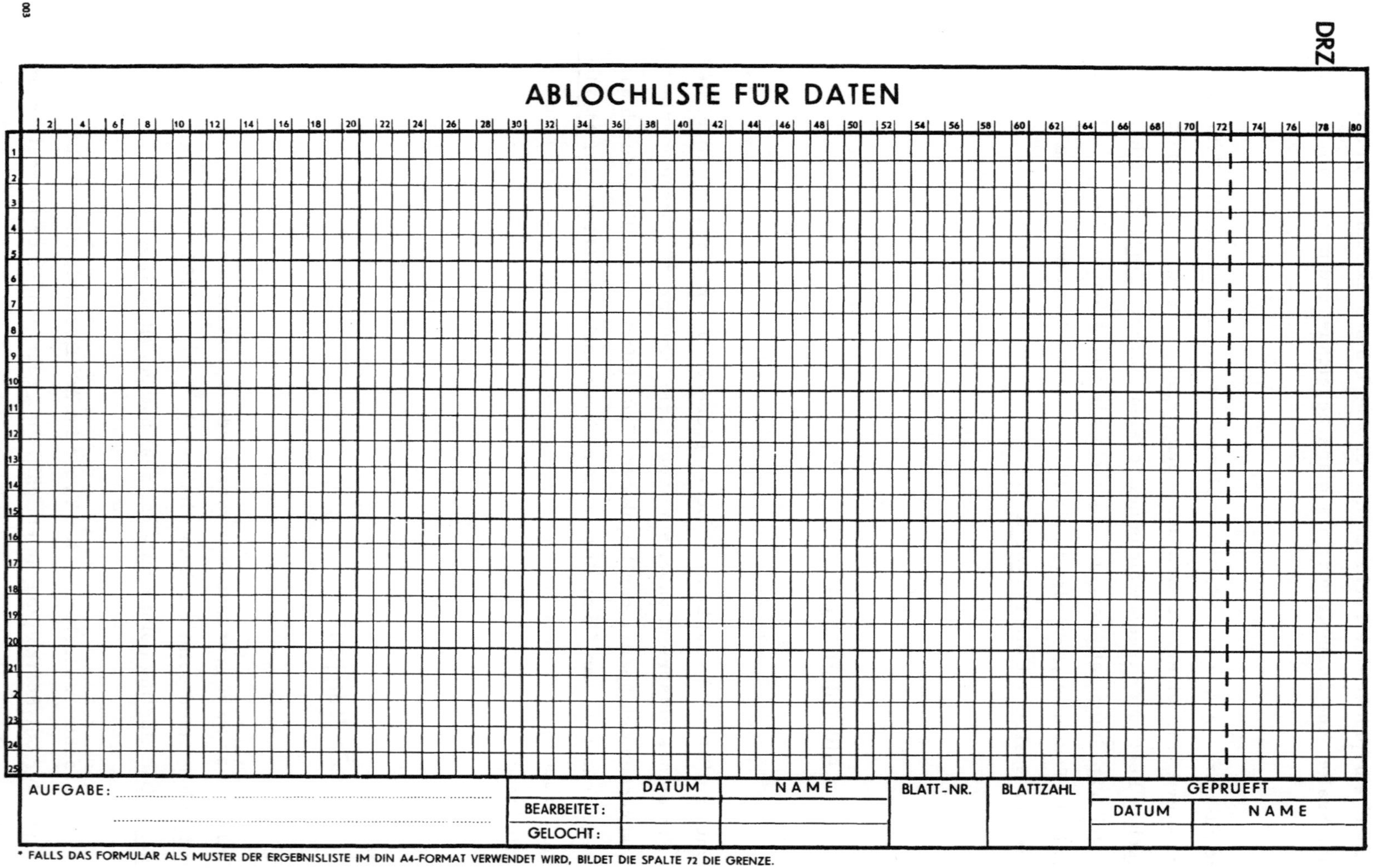

DRZ

ABLOCHLISTE FÜR DATEN

2 4 6 8 10 12 14 16 18 20 22 24 26 28 30 32 34 36 38 40 42 44 46 48 50 52 54 56 58 60 62 64 66 68 70 72 74 76 78 80

1 2 3 4 5 6 7 8 9 10 11 12 13 14 15 16 17 18 19 20 21 2 23 24 25

AUFGABE:		DATUM	NAME	BLATT-NR.	BLATTZAHL	GEPRUEFT	
						DATUM	NAME
	BEARBEITET:						
	GELOCHT:						

* FALLS DAS FORMULAR ALS MUSTER DER ERGEBNISLISTE IM DIN A4-FORMAT VERWENDET WIRD, BILDET DIE SPALTE 72 DIE GRENZE.

003

Bild 17: Ablochliste für Daten

Alle Zahlen werden im Computer in binärer Form gespeichert, jede Dezimalzahl wird in eine Dualzahl umgewandelt. Beispiele für die duale Darstellung sind:

Dezimal			Dual	
7	$= 7\cdot 10^0$	=	111	$= 1\cdot 2^2+1\cdot 2^1+1\cdot 2^0$
35	$= 3\cdot 10^1+5\cdot 10^0$	=	100011	$= 1\cdot 2^5+0\cdot 2^4+0\cdot 2^3+0\cdot 2^2+1\cdot 2^1+1\cdot 2^0$
0.5	$= 5\cdot 10^{-1}$	=	0.1	$= 0\cdot 2^0+1\cdot 2^{-1}$
7.25	$= 7\cdot 10^0+2\cdot 10^{-1}+5\cdot 10^{-2}$	=	111.01	$= 1\cdot 2^2+1\cdot 2^1+1\cdot 2^0+0\cdot 2^{-1}+1\cdot 2^{-2}$.

Jedes Speicherwort in der IBM 7094 hat 36 Plätze (bits), die jeweils mit einer 0 oder 1 besetzt sind. Die bits werden von links nach rechts durchnumeriert. Das erste bit wird für das Vorzeichen verwendet (+ entspricht 0, – entspricht 1). Die folgenden 35 bits dienen zur Zahlendarstellung. Die größte darstellbare Festkommazahl ist $2^{35} - 1 = 34\,359\,738\,367$.

Gleitkommazahlen werden in einer normierten Form gespeichert. Während die Festkommazahlen den ganzen Zahlen entsprechen, entsprechen Gleitkommazahlen den Dezimalzahlen, die stets mit Exponenten geschrieben werden:

$$35.0 = 0.35 \cdot 10^2$$
$$-0.03 = -0.3 \cdot 10^{-1}$$
$$163.7 = 0.1637 \cdot 10^3 \quad .$$

Die allgemeine Form ist:

$$z = \text{Mantisse} \cdot 10^{\text{Exponent}}, \quad 0.1 \leq \text{Mantisse} < 1 \qquad (10^{-1} \leq \text{Mantisse} < 10^0) \quad .$$

Die äquivalente binäre Form ist:

$$z = \text{Mantisse} \cdot 2^{\text{Exponent}}, \quad 0.5 \leq \text{Mantisse} < 1 \qquad (2^{-1} \leq \text{Mantisse} < 2^0) \quad .$$

Mantisse und Exponent sind Dualzahlen. Da die Anzahl der Stellen konstant ist, können Mantisse und Exponent nebeneinander stehen, die Kennzeichnung ist durch die bit-Nummer gegeben. Um negative Exponenten zu vermeiden, wird auf jeden Exponenten die gleiche, genügend große Zahl addiert (Exponent + additives Glied = = Charakteristik). In der IBM 7094 stehen für die Charakteristik 8 bits zur Verfügung. Größter Exponent ist also $2^8 - 1 = 255$. So können Zahlen zwischen 2^{-128}

und 2^{127} dargestellt werden (additives Glied = 128). Das entspricht etwa dem Zahlenbereich zwischen 10^{-38} und 10^{+38}. Für die Mantisse stehen noch die bits 10 bis 36 zur Verfügung. Durch die Normierung der Mantisse brauchen die immer an der gleichen Stelle auftretenden Zeichen "0." nicht gespeichert zu werden, vielmehr folgen im Anschluß an die Charakteristik sofort die Ziffern der Mantisse. Die größte Mantisse ist $2^{27} - 1 = 134\,217\,727$. Größere Mantissen enthalten daher nur acht wesentliche Stellen (dezimal !). Die Gleitkommadarstellung in einem Speicherwort ist also

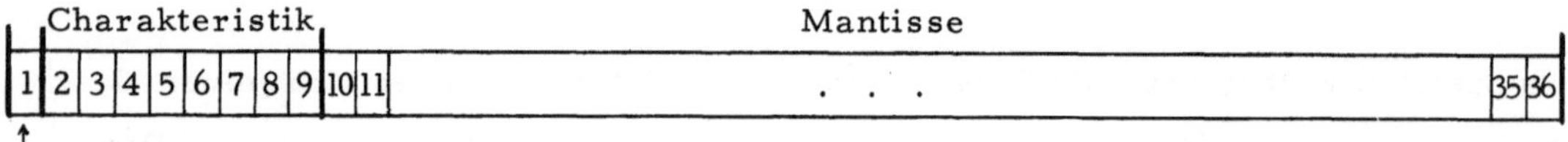

Jede Zahl mit Dezimalpunkt wird vom Computer als Gleitkommazahl gelesen. Dabei kann auch eine exponentielle Schreibweise verwendet werden, da die Umwandlung in die normierte Darstellung vom Rechner selbst vorgenommen wird.

Beispiele:

$125.7 = 125.7 \cdot 10^{0} = 1.257 \cdot 10^{2} = 1257. \cdot 10^{-1}$ mathematische Schreibweise

125.7 = 125.7E+00 = 1.257E+02 = 1257.E-01 FORTRAN-Schreibweise .

In der exponentiellen Schreibweise folgt der Mantisse der Buchstabe E (steht für "10^{hoch}"), dann eine Stelle für das Vorzeichen des Exponenten und zwei Stellen für den Exponenten selbst (zur Basis 10).

5.3 Variablen

Für die Typen der Variablen gilt im wesentlichen das gleiche wie für Zahlentypen. Eine Variable ist der Name eines Speicherplatzes im Kernspeicher. Es gibt Festkommavariablen und Gleitkommavariablen, und der Typ der Variablen legt den Zahlentyp fest, den diese Variable als Wert annehmen kann. Alle vom Programm her als Daten eingelesenen Zahlen und sonstigen Symbole werden unter dem Namen von Variablen eingelesen, sind also in ihrem Typ festgelegt. Neben den Gleitkomma- und Festkommavariablen, deren Wert immer nur eine Zahl sein kann, gibt es noch logische Variablen und Variablen, die als Texte jedes beliebige der in FORTRAN zulässigen Zeichen enthalten können. Auch letztere sind vom Programm her schon festgelegt.

5.4 Formate

Für die in Abschnitt 5.9 besprochenen Programme sind nur Eingabeformate notwendig, weshalb hier auf die Besprechung der Ausgabeformate verzichtet wird. (Nur für das Programm LOGI kann ein Ausgabeformat notwendig sein. Darauf wird an der entsprechenden Stelle näher eingegangen.) Bei der Dateneingabe entspricht jede Lochkarte einem Satz, und die Lochkarte wird stets als Ganzes gelesen. Es ist also nicht möglich, nur bis zu einer bestimmten Spalte zu lesen, um später noch den Rest zu lesen. Was der Computer auf einer Lochkarte lesen soll, wird durch eine Liste von Variablennamen in der entsprechenden Einleseanweisung im Programm angegeben. Die Liste zeigt dem Computer an, in welcher Reihenfolge welche Variablentypen den zu lesenden Satz bilden. Da der gesamte Satz aus 80 Symbolen besteht (Ziffern, Buchstaben, Sonderzeichen, blank), gehört zu einer vollständigen Einleseanweisung eine Angabe darüber, wo eine geschlossene Information (eine Zahl, bestehend aus einer Folge von Ziffern mit oder ohne Dezimalpunkt; ein Text, bestehend aus einer Folge von Symbolen; usw.) beginnt und wo sie endet. Diese Information wird dem Computer im Format übergeben. Liste und Format werden vom Computer elementweise verglichen, und das Format wird so lange abgearbeitet, wie die Liste noch Elemente enthält. Ist das Format vollständig abgearbeitet und enthält die Liste noch weitere Elemente, dann wird das Format vom ersten Element an wieder begonnen (bis auf spezielle Ausnahmen).

Ein Format beginnt mit der öffnenden (linken) Klammer "(" und endet mit der schließenden (rechten) Klammer ")". Jedes Element des Formats heißt Spezifikation und entspricht einem Variablennamen in der Liste.

5.4.1 F-Spezifikation

Die F-Spezifikation bewirkt, daß eine Zahl im Computer als Gleitkommazahl gespeichert wird. Die allgemeine Form der Spezifikation ist

Fw.d .

Das Zeichen F steht für die Gleitkommakonversion, w gibt die Feldweite an (gesamte Länge der Zahl unter Einschluß des Dezimalpunkts, des Vorzeichens und evtl. vorhandener blanks), und d ist die Anzahl der Dezimalstellen nach dem Dezimalpunkt. Führende Nullen liefern keinen Beitrag zur Zahl, während blanks bzw. Nullen <u>innerhalb</u> des Zahlenfeldes als Null gezählt werden.

Beispiel: Die zu lesende Zahl sei

-13.89 (w = 6, d = 2).

Sie kann mit der Spezifikation F6.2 gelesen werden. Wird die Zahl

b-13↑89 (w = 6)

(b steht für "blank") mit F6.2 gelesen, dann wird der nichtgelochte Dezimalpunkt automatisch vor die zweitletzte Ziffer gesetzt (Pfeil). Eine Gleitkommazahl kann also beim Einlesen auch als solche durch die Format-Spezifikation definiert werden, wenn kein Dezimalpunkt gelocht ist. Wird b-1389 mit der Spezifikation F6.3 gelesen, dann wird der Dezimalpunkt zwischen die Ziffern 1 und 3 gesetzt, also -1.389.

Weitere Beispiele sind:

Format-Spezifikation	Darstellung auf der Lochkarte	Darstellung im Computer
F6.0	b-1389	- 1389.
F6.5	b-1389	- 0.01389
F9.4	-bb1389bb	- 13.89
F6.3	-13.89	- 13.89
F6.0	-13.89	- 13.89

Bei den beiden letzten Beispielen stimmt die Angabe im Format und die tatsächliche Lochung der Zahlen nicht überein. In einem solchen Fall dominiert stets der gelochte Punkt über die Format-Spezifikation. Ist der Dezimalpunkt gelocht, dann ist Fw.0 eine stets gültige Format-Spezifikation, wenn w die Feldweite ist. Ist kein Vorzeichen gelocht, dann wird die Zahl als positive Zahl gelesen.

5.4.2 E-Spezifikation

Die E-Spezifikation entspricht der exponentiellen Schreibweise für Gleitkommazahlen. Ihre allgemeine Form ist

Ew.d .

Die Zahl wird mit E-Exponent gelocht, der am rechten Rand des Zahlenfeldes stehen muß. w ist die Feldweite, d ist die Anzahl der Ziffern nach dem Dezimalpunkt.

Beispiele sind:

Format-Spezifikation	Darstellung auf der Lochkarte	Darstellung im Computer
E10.5	0.2514bE-3	0.2514E-03 (entspricht 0.0002514)
E10.5	0.2514E+3b	0.2514E+30 (!)
E10.5	2.514bbE03	0.2514E+04 (entspricht 2514.)
E10.5	2.514bE+03	0.2514E+04
E10.4	bb2514E+03	0.2514E+03

Bei der E-Spezifikation dominiert wie bei der F-Spezifikation der gelochte Dezimalpunkt über die Angabe im Format.

5.4.3 I-Spezifikation

Mit der I-Spezifikation werden Festkommazahlen (integers) eingelesen. Die allgemeine Form ist

Iw .

w gibt wieder die Anzahl der Spalten (Feldweite) an.

Beispiele sind:

Format-Spezifikation	Darstellung auf der Lochkarte	Darstellung im Computer
I4	1574bbb	1574
I6	1574bbb	157400
I6	15b74bb	150740
I2	1574bbb	15
I6	-bb1574	-157

Durch die Format-Spezifikation nicht erfaßte Teile der Zahl gehen verloren.

5.4.4 A-Spezifikation

Außer Zahlen kann der Computer auch Texte speichern. Auf der IBM 7094 werden pro Symbol 6 bits zur Verschlüsselung verwendet, so daß ein Wort (36 bits) 6 Symbole enthält. Ein Wort, das aus Symbolen besteht, kann mit der A-Spezifikation eingelesen werden. Diese hat die allgemeine Form:

Aw .

w gibt die Anzahl der Symbole (Feldweite) an, aus denen das Wort besteht. Ist w größer als 6, werden nur die 6 am weitesten rechts stehenden Zeichen gespeichert, die links davon stehenden Zeichen gehen verloren. Ist w kleiner als 6, dann werden die eingelesenen Symbole nach links gerückt und mit blanks bis zur vollen Wortlänge aufgefüllt.

Beispiel: Der Text

ALBINOMAUS,HIRNVOLUMEN

soll eingelesen werden:

Spezifikationen	Inhalt der Speicherplätze			
A6,A6,A6,A6	ALBINO	MAUS,H	IRNVOL	UMENbb
A5,A5,A5,A5	ALBINb	OMAUSb	,HIRNb	VOLUMb
A7,A7,A7,A7	LBINOM	US,HIR	VOLUME	bbbbbb

5.4.5 X-Spezifikation

Die X-Spezifikation wird benutzt, um bei der Eingabe in den Computer Spalten zu überlesen bzw. bei der Ausgabe blanks zu erzeugen. Die allgemeine Form ist

nX .

Sie bewirkt, daß n Spalten der Karte überlesen bzw. n blanks bei der Ausgabe erzeugt werden.

5.4.6 Formate für Folgekarten

Das Einlesen eines Satzes ist abgeschlossen, wenn entweder die Liste im Programm abgearbeitet ist oder wenn die rechte Klammer des Formats erreicht wurde. Geht eine Datenzeile über mehr als eine Karte, dann kann die zweite Karte mit dem Format der ersten Karte eingelesen werden, sofern diese auch im gleichen Format gelocht ist. Das Einlesen der nächsten Karte mit dem gleichen Format geschieht automatisch, wenn die Liste noch nicht abgearbeitet ist. Ist die zweite Karte aber abweichend von der ersten Karte gelocht, dann wird im Format das Ende einer Karte nicht durch die rechte Klammer, sondern durch einen Schrägstrich "/" angezeigt, dem die Format-Spezifikationen für die zweite Karte folgen. Wird noch eine dritte Karte eingelesen, dann folgt wieder ein Schrägstrich mit den Spezifikationen der dritten Karte. Alle Format-Spezifikationen (mit Ausnahme des X-Formats) müssen von einem Komma, einem Schrägstrich oder der rechten Klammer gefolgt sein.

Folgen die gleichen Spezifikationen mehrmals aufeinander, dann kann eine Kurzschreibweise verwendet werden. So ist zum Beispiel (3A6) gleichbedeutend mit (A6,A6,A6) und bewirkt, daß aufeinanderfolgend drei Wörter zu 6 Zeichen gelesen werden. Ein weiteres Beispiel ist

(7X4I3,2F6.1,E20.8/13A6) .

Dieses Format bewirkt, daß zwei Karten gelesen werden. Von der ersten Karte werden die Spalten 1 bis 7 überlesen (7X), dann werden 4 Festkommazahlen mit jeweils 3 Spalten gelesen (4I3), darauf folgen 3 Gleitkommazahlen, von denen die beiden ersten auf den jeweils folgenden 6 Spalten stehen und eine Stelle hinter dem Dezimalpunkt haben (2F6.1). Als letzte Zahl wird von der ersten Karte eine Gleitkommazahl im E-Format gelesen, die auf 20 Spalten steht und 8 Dezimalstellen besitzt (E20.8). Obwohl erst 51 Spalten der Karte verarbeitet sind, wird jetzt die zweite Karte gelesen (/), auf der 13 Wörter mit jeweils 6 Zeichen stehen. Ist die Liste noch nicht abgearbeitet, dann wird jetzt die dritte Karte gelesen, wobei das Format wieder von vorn begonnen wird.

Illegale Formate sind zum Beispiel:

Format:	Fehler:
(F5. 3, 4E20. 6)	Anweisung über 85 Spalten (obere Grenze 80 !)
(3F4, 7X I3)	Dezimalpunkt fehlt, legale Form: (3F4. d, 7X I3), d = 0, 1, 2, 3, 4
(F6. 3F7. 5)	Trennendes Komma fehlt, legale Form: (F6. 3, F7. 5)
(13A6	Rechte Klammer fehlt.

Alle vom Benutzer zu schreibenden Steuerkarten und Datenkarten für die später zu besprechenden Programme werden mit einem Format eingelesen. Die Formate der Steuerkarten sind jedoch schon im Programm vorgegeben. Sie betreffen den Benutzer eines Programms nur soweit, als er sich beim Ablochen streng an die jeweilige Programmbeschreibung halten muß. Lediglich die Formate für die Meßdateneingabe sind variabel gehalten; daher muß der Benutzer für seine Meßdaten jeweils die Formate angeben.

5.5 Ablochen der Meßdaten

Die Meßdaten liegen im allgemeinen als Tabelle vor. Sie sollten zuerst auf ein Ablochformular (Bild 17) übertragen werden. Die allgemeine Form ist die Datenmatrix, ein rechteckiges Zahlenschema, bei dem man Zeilen und Spalten unterscheidet, wobei die Versuchsobjekte den Zeilen, die Meßobjekte (Variablen) den Spalten entsprechen. Zum Beispiel:

Nr. Alter Gewicht Geschlecht

1bbbb30.5bbbb1322.5bbbM

2bbbb21.3bbbb1167.8bbbM

3bbbb40.0bbbb1200.0bbbW

4bbbb63.4bbbb1224.1bbbM

5bbbbb0.6bbbbb411.7bbbW

Die Meßdaten müssen, sofern sie für die Berechnung notwendig sind, auf Lochkarten übertragen werden (Bild 4), wobei in ungenutzte Spalten zusätzliche Informationen gelocht werden können (etwa für die Rechnung nicht notwendige Kennungen). Das Ablochen wird auf schreibmaschinenähnlichen Lochkartenstanzern vorgenommen, für deren Gebrauch es Kurzbeschreibungen gibt. Einer Zeile der Datenmatrix entsprechen ein oder mehrere Lochkarten, eine Zuordnung, die durch das vom Benutzer zu schreibende Format getroffen wird. So können die Variablen Alter und Gewicht des oben angegebenen Beispiels eingelesen werden mit dem Format

(5XF4.1,4XF6.1) .

Durch diese Formatanweisung werden die Felder für Nummer und Geschlecht übersprungen. Ist aus irgendwelchen Gründen das Gewicht nicht auf der ersten Karte, sondern z. B. in den Spalten 10 bis 15 der zweiten Karte gelocht, dann könnte das Format sein

(5XF4.1/9XF6.1) .

Im Datenpaket wird dann jeweils die erste Karte mit dem Alter von einer zweiten Karte mit dem Gewicht gefolgt.

Weitere Beispiele werden bei der Besprechung der einzelnen Programme gebracht (Abschnitt 5. 9).

Eine Berechnung im Computer wird gesteuert durch eine Folge von Anweisungen (Programm). Zu jedem allgemeiner verwendbaren Programm müssen Zahlenwerte und Steuergrößen, mit denen das Programm operiert, dem Computer mitgeteilt werden. Das ist die Aufgabe des Benutzers, der sein spezielles Problem kennt. Alle hier besprochenen Programme können einschließlich einer detaillierten Programmbeschreibung vom Deutschen Rechenzentrum bezogen werden.

5.6 Missing data

In einer Datenmatrix fehlende Meßdaten werden als missing data bezeichnet. Das entsprechende Feld der Lochkarte bleibt leer. Da blanks in Gleitkommafeldern von der IBM 7094 als -0. gelesen werden, müssen solche fehlenden Daten bei der Rechnung übergangen werden (ein beim Tier Nr. i nicht gemessener Neocortex darf ja nicht als Neocortex mit 0 mm^3 in die Berechnung eingehen !). Echt gemessene Werte 0 müssen daher gelocht werden. Sämtliche Programme sehen eine Unterscheidung von 0 und blank vor und besitzen die Möglichkeit, solche Werte zu übergehen, was auf einer Steuerkarte zu spezifizieren ist.

5.7 Einige statistische Standardprogramme

5.7.1 Tests für Mittelwerte

Mit den Kenntnissen aus Kapitel 5 können nicht nur die beschriebenen Programme für Wachstumsanalysen, sondern praktisch alle Bibliotheksprogramme des Deutschen Rechenzentrums eingesetzt werden. An den Meßdaten einer Wachstumsanalyse sollen häufig auch statistische Tests durchgeführt werden. Deshalb wollen wir kurz für einige in der Medizin anfallende Probleme die Programme angeben, die zu ihrer Lösung im Deutschen Rechenzentrum vorhanden sind.

Die beste Schätzung für den Populationsmittelwert μ einer Verteilung ist das arithmetische Mittel (Stichprobenmittelwert) der n Stichprobenwerte X_i

(101) $$\overline{X} = \frac{1}{n} \cdot \sum_{i=1}^{n} X_i \quad ,$$

und die beste Schätzung für die Varianz σ^2 ist die Stichprobenvarianz der n Stichprobenwerte X_i

(102) $$s^2 = \frac{1}{n-1} \cdot \sum_{i=1}^{n} (X_i - \overline{X})^2 = \frac{1}{n-1} \cdot \left[\sum_{i=1}^{n} X_i^2 - n \cdot \overline{X}^2 \right] \quad .$$

Wir interessieren uns für die Wahrscheinlichkeit, daß die Differenz zwischen Stichprobenmittelwert $\overline{X}$ und Populationsmittelwert μ eine vorgegebene Zahl nicht überschreitet. Diese Fragestellung führt auf den Test einer Hypothese über den Mittelwert. Mit anderen Worten: Es soll die Hypothese, der unbekannte Populationsmittelwert sei μ, mit unseren Kenntnissen aus der Stichprobe, also mittels $\overline{X}$, s^2 und n, getestet werden. Dabei bedient man sich nicht der Differenz $(\overline{X} - \mu)$, sondern untersucht den STUDENT-Quotienten

(103) $$U_f = \frac{\sqrt{n} \cdot (\overline{X} - \mu)}{s} , \qquad f = n - 1 \quad \text{(Freiheitsgrad)} .$$

Die endgültige Fragestellung lautet: Wie groß ist die Wahrscheinlichkeit, daß unter der Hypothese μ (Nullhypothese) die Zufallsvariable U_f nach (103) eine Schranke t nicht überschreitet? Die Frage läßt sich beantworten, wenn die Verteilung von U_f bekannt ist. Unter den Voraussetzungen

- die Population ist normalverteilt mit dem Mittelwert μ und der Varianz σ^2,
- die Stichprobenelemente X_i sind unabhängig,

ist die Dichte von U_f gegeben durch die Funktion

(104) $$h_f(u) = \text{const.} \cdot \left(1 + \frac{u^2}{f}\right)^{-\frac{f+1}{2}}$$

(Dichte der STUDENT-Verteilung mit f Freiheitsgraden).

Die Konstante in (104) wird so bestimmt, daß – entsprechend der Normierung der Wahrscheinlichkeiten – der gesamte Flächeninhalt unter der Kurve $h_f(u)$ gleich 1 ist.

Die Wahrscheinlichkeit P, daß der Prüfquotient (103) eine Schranke t nicht überschreitet, ist gegeben durch

(105) $$P = H_f(t) = \int_{-\infty}^{t} h_f(u) \cdot du \qquad .$$

Da h_f nach (104) symmetrisch ist, gilt

(106) $$H_f(-t) + H_f(t) = 1 \qquad .$$

Wir geben uns nun eine Irrtumswahrscheinlichkeit α vor (meist ist $\alpha = 0.05 \triangleq 5\%$) und suchen in einer Tabelle der STUDENT- oder t-Verteilung Zahlen t_u oder t_o oder t_b mit

$$\alpha = \int_{-\infty}^{t_u} h_f(t) \cdot dt = \int_{t_o}^{\infty} h_f(t) \cdot dt = 1 - \int_{-t_b}^{t_b} h_f \cdot dt \quad .$$

Dann verwerfen wir die Nullhypothese, daß der Populationsmittelwert gleich μ ist, wenn

$U < t_u$ ist (linksseitiger Test) oder
$U > t_o$ ist (rechtsseitiger Test) oder
$|U| > t_b$ ist (zweiseitiger Test),

und folgern im ersten Fall, daß der Mittelwert kleiner als μ, im zweiten Fall, daß er größer als μ, und im dritten Fall, daß er ungleich μ ist. Die Wahrscheinlichkeit, daß wir die Nullhypothese dabei verwerfen, obwohl sie zutrifft, beträgt α.

Beispiel:

Für $n = 11$ $(f = 10)$ und $\alpha = 0.05$ sind die Tabellenwerte der t_{10}-Verteilung (Bild 18):

$$t_u = -1.81 \ ; \quad t_o = 1.81 \ ; \quad t_b = 2.23 \quad .$$

Daher ist

$$\alpha = \int_{-\infty}^{-1.81} h_{10}(t) \cdot dt = \int_{1.81}^{\infty} h_{10}(t) \cdot dt = 1 - \int_{-2.23}^{2.23} h_{10}(t) \cdot dt = 0.05 \quad .$$

Die Nullhypothese wird verworfen, wenn der Testquotient (103) kleiner als -1.81 ist (linksseitiger Test), größer als 1.81 ist (rechtsseitiger Test) oder wenn sein Betrag 2.23 übersteigt (zweiseitiger Test).

Ein häufiges Problem, bei dem eine Hypothese $\mu = 0$ getestet werden muß, ist die verbundene Stichprobe, bei der die Zufallsvariable X_i eine Differenz ist:

(107) $$X_i = Y_i - Z_i \quad .$$

(Z. B. ein Test auf Rechts-Links-Differenzen einer Hirnregion.)

Nun seien 2 Stichproben X_i (i = 1, 2, ..., n) und Y_j (j = 1, 2, ..., m) aus normalverteilten Populationen mit der gleichen Varianz σ^2 und den Mittelwerten μ_X bzw. μ_Y gegeben. Es seien die Stichprobenmittelwerte

$$\overline{X} = \frac{1}{n} \cdot \sum_{i=1}^{n} X_i, \qquad \overline{Y} = \frac{1}{m} \cdot \sum_{j=1}^{m} Y_j$$

und die Stichprobenvarianzen

$$s_X^2 = \frac{1}{n-1} \cdot \sum_{i=1}^{n} (X_i - \overline{X})^2 ,$$

$$s_Y^2 = \frac{1}{m-1} \cdot \sum_{j=1}^{m} (Y_j - \overline{Y})^2 ,$$

und es soll die Nullhypothese $\mu_X = \mu_Y$ getestet werden. Unter der Nullhypothese ist der Quotient

$$(108) \qquad V = \frac{\overline{X} - \overline{Y}}{\sqrt{\frac{(n-1) \cdot s_X^2 + (m-1) \cdot s_Y^2}{n+m-2} \cdot \left(\frac{1}{n} + \frac{1}{m}\right)}}$$

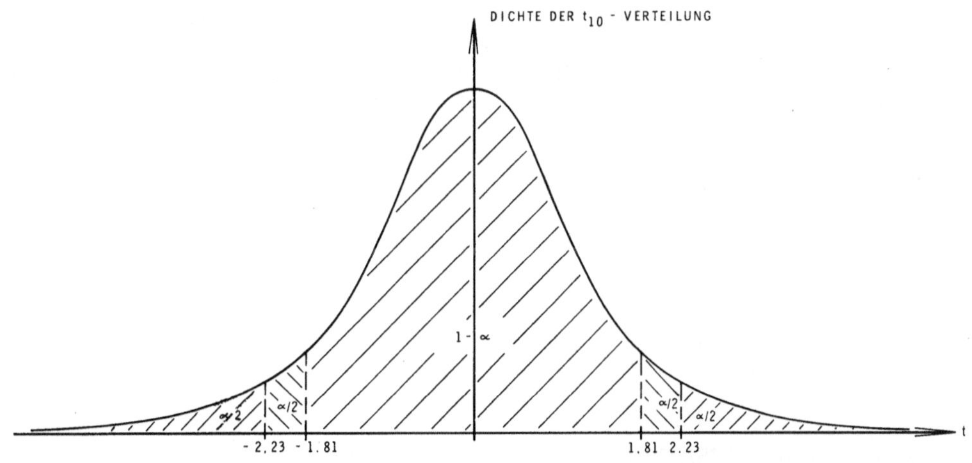

Bild 18: Dichte und Lage von Tabellenwerten der STUDENT$_{10}$-Verteilung

nach einer STUDENT-Verteilung mit $f = (n + m - 2)$ Freiheitsgraden verteilt. Wir schließen bei einer Irrtumswahrscheinlichkeit α:

$$\mu_X < \mu_Y , \quad \text{wenn } V < t_u \quad \text{ist,}$$

$$\mu_X > \mu_Y , \quad \text{wenn } V > t_o \quad \text{ist oder}$$

$$\mu_X \neq \mu_Y , \quad \text{wenn } |V| > t_b \quad \text{ist.}$$

Die Schranken t sind wieder die Tabellenwerte der STUDENT-Verteilung mit f Freiheitsgraden.

Die Verallgemeinerung auf mehr als zwei Mittelwerte ist der Varianzquotienten-Test: Gegeben seien m Gruppen mit jeweils n_t Beobachtungen

$$X_{it} \qquad (i = 1, 2, \ldots, n_t; \quad t = 1, 2, \ldots, m) \qquad .$$

Die Population in jeder Gruppe t sei normalverteilt mit dem Mittelwert μ_t und der Varianz σ^2. Es soll die Nullhypothese $\mu_1 = \mu_2 = \ldots = \mu_m$ getestet werden. Unter der Nullhypothese ist der Varianzquotient

$$(109) \qquad Q = \frac{s_1^2}{s_2^2}$$

mit

$$s_1^2 = \frac{1}{m-1} \cdot \sum_{t=1}^{m} n_t \cdot (\overline{X}_t - \overline{\overline{X}})^2 , \qquad s_2^2 = \frac{1}{N-m} \cdot \sum_{t=1}^{m} \sum_{i=1}^{n_t} (X_{it} - \overline{X}_t)^2 ,$$

$$\overline{X}_t = \frac{1}{n_t} \cdot \sum_{i=1}^{n_t} X_{it} , \qquad \overline{\overline{X}} = \frac{1}{N} \cdot \sum_{t=1}^{m} n_t \cdot \overline{X}_t ,$$

$$N = \sum_{t=1}^{m} n_t$$

nach einer F-Verteilung (FISHER-SNEDECOR) mit $f_1 = m - 1$, $f_2 = N - m$ Freiheitsgraden verteilt (in Zeichen: F_{f_1, f_2}). Wir verwerfen die Nullhypothese mit der Irrtumswahrscheinlichkeit α, sobald

$$Q > F_{f_1, f_2, 1-\alpha}$$

ist. Dabei ist $F_{f_1, f_2, 1-\alpha}$ der Tabellenwert der F-Verteilung beim Signifikanzniveau α.

Die Tests (103), (108) und (109) sind nur dann anwendbar, wenn die Voraussetzungen über die Populationen erfüllt sind, von denen die einer Normalverteilung die wichtigste ist. Diese Voraussetzungen sind in der Praxis oft schwer nachprüfbar. Glücklicherweise ist der zweiseitige t-Test und der Varianzquotienten-Test aber relativ unempfindlich gegenüber Verletzungen der Voraussetzungen. Ausgenommen davon sind jedoch die empfindlichen einseitigen STUDENT-Tests [154].

Auf Tests, die von der Verteilung der Population unabhängig sind (verteilungsfreie Tests), kann hier nicht eingegangen werden.

Statistische Standardprogramme der Bibliothek des Deutschen Rechenzentrums:

BMD 01 D [19]	:	Berechnung statistischer Kenngrößen einer Stichprobe (Mittelwert, Standardabweichung, Standardabweichung des Mittelwerts, Stichprobenumfang, Maximum, Minimum, Spannweite).
DIFF (Autor: F. GEBHARDT)	:	STUDENT-Test auf Signifikanz einer Differenz (Prüfung der Nullhypothese (103) mit $\mu = 0$ bei einer verbundenen Stichprobe).
NRMP (Autor: F. GEBHARDT)	:	Test der Hypothese, daß eine Stichprobe aus einer normalverteilten Population stammt (Normalitätstest).
PAMV (Autor: F. GEBHARDT)	:	Paarweiser Mittelwertvergleich (108) und BARTLETT-Test auf Gleichheit der Varianzen.

5.7.2 Regressionsanalyse

Es soll hier nicht auf die Voraussetzungen der Regressionsanalyse eingegangen werden, bei der es sich um einen besonders einfachen Fall der Ausgleichsrechnung handelt. Sie sind in den Lehrbüchern der Statistik dargestellt [57, 114, 148 u. a.].

Regression:

Gegeben sind die Meßstellen x_i (i = 1, 2, ..., m) und an jeder Meßstelle n_i Realisationen y_{ij} (j = 1, 2, ..., n_i) der Zufallsvariablen Y_i. Das mathematische Modell der Beziehung zwischen X und Y ist

$$(110) \qquad Y = \alpha \cdot X + \beta + Z, \qquad y_{ij} = \alpha \cdot x_i + \beta + z_{ij} \quad (i = 1, 2, \ldots, m; \; j = 1, 2, \ldots, n_i) .$$

Die Fehler z_{ij} seien unabhängig voneinander und normalverteilt mit dem Mittelwert 0 und der Varianz σ_Z^2. Die Parameter α und β sollen aus der Stichprobe geschätzt werden.

Die Schätzung A für den Regressionskoeffizienten α ist

$$(111) \qquad A = \frac{s_{XY}^2}{s_X^2} = \frac{\sum_{i=1}^{m} \sum_{j=1}^{n_i} (x_i - \overline{X}) \cdot (y_{ij} - \overline{Y})}{\sum_{i=1}^{m} n_i \cdot (x_i - \overline{X})^2} = \frac{\text{cov}(X, Y)}{\text{var}(X)} .$$

cov(X, Y) ist die Stichproben-Kovarianz von X und Y:

$$(112) \qquad \text{cov}(X, Y) := \frac{1}{N - 1} \cdot \sum_{i=1}^{m} \sum_{j=1}^{n_i} (x_i - \overline{X}) \cdot (y_{ij} - \overline{Y}) , \qquad N = \sum_{i=1}^{m} n_i .$$

var(X) ist die Stichproben-Varianz von X.

Aus (110) und (111) erhält man die Schätzung B für die absolute Konstante β:

$$(113) \qquad B = \overline{Y} - A \cdot \overline{X} .$$

Der einfache lineare Zusammenhang läßt sich verallgemeinern:

(a) Die Zufallsvariable Y hängt nicht nur von einer, sondern von mehreren unabhängigen Variablen $X^{(i)}$ (i = 1, 2, ..., n) ab.

Das Modell ist

$$(114)\qquad Y = \alpha_1 \cdot X^{(1)} + \alpha_2 \cdot X^{(2)} + \ldots + \alpha_n \cdot X^{(n)} + \beta + Z \quad .$$

Zu schätzen sind die Parameter α_j $(j = 1, 2, \ldots, n)$ und β.

(b) $Y(X)$ ist ein Polynom vom Grad n, also

$$(115)\qquad Y = \alpha_1 \cdot X + \alpha_2 \cdot X^2 + \ldots + \alpha_n \cdot X^n + \beta + Z \quad .$$

Eine einfache Transformation und Umbenennung der Variablen führt zum Fall (a): $X^j \to X^{(j)}$ $(j = 1, 2, \ldots, n)$.

Korrelation (Bild 19):

Eine Schätzung R für den Korrelationskoeffizienten ρ aus einer Menge von Meßpaaren (x_i, y_i) $(i = 1, 2, \ldots, n)$ ist

$$(116)\qquad R = \frac{\sum_{i=1}^{n} (x_i - \overline{X}) \cdot (y_i - \overline{Y})}{\sqrt{\sum_{i=1}^{n} (x_i - \overline{X})^2 \cdot \sum_{i=1}^{n} (y_i - \overline{Y})^2}} = \frac{\text{cov}(X, Y)}{\sqrt{\text{var}(X) \cdot \text{var}(Y)}} \quad .$$

Die Schätzung R nach (116) hängt eng mit der Schätzung A des Regressionskoeffizienten nach (111) zusammen. Es ist

$$(117)\qquad A = R \cdot \sqrt{\text{var}(Y)/\text{var}(X)} \quad .$$

Aus dem Regressionsansatz (110) folgt wegen der Unabhängigkeit von X und Z für die Varianzen unter Beachtung von (116) und (117)

$$\sigma_Y^2 = \alpha^2 \cdot \sigma_X^2 + \sigma_Z^2 = \rho^2 \cdot \sigma_Y^2 + \sigma_Z^2 \quad ,$$

und damit ist

$$\rho^2 + \sigma_Z^2/\sigma_Y^2 = 1 \quad . \tag{118}$$

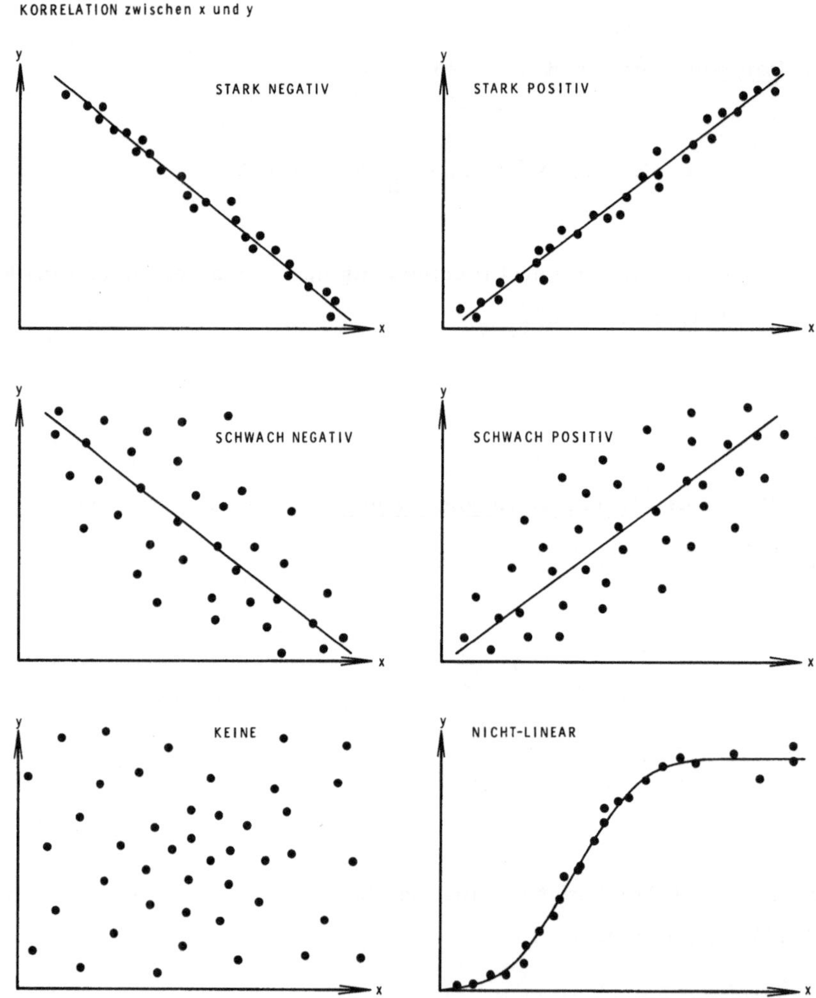

Bild 19: Punkteverteilung bei verschiedenen Korrelationskoeffizienten

Das <u>Bestimmtheitsmaß</u> ρ^2 stellt den Anteil der Varianz von Y dar, der durch die Bindung von Y an X bedingt ist. Hier geht wesentlich die Linearität des Ansatzes ein. $(1 - \rho^2)$ ist der Restanteil der Varianz von Y, der von der Streuung um die Regressionsgerade herrührt.

Der einfache Fall läßt sich auf die Korrelation zwischen Y und der Zufallsvariablen

$$X := \alpha_1 \cdot X^{(1)} + \alpha_2 \cdot X^{(2)} + \ldots + \alpha_n \cdot X^{(n)}$$

erweitern (multiple Korrelation).

Der Korrelationskoeffizient ρ liegt zwischen - 1 und + 1. Je näher ρ an die Grenzen rückt, desto stärker hängt eine Realisation der Zufallsvariablen Y von der Realisation der Zufallsvariablen X ab. Sind große Werte einer Zufallsvariablen mit kleinen Werten der anderen Zufallsvariablen verbunden, dann ist $\rho < 0$, sind andererseits große Werte einer Zufallsvariablen mit großen Werten der anderen Zufallsvariablen verbunden, dann ist $\rho > 0$.

Die durch die Größe von R in (116) ausgedrückte Abhängigkeit zwischen den Zufallsvariablen X und Y kann auf eine kausale Beziehung hinweisen. Die Korrelation kann jedoch auch scheinbar sein. Ein Beispiel für eine Scheinkorrelation ist in Bild 20 dargestellt. Hier sind im rechten oberen Teil die Daten des Hirnfrischgewichts gegen das Körpergewicht männlicher Meerkatzen aufgetragen. Da die Korrelation mit 0.03 [zitiert nach 77 a] nicht signifikant ist, sind unter der Voraussetzung einer Normalverteilung Hirnfrischgewicht und Körpergewicht unabhängig voneinander. Im linken unteren Teil sind die Daten für weibliche Meerkatzen dargestellt. Bei ihnen tritt das gleiche Phänomen auf, die Korrelation ist mit 0.1 nicht signifikant. Faßt man jedoch die Daten der männlichen und der weiblichen Tiere zusammen, dann ergibt sich mit 0.5 eine signifikante positive Korrelation. Sie ist durch den Geschlechtsunterschied bedingt und weist nicht auf eine direkte Abhängigkeit von Hirnfrischgewicht und Körpergewicht hin.

Eine weitere Möglichkeit für eine Scheinkorrelation besteht darin, daß die beiden Variablen X und Y kausal von einer dritten Variablen t abhängen. Die Auswertung des Hirngewichts in Abhängigkeit von der Fußlänge bei 1- bis 5-jährigen Kindern ergibt eine positive Korrelation, die dadurch zustande kommt, daß beide Variablen von einer dritten Variablen, dem Alter, direkt abhängen.

Ist die Zufallsvariable (X, Y) 2-dimensional normalverteilt, dann folgt aus $\rho = 0$, daß beide Variablen X und Y unabhängig voneinander sind. Sind die Populationen nicht normalverteilt, dann kann von $\rho = 0$ nicht mehr auf die Unabhängigkeit geschlossen werden.

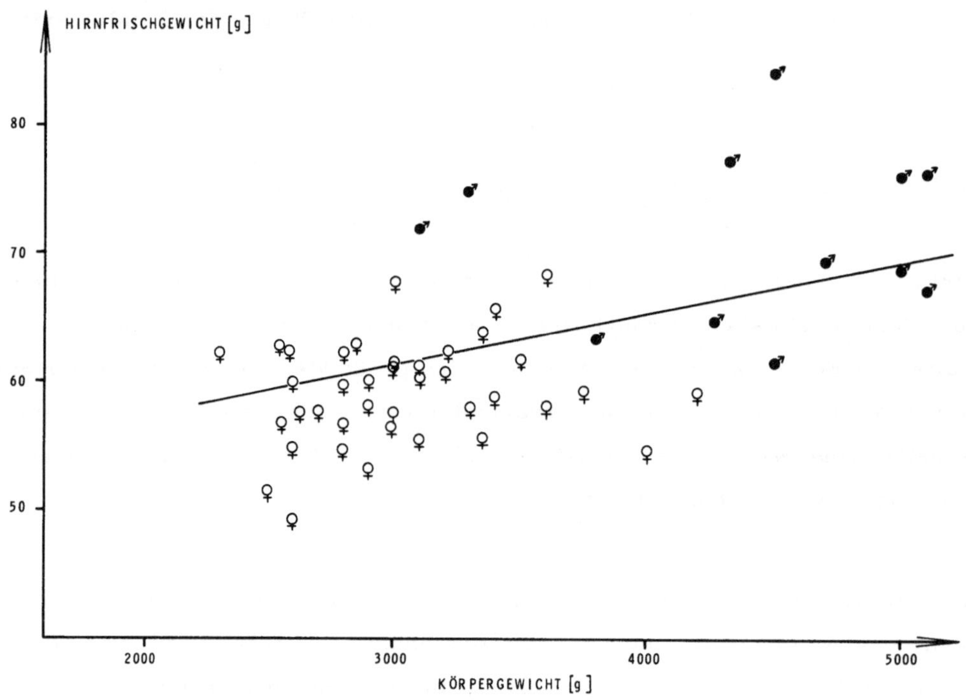

Bild 20: Zustandekommen einer Scheinkorrelation bei Geschlechtsdimorphismus.

Daten der männlichen Meerkatzen (♂) und der weiblichen Meerkatzen (♀) nach [77 a]

Programme zur Regressionsanalyse der Bibliothek des Deutschen Rechenzentrums:

REGT (Autor: F. GEBHARDT)	: Regressionsprogramm für den allgemeinen Fall (114) mit beliebiger Auswahl der abhängigen und unabhängigen Variablen. Möglichkeit zu sukzessiver Verringerung der Anzahl der unabhängigen Variablen und Prüfung auf Signifikanz des jeweiligen reduzierten (eingeschränkten) Ansatzes. Wahlweise ist ein Normalitätstest möglich.
REV (Autor: F. GEBHARDT)	: Für die lineare Regression (114) wird die gesamte Punktmenge in Gruppen eingeteilt und eine Regression für jede Gruppe einzeln und (wahlweise) für alle Paare von Gruppen berechnet und auf Signifikanz der Einzelregressionen gegen die Gesamtregression geprüft. Wahlweise ist ein Normalitätstest möglich.

REZ (Autor: F. WINGERT) : Graphische Darstellung der Meßdaten bei linearer Regression (110) und Zeichnung der Regressionsgeraden. Die Regressionsergebnisse können eingegeben oder vom Programm berechnet werden. Wahlweise ist ein Linearitätstest möglich (siehe Unterprogramm LINP).

LINP (Autor: F. GEBHARDT) : Unterprogramm zum Test einer linearen Hypothese. Für eine Meßdatenmenge wird eine lineare, eine quadratische und eine kubische Regression berechnet. Die Fehlerquadratsummen werden mit dem Varianzquotienten-Test (109) auf Signifikanz geprüft.

Die "kurze Ausgabe", die in den Programmen REZ und REGZ (Abschnitt 5.9.4) verwendet wird, enthält die Nummern der Variablen, den Stichprobenumfang, die Mittelwerte, die F-Werte mit den Freiheitsgraden, das Testergebnis (linear-quadratisch-kubisch) und das lineare Bestimmtheitsmaß (Quadrat der Schätzung des Korrelationskoeffizienten (116)).

5.8 Allgemeine Konventionen im Deutschen Rechenzentrum (DRZ)

Die Programme erhält man von der Programmbibliothek des DRZ als Lochkartensatz, ebenso eine Programmbeschreibung mit den Ablochkonventionen für die Steuerkarten und die Meßdaten. Der Benutzer kann die Steuerkarten und Datenkarten selbst lochen, sein Programm zur Eingabe deponieren und seine Ergebnisse abholen. Die Zeit zwischen Abgabe der Karten und Erscheinen der Ergebnisse variiert je nach der vorgesehenen Dauer eines Rechnungslaufes. Wie praktisch alle Rechenzentren hat das DRZ die Programmläufe auf der Anlage IBM 7094 in Kategorien eingeteilt, für die die benötigte Rechenzeit und die Länge der Druckausgabe maßgebend ist:

Bezeichnung	Max. Rechenzeit	Max. Druckausgabe
Expreßlauf	3 Minuten	500 Zeilen
Normallauf	15 Minuten	unbeschränkt
Langlauf	unbeschränkt	unbeschränkt

Drei Expreßläufe und mindestens ein Normallauf werden pro Tag gerechnet. Wie oft ein Langlauf gerechnet wird, hängt von der Auslastung des Computers ab. Daneben ist es möglich, Rechenzeit reservieren zu lassen (vorwiegend nachts), die dem Benutzer dann zur freien Verfügung steht.

Als Anhaltspunkt für die benötigte Zeit und die Druckausgabe möge ein Beispiel dienen: Die Berechnung der 15 Wachstumsfunktionen (Tabelle 11) mit dem Programm LOGI erforderte einschließlich der Herstellung von 30 zugehörigen Plotterzeichnungen 6 Minuten (ohne Zeichnungen etwa 4 Minuten) bei einer Ausgabelänge von 2500 Zeilen. Die Plotterzeit beträgt etwa 2.5 Stunden.

Neben diesem Benutzerbetrieb gibt es noch die Möglichkeit, den Auftragsdienst des DRZ in Anspruch zu nehmen, der den Einsatz der Programme übernimmt. Die Ergebnislisten werden dem Benutzer per Post zugesandt. Die benötigte Zeit im DRZ hängt von notwendig werdenden Rückfragen beim Benutzer und dem Typ des Laufes ab. Für Expreßläufe beträgt sie einen Tag. Zusätzlich können die Übermittlungszeiten durch Fernschreibeinsatz verkürzt werden.

Die Benutzung der Rechenanlagen des DRZ setzt eine Aufgabennummer voraus, die auf Anforderung zugeteilt wird. Benutzungsberechtigt sind alle Universitäts- und hochschulfreien Forschungsinstitute für wissenschaftliche Aufgaben. Der Preis für eine Rechenstunde auf der Anlage IBM 7094 beträgt derzeit DM 240,–.

Das Ablochen größerer Datenmengen kann von Spezialbetrieben gegen Bezahlung übernommen werden.

Grundsätzlich gelten für die IBM 7094 folgende Konventionen über den Aufbau eines Kartendecks (Bild 5):

```
Spalten
1              16                                  80
------------------------------------------------------
$JOBbbn, nt, nz         "Name"                     7/8
$EXECUTE       IBJOB
$IBJOB

[Programm]

$DATA

[Steuerkarten und Meßdatenkarten, in der jeweiligen]
[Programmbeschreibung erläutert                    ]

7/8END OF FILE
```

Dabei bedeutet:

b	:	blank,
n	:	Aufgabennummer des Benutzers, z. Zt. vierstellig,
nt	:	maximale Laufzeit des Programms in Minuten,
nz	:	maximale Druckausgabe in Zeilen,
"Name"	:	Name des Benutzers und sonstige beliebige Texte zur Kennzeichnung des Kartendecks,
7/8	:	Doppellochung der Ziffern 7 und 8.

5.9 Programme zur Analyse von Wachstumsprozessen

5.9.1 Allgemeines

Alle Zahlenangaben in den Steuerkarten sind innerhalb der angegebenen Felder ganz nach rechts zu rücken (rechtsbündig), da in einem numerischen Feld blanks gleich 0 gesetzt werden. Ausgenommen davon sind Gleitkommazahlen, wenn sie mit einem Dezimalpunkt gelocht werden; sie können beliebig im Feld stehen.

5.9.2 Unterprogramm DATV: Datenvorbereitung

Es gibt Fälle, in denen Vorstufen der in die Berechnung eingehenden Meßdaten schon abgelocht sind. Die Umrechnung in die endgültigen, zur Eingabe benötigten Werte kann in dem jeweiligen Programm vorgenommen werden, so daß eine getrennte Umrechnung und erneutes Ablochen entfallen. Z. B. seien die Frischvolumina für das Cerebellum und das Cerebellum: Mark und Kerne schon abgelocht, und es soll die Wachstumsfunktion für den Cortex cerebelli berechnet werden. Alle Programme enthalten für solche Zwecke ein Unterprogramm mit dem Namen DATV, das jeweils zu Beginn des Programmlaufs noch vor dem Lesen der ersten Steuerkarte einmalig aufgerufen wird. Normalerweise ist DATV leer. Der Benutzer kann es selbst programmieren, um etwa Datenmanipulationen vorzunehmen, wie das Einlesen der Frischvolumina von Cerebellum und Cerebellum: Mark und Kerne, die Differenzenbildung zum Cortex cerebelli und das Herausschreiben des Ergebnisses auf ein Zwischenband ("Schmierzettel" eines Computers). Die Dateneingabe für das eigentliche Produktionsprogramm erfolgt dann von diesem Zwischenband, dessen Nummer auf einer Steuerkarte angegeben wird. Bei diesen Manipulationen sind FORTRAN IV-Kenntnisse notwendig, da das Programm DATV vom Benutzer erstellt werden muß. Für ein Beispiel der Verwendung von DATV siehe das Blockdiagramm in Bild 21.

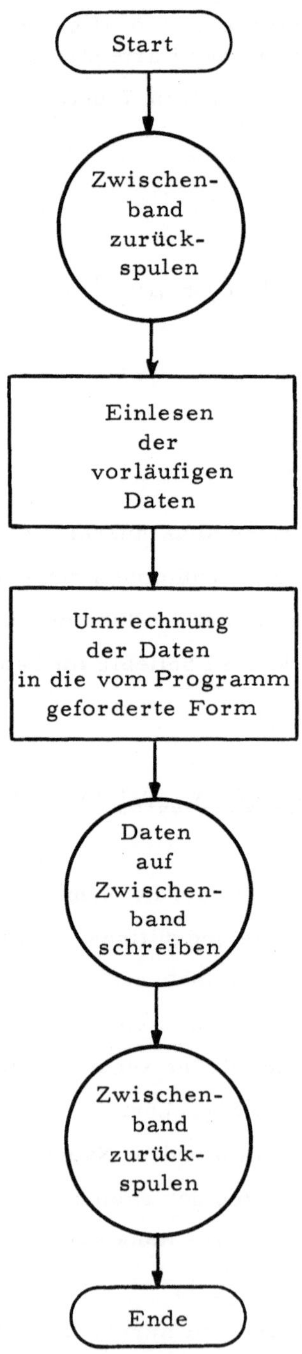

Bild 21: Blockdiagramm für ein mögliches Datenvorbereitungsunterprogramm DATV

5.9.3 Programm LOGI: Nicht-lineare Regression mit der verallgemeinerten logistischen Wachstumsfunktion

(Verwendet bei Bild: 29 bis 31, 40, 41, 47, 48, 50, 51, 55 bis 59, 61, 71 bis 73, 77, 80, 82 bis 85, 88, 92, 93, 96, 98 bis 100, 103, 104, 108 bis 112, 122)

LOGI ist das Basisprogramm zur Schätzung der primären Kurvenparameter (P_1, P_2, P_3, P_4, P_5) der Wachstumsfunktion (33).

y ist die abhängige Variable (z. B. Gewicht oder Frischvolumen eines Organs oder Organteils, Keimanzahl in einer Kultur, absolute oder relative Reaktionsstärke, Wirkung), t ist die unabhängige Variable (z. B. Alter, Reizstärke, logarithmische Dosis eines Pharmakon). Sind n Objekte mit jeweils m abhängigen Variablen untersucht worden, dann ist die Meßdatenmatrix (Bild 4):

$$
\begin{matrix}
t_1 & y_{11} & y_{12} & \cdots & y_{1m} & N_1 \\
t_2 & y_{21} & y_{22} & \cdots & y_{2m} & N_2 \\
\vdots & \vdots & \vdots & \cdots & \vdots & \vdots \\
t_n & y_{n1} & y_{n2} & & y_{nm} & N_n
\end{matrix}
$$

t_i ist der Wert der unabhängigen Variablen für das Objekt Nr. i (i = 1, 2, ..., n), y_{ij} ist die Messung der j-ten abhängigen Variablen (j = 1, 2, ..., m) des Objektes i, im allgemeinen Sprachgebrauch auch als i-te Beobachtung der Variablen j bezeichnet, und N_j ist eine Kennummer (zweckmäßig, aber nicht notwendig).

Die Wachstumsfunktionen für die verschiedenen Variablen werden nacheinander berechnet, wobei im ersten Feld der Meßdatenmatrix die unabhängige Variable steht und jedes weitere Feld einer abhängigen Variablen entspricht.

Die Anfangsschätzungen für das Iterationsverfahren können eingegeben oder dem Programm zur Berechnung überlassen werden.

Eine vollständige Iteration besteht in der schrittweisen Verbesserung einer Anfangsschätzung der Parameter (P_1, P_2, ..., P_5) bis zum Erreichen des optimalen Parametersatzes. Es ist möglich, ausgewählte Parameter auf festen Werten zu belassen und die restlichen Parameter zu verbessern. Dieser Fall tritt in der Praxis am häufigsten für P_1 auf, wenn sein Wert aus problemimmanenten Gründen bekannt ist. (Z. B. ist bei der Untersuchung einer relativen Antwortstärke oder der Mortalität ohne Resistenz in Abhängigkeit von der Reizstärke $P_1 = 1$.) Eine weitere Möglichkeit stellt die Ausgleichung mit niederparametrigen Formen der logistischen Wachstumsfunktion (33) dar ($P_4 = P_5 = 0$ oder $P_5 = 0$).

In Abschnitt 3.1.6 wurde schon erwähnt, daß das Verfahren möglichst gute Anfangsschätzungen erfordert und um so labiler ist, je mehr Parameter iteriert werden. Daher empfiehlt sich bei den höherparametrigen Ansätzen das "Herantasten" an den gewünschten Verallgemeinerungsgrad. Dies kann dadurch erreicht werden, daß mehrere Iterationen aneinander gekoppelt werden, wobei jeweils das Ergebnis einer Iterationsrunde die Ausgangsschätzung für die folgende Runde darstellt. Dabei werden nach einer Anfangsschätzung einige Parameter festgehalten und von Runde zu Runde immer mehr Parameter bis hin zum vollen Parametersatz freigegeben.

Die Iterationsfolge kann vom Benutzer des Programms beliebig gesteuert werden. Für jede Iterationsrunde wird eine Iterationskarte gelocht. Sie muß in den Spalten 1 bis 5 einen Iterationsvektor enthalten: Soll während dieser Runde der Parameter Nr. i iteriert werden, dann wird in Spalte i eine 1 gelocht. Soll der Parameter Nr. i festgehalten werden, muß in Spalte i eine 0 oder blank stehen. Die letzte Iterationskarte enthält zusätzlich 5 Felder für die Anfangsschätzungen der Parameter. Enthält das Feld in der letzten Iterationskarte für den Parameter Nr. i einen von 0 verschiedenen Wert, dann wird dieser Wert vom Programm als Anfangsschätzung interpretiert. Durch die rekursive Arbeitsweise des Programms genügt eine einmalige Anfangsschätzung vor der ersten Iterationsrunde. Sie kann auf der letzten Iterationskarte spezifiziert, kann aber auch vom Programm selbst errechnet werden: Durch Angaben auf einer den Iterationskarten vorausgehenden Auswahlkarte bestimmt das Programm LOGI eine Anfangsschätzung für P_1 aus den Daten, wenn diese nicht vom Benutzer vorgegeben ist, berechnet durch Logitregression (21) Anfangsschätzungen für P_2 und P_3 und setzt $P_4 = P_5 = 0$ (Bild 72). Auf die Angabe einer besonderen Iterationsfolge und damit auf die Iterationskarten kann verzichtet werden. Dann steuert das Programm auf Anforderung in der Auswahlkarte eine der zwei eingebauten Iterationsfolgen bei. Die Reihenfolge der Iterationsvektoren der Folge Nr. 1 ist:

Iterationsfolge Nr. 1

(1, 1, 1, 0, 0)
(0, 1, 1, 0, 0)
(0, 0, 0, 1, 0)
(1, 0, 0, 1, 0)
(1, 1, 0, 1, 0)
(1, 1, 1, 1, 0)
(0, 1, 1, 1, 0)
(0, 0, 0, 0, 1)
(1, 0, 0, 0, 1)
(1, 1, 0, 0, 1)
(1, 1, 1, 0, 1)
(1, 1, 1, 1, 1)
(0, 1, 1, 1, 1)

Als Alternative kann auch ein anderer Weg (Iterationsfolge Nr. 2) durch Spezifikation auf einer Steuerkarte gewählt werden:

Die Verallgemeinerung der Logitregression (21) führt nämlich bei der 5-parametrigen logistischen Wachstumsfunktion (33) auf

(119) $$\ln(P_1/y - 1) = P_2 + P_3 \cdot t + P_4 \cdot t^2 + P_5 \cdot t^3 \quad ,$$

d. h. auf ein Polynom in den Variablen "logit (y/P_1)" (19) und t, in dem die Abhängigkeit von den Parametern linear ist. Daher lassen sich die Schätzwerte für die Parameter P_i (i = 2, 3, 4, 5) formelmäßig angeben. Dies bedeutet, daß mit Sicherheit das absolute Minimum gefunden wird. Da das Optimum der Polynomregression (115) aber nicht mit dem Optimum der eigentlichen Ausgleichskurve (33) übereinstimmt (P_1 ist nur geschätzt und soll unter Umständen noch verbessert werden, und die Lage des Optimums ändert sich bei nicht-linearen Transformationen), müssen anschließend noch die Schätzung für P_1 und die durch den Ansatz (119) gefundenen Werte verbessert werden.

Die Iterationsfolge Nr. 2 ist:

(1, 1, 1, 0, 0)
(1, 1, 1, 1, 0)
(1, 1, 1, 1, 1)

Hier wird also bei jeder Iterationsrunde nicht wie bei der Folge Nr. 1 das Ergebnis der vorigen Runde als Anfangsschätzung verwendet, sondern die Anfangsschätzung wird für jede Verallgemeinerungsstufe durch Polynomregression (115) neu ermittelt (Bild 73).

Mit diesen beiden Möglichkeiten sind die Probleme meist lösbar, so daß nur in einigen seltenen Spezialfällen der Aufbau einer besonderen Iterationsfolge notwendig wird.

Einige Beispiele für besondere Iterationsfolgen sollen diesen Fall erläutern:

<u>1. Problem:</u> $P_1 = 1$ ist fest vorgegeben; Anfangsschätzungen für P_2 und P_3 werden dem Programm überlassen; Iterationen sind nur für ein quadratisches Polynom ($P_5 = 0$) im Exponenten von (33) verlangt (Bild 5):

1. Spezifikation von P_1 auf der Auswahlkarte.
2. Für Anfangsschätzungen von P_2 und P_3 mit $P_4 = P_5 = 0$ wird auf der Auswahlkarte die Logitregression (21) (programmintern) gefordert.
3. Iterationsvektoren (vom Benutzer in Iterationskarten zu schreiben) etwa:

   (0, 1, 1, 0, 0)
   (0, 0, 0, 1, 0)
   (0, 1, 0, 1, 0)
   (0, 1, 1, 1, 0)

   oder auch sofort:

   (0, 1, 1, 1, 0) .

<u>2. Problem:</u> Die Anfangsschätzung für P_1 ist vorgegeben und soll durch die Rechnung verbessert werden; P_4 ist fest vorgegeben:

1. Spezifikation von P_1 auf der Auswahlkarte, Spezifikation von P_4 auf der letzten Iterationskarte.
2. Für Anfangsschätzungen von P_2 und P_3 mit $P_4 = P_5 = 0$ wird auf der Auswahlkarte die Logitregression (21) (programmintern) gefordert.
3. Iterationsvektoren (vom Benutzer in Iterationskarten zu schreiben) etwa:

   (1, 1, 1, 0, 0)
   (0, 0, 0, 0, 1)
   (1, 0, 0, 0, 1)
   (1, 0, 1, 0, 1)
   (1, 1, 1, 0, 1) .

<u>3. Problem:</u> P_1, P_2 und P_3 sind fest vorgegeben, P_4 und P_5 sind gesucht:

1. Unterdrücken der Anfangsschätzung auf der Auswahlkarte.
2. Logitregression (21) entfällt (sie wird auf der Auswahlkarte unterdrückt).

3. P_1, P_2 und P_3 werden auf der letzten Iterationskarte gelocht.

4. Iterationsvektoren (vom Benutzer in Iterationskarten zu schreiben) etwa:

(0, 0, 0, 1, 0)
(0, 0, 0, 1, 1)

oder auch

(0, 0, 0, 0, 1)
(0, 0, 0, 1, 1) .

Die Iterationsergebnisse für die Parameter können – zusätzlich zur Druckerausgabe – auf Lochkarten ausgestanzt werden. Diese Lochkarten können dann als Eingabedaten für die noch zu besprechenden Folgeprogramme verwendet werden. Der Umfang der Ergebnisausgabe auf dem Drucker kann vom Benutzer durch Lochen einer Ziffer auf einer Steuerkarte gewählt werden. Die Standardausgabe des Programms enthält eine Auflistung der Eingabedaten (bei der Eingabe von Rohdaten (Abschnitt 5.9.3.1) eine Auflistung der berechneten Frischvolumina, die auch zusätzlich auf Karten ausgestanzt werden) und die Ergebnisse der Anfangsschätzung. Wahlweise können zusätzlich zur Standardausgabe die Ergebnisse einzelner Iterationsschritte ausgegeben werden.

Auf diese folgt entweder die "kurze" oder die "lange" Ausgabe. Die kurze Ausgabe enthält die Schlußschätzungen jeder Iterationsrunde, die Nummer der Iteration, nach der die Schlußschätzung erreicht wurde, die gewichtete Fehlerquadratsumme (GFQS), den Standardfehler einer Beobachtung (SFEB), die Standardabweichungen der Parameter und den Iterationsvektor. Die lange Ausgabe enthält zusätzlich zu den Schlußschätzungen:

Lochkartenausgabe: Parameterergebnisse, Lage eines evtl. Maximums, Standardabweichungen der Parameter und Iterationsvektor.

Druckerausgabe: Inverse der Kovarianzmatrix, Vermehrungsfaktor, Halbwertzeiten, Extrema mit ihren Standardabweichungen.

Zusätzlich kann sowohl bei der langen wie bei der kurzen Ausgabe das Iterationsergebnis (maximal 6 Kurven in einer Zeichnung) und auch die Logitregression (21) auf dem Plotter gezeichnet werden. Solche Iterationsrunden sind in der Druckerausgabe besonders gekennzeichnet.

In den programminternen Iterationsfolgen werden die Iterationen

(1, 1, 1, 0, 0)
(1, 1, 1, 1, 0)
(1, 1, 1, 1, 1)

bei einer langen Ausgabe gezeichnet.

5.9.3.1 Rohdaten

Rohdaten sind im allgemeinen Sprachgebrauch Daten, die vor ihrer Verwendung im Programm erst aufbereitet werden müssen. Soll z. B. die Zunahme des absoluten Eiweißgewichts von Haferkörnern analysiert werden, und es liegen nur die Gewichte der Haferkörner und ihr prozentualer Eiweißgehalt vor, dann muß aus diesen beiden Rohdaten das absolute Eiweißgewicht der Haferkörner berechnet werden.

Unter Rohdaten verstehen wir hier die an Organschnittserien gemessenen Flächensummen eines Organteils (z. B. die Summe der Flächeninhalte aller Querschnitte durch das Tectum auf fortlaufenden Serienschnitten eines Gehirns (Abschnitt 6.3.2.1). Aus diesen Rohdaten und aus den Angaben über Organfrischvolumen, Organvolumen nach der histologischen Aufbereitung (= Schnittvolumen), Abstand der vermessenen Schnitte und lineare Vergrößerung des Meßobjektes berechnet das Programm LOGI die Volumina nach Formel (122) und stanzt Lochkarten aus, auf denen diese Werte einschließlich Alter, Frischvolumen und Schnittvolumen des Organs enthalten sind. Die Karten können für weitergehende Rechnungen verwendet werden (Programme REGZ, KUVG, MOMT, KOMB). Das Format für diese Karten muß als Ausgabeformat vom Benutzer spezifiziert werden.

Die Reihenfolge der Meßdaten in einer Eingabezeile I (I-te Meßdatenkarte(n)) bei der Eingabe von Rohdaten ist:

T(I), FVOL(I), SVOL(I), SCHRW(I), VERGR(I), (Y(I, K), K=1, 2, ..., NVAR), K(I), STZ .

Die ihr entsprechende Ausgabezeile I (I-te gestanzte Ausgabekarte(n)) ist:

K(I), T(I), FVOL(I), SVOL(I), (Z(I, K), K=1, 2, ..., NVAR) .

Dabei bedeutet am Beispiel des I-ten Gehirns:

T(I)	:	Alter
FVOL(I)	:	Frischvolumen
SVOL(I)	:	Volumen nach der histologischen Aufbereitung, berechnet aus den Flächensummen aller Querschnitte des Gehirns (Schnittvolumen)
SCHRW(I)	:	Abstand der vermessenen Schnitte (Schrittweite)

VERGR(I) : Lineare Vergrößerung bei Messung an Fotografien oder Projektionen

Y(I, K) : Gesamte Flächensumme der K-ten Hirnregion

NVAR : Anzahl der einzulesenden Hirnregionen

K(I) : Kennung (z. B. Serien-Nummer)

STZ : Steuerzeichen; STZ = $ zeigt die letzte Eingabezeile an

Z(I, K) : Frischvolumen der K-ten Hirnregion.

Das Ausgabeformat muß Spezifikationen für alle (NVAR + 4) Felder der Ausgabezeile vorsehen. Es beginnt mit der Spezifikation "1H*", die das Stanzen von Lochkarten bewirkt (spezifisch für die IBM 7094).

Ein Beispiel für NVAR = 2 wäre:

Eingabeformat: (F5. 1, 2X2F6. 2, 2F8. 3, 2F6. 0, A6, 26XA1)

Ausgabeformat: (1H*, A6, 3F8. 2, 2X2F8. 2) .

Anhand der oben angegebenen Listen der Eingabe- und Ausgabezeile ist die Lage der Felder dieses Beispiels zu bestimmen.

Die Eingabedaten im folgenden Beispiel (Bild 22) sind umgerechnete Rohdaten, die mit dem Format

(1H*, A5, 2F7. 0, 2F8. 1)

gestanzt wurden.

5. 9. 3. 2 Beispiel

Eingabe (Bild 22):

Die Ablochkonventionen für die Eingabe sind aus der im DRZ erhältlichen Programmbeschreibung LOGI zu entnehmen. In Bild 22 ist der gesamte Datensatz zur Berechnung der Wachstumsfunktion des Tectum einschließlich aller dazu notwendigen Steuerkarten aufgelistet. Die erste Zeile soll nur das Abzählen der Spalten erleichtern, sie gehört nicht zum Datensatz.

Die erste Karte (Parameterkarte, siehe Bild 5) enthält Steuerangaben wie die Klassifikation (1) der Daten als Frischvolumina (keine Rohdaten), Anzahl (1) der abhängigen Variablen, die Nummer des Dateneingabebandes (5 bei Lochkarteneingabe), den Geburtszeitpunkt (20. Ontogenesetag), die Altersgrenze, bis zu der die Daten zur Anfangsschätzung verwendet werden sollen (32. Ontogenesetag), die missing data-Spezifikation (2) und einen Text für die Ausgabe (SERIE W).

Die 2. Karte ist die Eingabeformat-Karte (Bild 5) für die Meßdaten. Die 3. Karte, die Ausgabeformat-Karte, mußte weggelassen werden, weil in diesem Beispiel die Meßdaten keine Rohdaten sind.

In jeder Zeile der nun folgenden Meßdatenmatrix steht im 1. Feld (Spalte 1 bis 5) die Tiernummer, im 2. Feld (Spalte 6 bis 12) das Alter, im 3. Feld (Spalte 13 bis 19) das Hirnfrischvolumen, im 4. Feld (Spalte 20 bis 27) das Hirnschnittvolumen und im 5. Feld (Spalte 28 bis 35) das Frischvolumen des Tectum. Dazu kommt in Spalte 80 der letzten Meßdatenkarte das Zeichen "$". Zur Berechnung der Wachstumsfunktion des Tectum sind nur die Variablen Alter und Frischvolumen des Tectum sowie das Steuerzeichen in Spalte 80 notwendig. Alle anderen Felder werden durch die X-Spezifikation im Format überlesen.

Im Anschluß an die Meßdaten folgt die Auswahlkarte, die die zu approximierende Variable aus allen eingelesenen abhängigen Variablen durch Angabe ihrer Folgenummer (1 in Spalte 4) auswählt. Blank in Spalte 5 bewirkt, daß die Anfangsschätzung durch Logitregression ermittelt wird. Blank in Spalte 6 verhindert, daß die Anfangsschätzung gezeichnet wird. Die Karte enthält weiter die Angaben, daß 3 Wachstumskurven zu zeichnen sind (Spalte 8), daß die eingebaute Iterationsfolge Nr. 1 beigesteuert werden soll (2 in Spalte 9) und daß die Ausgabe mit dem Text TECTUM gekennzeichnet werden soll (Spalten 24 bis 29). Das Zeichen "$" in Spalte 80 weist diese Karte als die letzte Auswahlkarte aus.

Darauf folgt die Zeichenkarte, die die Beschriftung der Achsen der zwei Zeichnungen enthält (ONTOGENESETAGE, TECTUM, TECTUM). Die Zahlen vor dem Text geben jeweils die Anzahl der Zeichen an.

Wird keine der Standarditerationsfolgen für die Iteration gewählt (0 in Spalte 9 der Auswahlkarte), dann müssen jetzt die Iterationskarten folgen, bei der jede Karte die Angaben für eine Iterationsrunde enthält (Auswahl der bei der Iteration festen und freien Parameter, Angabe der fest vorgegebenen Parameterwerte auf der letzten Iterationskarte und Spezifikation der gewünschten Ausgabe).

```
........*........*........*........*........*........*........*........*
1   1 5  20.    32.    2 SERIE W
(5XF7.0,19XF4.1,44XA1)
W 114      16.     49.      25.3       2.0
W 115      16.     48.      26.1       2.6
W  88      17.     63.      33.0       3.3
W  92      17.     62.      33.8       3.2
W 105      18.     76.      40.4       3.9
W 109      18.     76.      39.8       4.9
W 146      19.     83.      40.8       4.5
W 149      19.     84.      40.7       4.3
W  20      19.     83.      53.9       4.5
W  22      19.     85.      41.9       4.0
W  21      20.     95.      57.4       5.1
W  23      20.    106.      67.6       5.2
W  24      20.     96.      63.1       4.6
W  26      20.     97.      58.4       5.0
W  35      20.     97.      56.5       4.8
W  61      21.     98.      50.2       4.9
W  64      21.    115.      57.7       5.5
W  25      22.    136.      82.1       7.0
W  31      22.    152.      84.6       7.0
W  32      22.    157.      87.0       7.4
W  41      23.    174.      85.3       8.4
W  37      24.    187.      95.7       8.3
W  33      25.    235.     141.0       8.3
W  34      25.    254.     124.0       9.3
W  38      25.    229.     126.2       9.4
W  42      26.    272.     134.1       9.4
W  36      27.    286.     160.7      11.0
W  40      28.    298.     160.8      11.2
W  71      28.    328.     178.0      11.6
W  47      29.    356.     170.2      12.8
W  44      30.    370.     193.1      13.3
W  43      32.    430.     214.3      13.6
W  45      33.    389.     205.9      11.7
W  46      33.    423.     214.3      12.1
W  48      33.    406.     212.1      12.1
W  55      34.    409.     220.1      12.1
W  53      35.    435.     221.8      13.0
W  52      37.    440.     226.6      13.4
W  54      38.    392.     205.0      10.4
W  59      38.    429.     217.7      11.8
W  56      40.    467.     232.5      11.6
W  58      40.    444.     218.2      12.2
W  57      42.    475.     241.7      12.8
W   9      48.    495.     262.1      13.1
W  10      48.    515.     246.5      13.4
W  11      48.    487.     238.2      11.4
W  12      48.    451.     221.7      11.0
W  13      48.    439.     222.5      10.3
W  14      48.    461.     223.0      10.4
W  15      48.    421.     191.9      10.9
W  16      60.    453.     220.3      13.0
W  17      60.    470.     225.3      13.2
W  18      60.    489.     266.1      13.3
W  19      60.    472.     263.1      13.0                                    $
   1   32                 TECTUM                                              $
140NTOGENESETAGE                6TECTUM                      6TECTUM
```

Bild 22: Liste der zwei Steuerkarten, der 54 Meßdatenkarten, der Auswahlkarte und der Zeichenkarte für das Programm LOGI am Beispiel des Tectum

Ausgabe (Bild 23):

Seite 1 (Bild 23 a): In der ersten Zeile nach der Überschrift steht der auf der Parameterkarte in Spalte 24 bis 59 gelochte Text (SERIE W), der bei allen abhängigen Variablen einer Datenmatrix ausgedruckt wird. Darunter steht der auf der Auswahlkarte der abhängigen Variablen in Spalte 24 bis 47 gelochte Text (TECTUM). Er wird nur bei der zugehörigen abhängigen Variablen ausgedruckt. Dann folgen die für die Berechnung verwendeten Meßdaten in einer Matrix: Links steht die unabhängige Variable (ALTER), rechts daneben der Mittelwert der abhängigen Variablen für alle Beobachtungen dieses Alters (ZEITL. MITTEL), dann folgen alle Einzelbeobachtungen bei gleichem Alter in derselben Zeile (TECTUM). Die Ausgabe der Meßdaten schließt mit der Angabe "n DATEN". n ist die Anzahl der in die Rechnung eingehenden Meßdaten (ohne missing data).

Seite 2 und 3 (Bild 23 b, c): Ab Seite 2 stehen die ITERATIONSERGEBNISSE (im Beispiel die kurze Ausgabe, die nur die Schlußschätzungen jeder Iterationsrunde enthält). Eine Zeile beginnt mit der Nummer der Iteration, bei der der Iterationsprozeß abgebrochen wurde (IT. NR.), Iteration Nr. 0 ist die Anfangsschätzung. Nach rechts folgt dann die gewichtete Fehlerquadratsumme (42) bei dieser Schätzung der Parameter (GFQS), und an diese schließen sich die eigentlichen Parameterschätzungen für P(1) bis P(5) an. Am rechten Rand steht der Iterationsvektor (IT. VEKTOR), der fünf Positionen besitzt. Eine 0 in Position I bedeutet, daß der Parameter P(I) während dieser Iteration festgehalten wurde, sonst steht auf Position I eine 1. Ist von einer Schlußschätzung eine Zeichnung angefertigt worden, wird das durch einen Stern "*" am äußeren rechten Rand der Zeile (ZEICHNUNG) gekennzeichnet. In der zweiten Zeile steht jeweils die Standardabweichung der darüber stehenden Größe. (Lediglich unter GFQS steht der Standardfehler einer Beobachtung SFEB.)

Nach bestimmten Iterationsrunden, die vom Benutzer auf den Iterationskarten spezifiziert werden, werden weitere Kenngrößen ausgedruckt: INVERSE DER COVARIANZMATRIX, VERMEHRUNGSFAKTOR (6) (Verhältnis zwischen P_1 und dem bei der "Geburt" erreichten Frischvolumen, das anhand der Wachstumsfunktionen berechnet wird. P_1 wird beim Vorliegen eines Maximums durch den Maximalwert ersetzt) und HALBWERTZEIT (36). Die Standardabweichungen (STAND. ABW.) dieser Größen stehen in der gleichen Zeile daneben. Bei der 4- und 5-parametrigen Wachstumsfunktion können noch Extrema und weitere Halbwertzeiten folgen. Im Anschluß daran folgt noch eine Iterationsrunde, bei der der Parameter P_1 festgehalten wird. Die Ergebnisse dieser Schätzung werden für die Momentberechnungen (Programm MOMT) verwendet.

Die Schlußschätzungen der Iterationen, die gesondert vom Benutzer gekennzeichnet wurden (in den Standarditerationsfolgen die Iterationen von P_1 bis P_3, P_1 bis P_4 und P_1 bis P_5) werden zusammen mit dem Zeitpunkt eines evtl. autretenden Maximums auf Lochkarten gestanzt. Diese Karten können zur Eingabe für die Programme REGZ, KUVG und MOMT verwendet werden.

```
                      NICHT-LINEARE REGRESSION DER VERALLGEMEINERTEN LOGISTISCHEN WACHSTUMSFUNKTION
                      ============================================================================

DEUTSCHES RECHENZENTRUM                                                                      SERIE W
6100  D A R M S T A D T                                                                      TECTUM

ALTER         ZEITL.MITTEL  TECTUM

1.60000E 01 2.30000E 00* 2.00000E 00 2.60000E 00
1.70000E 01 3.25000E 00* 3.30000E 00 3.20000E 00
1.80000E 01 4.40000E 00* 3.90000E 00 4.90000E 00
1.90000E 01 4.32500E 00* 4.50000E 00 4.30000E 00 4.50000E 00 4.00000E 00
2.00000E 01 4.94000E 00* 5.10000E 00 5.20000E 00 4.60000E 00 5.00000E 00 4.80000E 00
2.10000E 01 5.20000E 00* 4.90000E 00 5.50000E 00
2.20000E 01 7.13333E 00* 7.00000E 00 7.00000E 00 7.40000E 00
2.30000E 01 8.40000E 00* 8.40000E 00
2.40000E 01 8.30000E 00* 8.30000E 00
2.50000E 01 9.00000E 00* 8.30000E 00 9.30000E 00 9.40000E 00
2.60000E 01 9.40000E 00* 9.40000E 00
2.70000E 01 1.10000E 01* 1.10000E 01
2.80000E 01 1.14000E 01* 1.12000E 01 1.16000E 01
2.90000E 01 1.28000E 01* 1.28000E 01
3.00000E 01 1.33000E 01* 1.33000E 01
3.20000E 01 1.36000E 01* 1.36000E 01
3.30000E 01 1.19667E 01* 1.17000E 01 1.21000E 01 1.21000E 01
3.40000E 01 1.21000E 01* 1.21000E 01
3.50000E 01 1.30000E 01* 1.30030E 01
3.70000E 01 1.34000E 01* 1.34000E 01
3.80000E 01 1.11000E 01* 1.04000E 01 1.18000E 01
4.00000E 01 1.19000E 01* 1.16000E 01 1.22000E 01
4.20000E 01 1.28000E 01* 1.28000E 01
4.80000E 01 1.15000E 01* 1.31000E 01 1.34000E 01 1.14000E 01 1.10000E 01 1.03000E 01 1.04000E 01 1.09000E 01
6.00000E 01 1.31250E 01* 1.30000E 01 1.32000E 01 1.33000E 01 1.30000E 01

  54 DATEN
```

Bild 23a: Listenausgabe des Programms LOGI am Beispiel des Tectum (Seite 1)

```
................................... ITERATIONSERGEBNISSE ...................................

IT.NR.  GFQS             P(1)           P(2)           P(3)           P(4)           P(5)              IT.VEKTOR  ZEICHNUNG
------------------------------------------------------------------------------------------------------------------------------
   0    0.71165166E 02  0.136014E 02  0.862358E 01 -0.404918E 00  0.             0.
*********************************************************************************************

.............................................................................................
   4    0.17841469E 02  0.123241E 02  0.578532E 01 -0.273679E 00
SFEB    0.59147061E 00  0.259239E 00  0.290572E 00  0.158360E-01                                  (1,1,1,0,0)     *
*********************************************************************************************
INVERSE DER COVARIANZMATRIX
                    1   0.672046E-01 -0.258368E-01  0.185069E-02
                    2  -0.258368E-01  0.844323E-01 -0.453990E-02
                    3   0.185069E-02 -0.453990E-02  0.25C778E-03

VERM.FAKTOR             2.382296E 00  STAND.ABW.     1.108447E 04
HALBWERTZEIT            2.118554E 01                 2.497591E-01
.............................................................................................
   1    0.17841466E 02  0.123241E 02  0.578451E 01 -0.273035E 00
SFEB    0.59146658E 00  0.             0.273324E 00  0.141561E-01                                  (0,1,1,0,0)
*********************************************************************************************
INVERSE DER COVARIANZMATRIX
                    1   0.             0.            -0.
                    2   0.             0.747060E-01 -0.383935E-02
                    3  -0.            -0.383935E-02  0.200396E-03

VERM.FAKTOR             2.382382E 00  STAND.ABW.     1.107218E 04
HALBWERTZEIT            2.118596E 01                 1.625958E-01
.............................................................................................
   1    0.17840847E 02  0.123241E 02  0.578451E 01 -0.273035E 00 -0.373609E-05
SFEB    0.59735193E 00  0.             0.             0.             0.888052E-04                  (0,0,0,1,0)
*********************************************************************************************

.............................................................................................
   1    0.17840085E 02  0.123119E 02  0.578451E 01 -0.273035E 00 -0.862805E-05
SFEB    0.59734155E 00  0.259958E 00  0.             0.             0.138284E-03                  (1,0,0,1,0)
*********************************************************************************************

.............................................................................................
   2    0.17830428E 02  0.123048E 02  0.580599E 01 -0.273035E 00 -0.645565E-04
SFEB    0.59717028E 00  0.267447E 00  0.141297E 00  0.             0.407808E-03                  (1,1,0,1,0)
*********************************************************************************************

.............................................................................................
   4    0.16804129E 02  0.121839E 02  0.328005E 01 -0.198026E-01 -0.634755E-02
SFEB    0.57974160E 00  0.254175E 00  0.174776E 01  0.178290E 00  0.454679E-02                  (1,1,1,1,0)     *
*********************************************************************************************
INVERSE DER COVARIANZMATRIX
                    1   0.646051E-01  0.149609E 00 -0.159289E-01  0.442990E-03
                    2   0.149609E 00  0.305465E 01 -0.310574E 00  0.783456E-02
                    3  -0.159289E-01 -0.310574E 00  0.317872E-01 -0.807438E-03
                    4   0.442990E-03  0.783456E-02 -0.807438E-03  0.206733E-04

VERM.FAKTOR             2.411953E 00  STAND.ABW.     1.129191E 04
EXTREMUM               -1.559865E 00                 1.129192E 04
HALBWERTZEIT           -2.434528E 01                 2.780384E 01
HALBWERTZEIT            2.122555E 01                 2.265540E-01
.............................................................................................
   1    0.16804004E 02  0.121839E 02  0.324723E 01 -0.163556E-01 -0.643697E-02
SFEB    0.57972630E 00  0.             0.163311E 01  0.165487E 00  0.415968E-02                  (0,1,1,1,0)
*********************************************************************************************
INVERSE DER COVARIANZMATRIX
                    1   0.            -0.             0.            -0.
                    2  -0.             0.266704E 01 -0.269270E 00  0.669172E-02
                    3   0.            -0.269270E 00  0.273858E-01 -0.685658E-03
                    4  -0.             0.669172E-02 -0.685658E-03  0.173029E-04
```

Bild 23b: Listenausgabe des Programms LOGI am Beispiel des Tectum (Seite 2)

```
VERM.FAKTOR            2.412450E 00  STAND.ABW.    1.129562E 04
EXTREMUM              -1.270440E 00                1.129563E 04
HALBWERTZEIT          -2.376664E 01                2.804419E 01
HALBWERTZEIT           2.122576E 01                1.701619E-01
..........................................................................
  1     0.16803985E 02  0.121839E 02  0.324723E 01 -0.163556E-01 -0.643697E-02 -0.332973E-07
SFEB    0.58560981E 00  0.            0.            0.            0.             0.439209E-05    (0,0,0,0,1)
**************************************************************************
..........................................................................
  1     0.16803836E 02  0.121787E 02  0.324723E 01 -0.163556E-01 -0.643697E-02 -0.137407E-06
SFEB    0.58560948E 00  0.244040E 00  0.            0.            0.             0.662490E-05    (1,0,0,0,1)
**************************************************************************
..........................................................................
  1     0.16803680E 02  0.121784E 02  0.324932E 01 -0.163556E-01 -0.643697E-02 -0.396144E-06
SFEB    0.58560688E 00  0.244735E 00  0.943545E-01  0.            0.             0.135568E-04    (1,1,0,0,1)
**************************************************************************
..........................................................................
  2     0.16798417E 02  0.121739E 02  0.314002E 01 -0.819462E-02 -0.643697E-02 -0.685510E-05
SFEB    0.58552269E 00  0.257363E 00  0.116264E 01  0.881086E-01  0.             0.749065E-04    (1,1,1,0,1)
**************************************************************************
..........................................................................
  3     0.14854749E 02  0.121087E 02  0.315751E 02 -0.424770E 01  0.201040E 00 -0.333944E-02
SFEB    0.55060831E 00  0.222215E 00  0.122383E 02  0.184590E 01  0.918067E-01  0.150634E-02    (1,1,1,1,1)     *
**************************************************************************
INVERSE DER COVARIANZMATRIX
                    1   0.493793E-01 -0.416558E 00  0.667825E-01 -0.351483E-02  0.616862E-04
                    2  -0.416558E 00  0.149777E 03 -0.225637E 02  0.111813E 01 -0.182302E-01
                    3   0.667825E-01 -0.225637E 02  0.340736E 01 -0.169257E 00  0.276634E-02
                    4  -0.351483E-02  0.111813E 01 -0.169257E 00  0.842847E-02 -0.138106E-03
                    5   0.616862E-04 -0.182302E-01  0.276634E-02 -0.138106E-03  0.226906E-05

VERM.FAKTOR            2.379405E 00  STAND.ABW.    7.101423E-02
EXTREMUM               KEINE REELLE LOESUNG
HALBWERTZEIT           2.146472E 01                2.939160E-01
..........................................................................
  1     0.14854743E 02  0.121087E 02  0.315150E 02 -0.423872E 01  0.200600E 00 -0.333234E-02
SFEB    0.55059799E 00  0.            0.136953E 02  0.206296E 01  0.102404E 00  0.167497E-02    (0,1,1,1,1)
**************************************************************************
INVERSE DER COVARIANZMATRIX
                    1   0.            0.           -0.            0.           -0.
                    2   0.            0.187561E 03 -0.282270E 02  0.139725E 01 -0.227446E-01
                    3  -0.           -0.282270E 02  0.425582E 01 -0.211055E 00  0.344192E-02
                    4   0.            0.139725E 01 -0.211055E 00  0.104865E-01 -0.171348E-03
                    5  -0.           -0.227446E-01  0.344192E-02 -0.171348E-03  0.280552E-05

VERM.FAKTOR            2.379474E 00  STAND.ABW.    5.784820E-02
EXTREMUM               KEINE REELLE LOESUNG
HALBWERTZEIT           2.146416E 01                2.655213E-01
```

Bild 23c: Listenausgabe des Programms LOGI am Beispiel des Tectum (Seite 3).

5.9.4 Programm REGZ: Beziehung zwischen zwei wachsenden Substraten

(Verwendet bei Bild: 76, 79, 81, 89 bis 91, 95, 102, 107)

Oft sind lineare Regressionen (110) für die Abhängigkeit zweier wachsender Substrate voneinander von Interesse (z. B. die Abhängigkeit des Frischvolumens des Tectum vom Hirnfrischvolumen). Dafür gibt es verschiedene Programme (REGT, REV, REZ, Abschnitt 5.7.2). Eine graphische Darstellung der Meßdaten und der Regressionsgeraden ist durch das DRZ-Programm REZ (Abschnitt 5.7.2) möglich. Im Programm REGZ wird in die graphische Darstellung noch die Kurve aufgenommen, die man erhält, wenn die unabhängige Variable t aus den beiden vom Programm LOGI berechneten Wachstumsfunktionen

$$y = y(t), \quad x = x(t)$$

eliminiert wird:

$$t = t(x)$$

(120) $$y = y(t(x)) = y(x) \quad .$$

Werden zur Regression nicht die Meßdaten selbst, sondern ihre Logarithmen verwendet, dann kann im Unterprogramm DATV (Abschnitt 5.9.2) die Logarithmierung vorgenommen werden. Die Spezifikation der abhängigen und der unabhängigen Variablen kann beliebig unter den Feldern der Meßdatenmatrix ausgewählt werden.

Das Programm REGZ kann auf Wunsch die Regressionen selbst berechnen.

In REGZ kann weiter eine Regressionsanalyse für die Fehler (39) gemacht werden (Abschnitt 3.3). Die Ausgabe enthält dann die Regressionsparameter, deren Standardabweichungen und die logistische Korrelation.

5.9.4.1 Beispiel

Eingabe:

Bild 24 gibt den vollständigen Datensatz für die Darstellung des Tectumfrischvolumens in Abhängigkeit vom Hirnfrischvolumen wieder. Die erste Karte enthält in Spalte 1 die missing data-Spezifikation (2), die bewirkt, daß alle nicht gelochten und alle mit 0 gelochten Felder übergangen werden. Zwei Variablen werden eingelesen (2 in Spalte 3), das Eingabeband hat die logische Nummer 5 (Spalte 5), die 1 in Spalte 7 gibt die Anzahl der Eingabeformatkarten an. Die Zahl "65." in Spalte 11 bis 13 legt das maximale Alter fest, bis zu dem die Wachstumsfunktion für die Plotter-Ausgabe berechnet werden soll. Der Text "SERIE W, TECTUM/HIRNVOL." dient zur Kennzeichnung der Listen und der Plotterausgabe.

Die zweite Karte ist die Eingabeformatkarte. Sie bewirkt, daß die Kennummer und das nicht benötigte Alter überlesen werden. Eingelesen werden nur die Felder in den Spalten 13 bis 19 (Hirnfrischvolumen), in den Spalten 32 bis 35 (Tectumfrischvolumen) und in der Spalte 80 (Steuerzeichen zur Kennzeichnung der letzten Meßdatenkarte). Die nun folgende Meßdatenmatrix ist mit der in Bild 22 identisch. Sie ist daher hier nur symbolisch wiedergegeben. Die auf die Meßdaten folgenden beiden Karten sind die vom Programm LOGI gestanzten Parameter-Ergebniskarten für das Hirnfrischvolumen und das Tectumfrischvolumen. Sie enthalten in den letzten Spalten den Iterationsvektor und das Steuerzeichen. Die letzte Karte ist die Auswahlkarte, die in den Spalten 1 und 2 rechtsbündig die Nummer der unabhängigen Variablen (1), in den Spalten 3 und 4 rechtsbündig die Nummer der abhängigen Variablen (2), in den Spalten 5 und 6 die Steuergröße für die Plotter-Ausgabe und die Fehleranalyse (-1) und in den folgenden Feldern die Regressionsergebnisse (A = 0.021, B = 3.0) zur Berechnung der zu zeichnenden Geraden enthält. Ist in dieser Karte A = B = 0, dann berechnet das Programm REGZ die Regressionsergebnisse selbst. Die Karte enthält in den folgenden Feldern noch die Texte für die Beschriftung der Achsen der Zeichnung.

Ausgabe:

Die Druckerausgabe (Bild 25) enthält in der ersten und zweiten Zeile nach der Überschrift die auf der Parameterkarte und der Auswahlkarte gelochten Texte. Die folgenden Zeilen entsprechen der "kurzen Ausgabe" des Unterprogramms LINP (Abschnitt 5.7.2).

```
.........*.........*.........*.........*.........*.........*.........*.........*

2 2 5 1   65.      SERIE W, TECTUM/HIRNVOL.
(12XF7.0,12XF4.1,44XA1)
********************************** DATEN ***************************************
 4.604E 02 5.920E 00-2.567E-01 2.584E-03-6.939E-05                HV 60    1111$
 1.211E 01 3.123E 01-4.195E 00 1.984E-01-3.297E-03                TE 60    1111$
 1 2-1 0.021     3.0        11HIRNVOLUMEN            6TECTUM
```

Bild 24: Liste der zwei Steuerkarten, (symbolisch) der Meßdatenkarten, der zwei Ergebniskarten und einer Auswahlkarte für das Programm REGZ am Beispiel des Tectum

```
                                     REGRESSIONS- UND FEHLERANALYSE
                                     ==============================

DEUTSCHES RECHENZENTRUM
6100  D A R M S T A D T                                                                       SERIE W
                                                                          TECTUM             /HIRNVOLUMEN

ABH. UNABH. ANZAHL        MITTELWERT          LIN. GEGEN QUADR. QUADR. GEGEN KUB.   LIN. GEGEN KUB.  REGRESSION   BEST.M.
VAR.  VAR.            ABH. VAR.  UNABH. VAR.   F - WERT N1  N2   F - WERT  N1  N2    F - WERT N1  N2                LINEAR

 2      1       57 9.1789E 03   2.8939E 02      55.765  1  54       2.607  1  53      30.016  2  53  QUADRATISCH  0.9089

*************************************************************************************************************************
```

Bild 25: Listenausgabe des Programms REGZ am Beispiel des Tectum

5.9.5 Programm KUVG: Parallelitätsuntersuchung von Wachstumsfunktionen und verschiedene graphische Ausgaben

(Verwendet bei Bild: 52, 53, 115 bis 121)

Das Programm KUVG besteht aus einem Plotterteil und einem Rechenteil, die unabhängig voneinander verwendet werden können.

a) Plotterteil

Für den Plotterteil ist eine Eingabe aller Wachstumsfunktionen (33) der Variablen der Meßdatenmatrix (vom Programm LOGI gestanzte Karten) und der Regressionsergebnisse, bezogen auf eine beliebig unter allen Variablen wählbare unabhängige Variable y_ℓ, notwendig.

Ausgegeben werden folgende Zeichnungen:

1. Alle Wachstumsfunktionen (33) $y_j(t)$ in einer gemeinsamen Darstellung ($j = 1, 2, \ldots$).

2. Alle Reifegrade (60) in einer gemeinsamen Darstellung.

3. Alle Logit-Geraden (21) in einer gemeinsamen Darstellung ($P_4 = P_5 = 0$ gesetzt und anschließend Logit-Transformation (19)).

4. Die Volumenverhältnisse gegen die Variable y_ℓ, berechnet aus den Wachstumsfunktionen (33) für alle Variablen y_j ($j \neq \ell$) gegen y_ℓ:

   Ordinate: $y_j(t)/y_\ell(t)$ $\quad (j \neq \ell)$

   Abszisse: $y_\ell(t)$.

5. Alle Regressionsgeraden (21) der Variablen y_j ($j \neq \ell$) gegen die Variable y_ℓ in einer gemeinsamen Darstellung.

b) Rechenteil

Zusätzlich zu den Parameterergebnissen wird die für das Programm LOGI verwendete Meßdatenmatrix eingelesen. Zu jedem Datensatz y_{ik} (i = 1, 2, ..., n; k fest), werden die Wachstumsfunktionen (33) aller anderen Variablen y_j $(j \neq k)$ so lange parallel verschoben, bis die Fehlerquadratsumme (42) des Datensatzes der Variablen j gegen die parallel verschobene Kurve minimal wird. Ausgegeben werden vier Matrizen mit

1. Fehlerquadratsummen (42) vor der Parallelverschiebung der Testkurve,

2. Fehlerquadratsummen (42) nach der Parallelverschiebung der Testkurve,

3. optimalen Parallelverschiebungen,

4. "F-Werten": Quotient der mit den entsprechenden Freiheitsgraden gewichteten Fehlerquadratsumme $GFQS_{jk}$ (Fehlerquadratsumme des Datensatzes der Variablen j gegen die optimal verschobene Vergleichskurve k) und $GFQS_{jj}$ (Fehlerquadratsumme des Datensatzes der Variablen j gegen die eigene Wachstumsfunktion). Die Größe dieses "F-Wertes" kann als Näherungstest auf Parallelität von Wachstumsfunktionen insofern dienen, als sie eine Aussage darüber macht, um wieviel sich die Fehlerquadratsumme verschlechtert, wenn nicht durch die "echte" Ausgleichsfunktion, sondern durch die Testfunktion ausgeglichen wird. Dieser Test ist kein statistischer Test im strengen Sinn, da der im Fall linearer Regression analog gebildete F-Test wesentlich auf der Voraussetzung der Linearität basiert [152, 153].

5.9.6 Programm MOMT: Momentkalkulationen und Mehrkomponenten-Voranalyse

(Verwendet bei Bild: 12, 13, 34, 60, 74, 78, 86, 101, 105, 113, 114)

Das Programm MOMT besteht wie das Programm KUVG aus einem Plotterteil und einem Rechenteil. Eingegeben werden die Parameterergebnisse der Wachstumsfunktionen (33) (vom Programm LOGI gestanzte Karten) in drei Approximationsstufen, im allgemeinen die Iterationsrunden

$$(1,1,1,0,0)$$
$$(1,1,1,1,0)$$
$$(1,1,1,1,1) \quad .$$

a) Plotterteil

Gezeichnet werden die Wachstumsfunktionen (33) und die Wachstumsraten der Reifegrade (61) dieser Wachstumsfunktionen. Besonders die Dichten (61) liefern deutliche Hinweise auf Unsymmetrien der Entwicklung und auf trennbare Überlagerungen mehrerer Komponenten beim Wachstum des Objekts (Kapitel 4).

b) Rechenteil

Die Wachstumsfunktionen der Reifegrade werden als statistische Verteilungsfunktionen in folgendem Sinn interpretiert: Ist die Wachstumsfunktion (33) monoton steigend (keine Extrema!), dann ist (33), durch den Parameter P_1 dividiert, eine Verteilungsfunktion und daher ihre Wachstumsrate eine Dichte. Der Fall eines linearen Polynoms im Exponenten, der nie Extrema hat, wird in der Literatur auch als logistische Verteilung bezeichnet (Abschnitt 3.2).

Die 4-parametrige Wachstumsfunktion besitzt stets ein Extremum, je nach der Größe der Parameter ein Minimum (bei Problemen der hier behandelten Art dann im linken Schenkel gelegen) oder ein Maximum (im rechten Schenkel gelegen). Grundsätzlich wird bei negativer Ableitung die Dichte gleich 0 gesetzt und beim Vorliegen eines Maximums des Reifegrads das Maximum auf 1 normiert. Das entspricht einer Approximation des Reifegrads durch eine Verteilungsfunktion, die links vom Minimum den Wert 0 besitzt und sich mit steigendem Alter immer mehr der echten Kurve des Reifegrads anschmiegt, um so schneller und besser, je kleiner das Minimum ist, bzw. durch eine Verteilungsfunktion, die rechts vom Maximum den Wert 1 besitzt und ansonsten mit der echten Kurve des Reifegrads identisch ist.

Die 5-parametrige Wachstumsfunktion besitzt erfahrungsgemäß häufig keine Extrema. Dieser Fall läßt sich wie der der 3-parametrigen Wachstumsfunktion (10) direkt zur Verteilungsfunktion machen. Treten Extrema auf, werden wieder alle negativen Wachstumsraten gleich 0 gesetzt.

Berechnet werden für die Verteilungsfunktionen: Erwartungswert (67), Varianz (70), Schiefe (79) und Exzeß (80). Die 3-parametrige Wachstumsfunktion (10) dient dabei als Testfall auf hinreichende Feinheit der Integrationsintervalle und genügend weite Integrationsgrenzen zur Approximation der uneigentlichen Integrale, da die vier Werte sich bei der 3-parametrigen Wachstumsfunktion geschlossen berechnen lassen (Abschnitt 3.2).

5.9.6.1 Beispiel

Die ersten drei Karten in Bild 26 sind die vom Programm LOGI gestanzten Ergebniskarten der drei Approximationsstufen P_1 bis P_3, P_1 bis P_4 und P_1 bis P_5. Danach folgt noch eine Steuerkarte mit den Integrationsgrenzen -125. und 250., einem Text (SERIE W, TECTUM), der Anzahl der Teilintervalle für die Integrationsroutine (200) und eine Steuergröße (1), die bewirkt, daß nur die Momente berechnet werden und die Erstellung der Zeichnungen unterdrückt wird.

Die Druckerausgabe (Bild 27) enthält den Text und die auf der Steuerkarte gelochten Integrationsgrenzen, die so weit gewählt werden müssen, daß die uneigentlichen Integrale hinreichend gut approximiert werden. Die folgende Zeile bringt die Überschriften: ERWARTUNG (= Mittelwert) VARIANZ SCHIEFE EXZESS. Danach folgen die drei Ergebniszeilen für die drei Verallgemeinerungsstufen der logistischen Wachstumsfunktion (33).

```
.........*.........*.........*.........*.........*.........*.........*.........*
 1.233E 01 5.784E 00-2.730E-01 0.        0.                               TE 60   01100
 1.218E 01 3.247E 00-1.636E-02-6.437E-03 0.                               TE 60   01110
 1.211E 01 3.150E 01-4.237E 00 2.005E-01-3.331E-03                        TE 60   01111
-125.     250.       SERIE W , TECTUM                                    200 1
```

Bild 26: Liste der drei Ergebniskarten und einer Steuerkarte für das Programm MOMT am Beispiel des Tectum

```
                                MOMENTE DER STANDARDISIERTEN LOGISTISCHEN WACHSTUMSFUNKTION
                                ===========================================================
DEUTSCHES RECHENZENTRUM
6100  D A R M S T A D T                                                                        SERIE W , TECTUM

UNTERE GRENZE -0.12500E 03 , OBERE GRENZE  0.25000E 03

                                          ERWARTUNG   VARIANZ     SCHIEFE      EXZESS
                                          2.119E 01   4.414E 01  -1.249E-05   1.200E 00
                                          2.025E 01   4.878E 01  -9.067E-01   1.252E 00
                                          2.089E 01   2.290E 01  -1.880E-01  -9.792E-01
```

Bild 27: Listenausgabe des Programms MOMT am Beispiel des Tectum

```
                     NICHT-LINEARE REGRESSION MITTELS EINER SUMME 3-PARAMETRIGER LOGISTISCHER WACHSTUMSFUNKTIONEN
                     ==========================================================================================

DEUTSCHES RECHENZENTRUM                                                                                 SERIE W
6100  D A R M S T A D T                                                                                 SUBNEOCORTICALES MARK

ALTER        ZEITL.MITTEL  SUBNEOCORTICALES MARK

1.40000E 01  1.71500E 00* 1.76000E 00 1.67000E 00
1.50000E 01  2.68000E 00* 2.60000E 00 2.76000E 00
1.60000E 01  3.49500E 00* 3.60000E 00 3.39000E 00
1.70000E 01  3.93000E 00* 4.06000E 00 3.80000E 00
1.80000E 01  3.86500E 00* 3.76000E 00 3.97000E 00
1.90000E 01  3.39000E 00* 3.64000E 00 3.67000E 00 3.09000E 00 3.16000E 00
2.00000E 01  3.91200E 00* 4.06000E 00 4.20000E 00 3.85000E 00 3.95000E 00 3.50000E 00
2.10000E 01  4.16500E 00* 3.71000E 00 4.62000E 00
2.20000E 01  5.20333E 00* 5.18000E 00 5.09000E 00 5.34000E 00
2.30000E 01  5.32000E 00* 5.32000E 00
2.40000E 01  6.27000E 00* 6.27000E 00
2.50000E 01  6.23000E 00* 5.98000E 00 6.25000E 00 6.46000E 00
2.60000E 01  5.62000E 00* 5.62000E 00
2.70000E 01  6.21000E 00* 6.21000E 00
2.80000E 01  5.99500E 00* 4.91000E 00 7.08000E 00
2.90000E 01  5.92000E 00* 5.92000E 00
3.00000E 01  6.61000E 00* 6.61000E 00
3.20000E 01  5.94000E 00* 5.94000E 00
3.30000E 01  6.02667E 00* 5.91000E 00 6.16000E 00 6.01000E 00
3.40000E 01  6.58000E 00* 6.58000E 00
3.50000E 01  6.77000E 00* 6.77000E 00
3.70000E 01  6.99000E 00* 6.99000E 00
3.80000E 01  6.46000E 00* 6.16000E 00 6.76000E 00
4.00000E 01  7.50000E 00* 7.41000E 00 7.59000E 00
4.20000E 01  7.88000E 00* 7.88000E 00
4.80000E 01  8.50000E 00* 9.67000E 00 9.72000E 00 9.28000E 00 7.83000E 00 7.81000E 00 7.73000E 00 7.46000E 00
6.00000E 01  8.18000E 00* 8.49000E 00 7.99000E 00 8.97000E 00 7.27000E 00

  58 DATEN
```

Bild 28a: Listenausgabe des Programms KOMB am Beispiel des subneocorticalen Marks (Seite 1)

```
ITERATIONSERGEBNISSE..............................................SERIE W                              SUBNEOCORTICALES MARK

                                   KOMPONENTE NR.1                       KOMPONENTE NR.2                       KOMPONENTE NR.3

IT.NR.   GFQS             P(1)         P(2)         P(3)          P(1)         P(2)         P(3)         P(1)         P(2)         P(3)
-------------------------------------------------------------------------------------------------------------------------------------
  0      1.545552E 01   6.5400E 00   4.0800E 00 -2.3000E-01   1.8000E 00   4.0700E 01 -1.0000E 00
*************************************************************************************************************************************
  1      1.506355E 01   6.5216E 00   4.0887E 00 -2.3413E-01   1.8540E 00   3.0591E 01 -7.6501E-01
  2      1.504411E 01   6.5446E 00   4.0762E 00 -2.3298E-01   1.8264E 00   3.8387E 01 -9.5662E-01
.....................................................................................................................................
  3      1.504300E 01   6.5342E 00   4.0831E 00 -2.3358E-01   1.8353E 00   4.0008E 01 -9.9791E-01
SFEB     5.378753E-01   3.2214E-01   3.9525E-01  2.6824E-02   4.5291E-01   5.1872E 01  1.2997E 00
*************************************************************************************************************************************

INVERSE DER KOVARIANZMATRIX
                            1            2            3             4            5            6
                  1     1.0377E-01 -7.3021E-02  6.2862E-03  -1.0669E-01  6.6439E 00 -1.6269E-01
                  2    -7.3021E-02  1.5622E-01 -1.0300E-02   7.4043E-02 -4.1098E 00  1.0064E-01
                  3     6.2862E-03 -1.0300E-02  7.1954E-04  -6.4023E-03  3.6900E-01 -9.0360E-03
                  4    -1.0669E-01  7.4043E-02 -6.4023E-03   2.0513E-01 -9.2446E 00  2.3080E-01
                  5     6.6439E 00 -4.1098E 00  3.6900E-01  -9.2446E 00  2.6907E 03 -6.7393E 01
                  6    -1.6269E-01  1.0064E-01 -9.0360E-03   2.3080E-01 -6.7393E 01  1.6891E 00

VERMEHRUNGSFAKTOR       1.5551E 00                            5.0997E 08
                        9.9853E-02                            5.9605E 09
HALBWERTZEIT            1.7480E 01                            4.0092E 01
                        5.4374E-01                            1.4780E 00
-------------------------------------------------------------------------------------------------------------------------------------
MITTELWERT              1.7480E 01                            4.0092E 01
VARIANZ                 6.0298E 01                            3.3036E 00
SCHIEFE                 0.                                    0.
EXZESS                  1.2                                   1.2
-------------------------------------------------------------------------------------------------------------------------------------
KENNGROESSEN DER SUMMENKURVE

VERMEHRUNGSFAKTOR       1.9919E 00           MITTELWERT       2.2439E 01
                                             VARIANZ          1.3533E 02
HALBWERTZEIT            1.9952E 01           SCHIEFE          2.8539E-01
                                             EXZESS          -7.0678E-01
```

Bild 28b: Listenausgabe des Programms KOMB am Beispiel des subneocorticalen Marks (Seite 2)

5.9.7 Programm KOMB: Nicht-lineare Regression durch Summation 3-parametriger logistischer Wachstumsfunktionen (Mehrkomponentenanalyse)

(Verwendet bei Bild: 35 bis 39, 75, 87, 94, 97, 106)

Das Programm KOMB berechnet die Parameter der 3-parametrigen Wachstumsfunktion (10) für eine Überlagerung von 1 bis 3 Komponenten (Kapitel 4) nach der Methode der kleinsten Quadrate (Abschnitt 3.1.6). Eingegeben werden Anfangsschätzungen oder Äquivalente für die Anfangsschätzungen, die der graphischen Ausgabe des Programms MOMT entnommen werden können (Abschnitt 5.9.6). Ausgegeben werden in der kurzen Ausgabe:

Seite 1 (Bild 28 a): Auflistung der Eingabedaten.

Seite 2 (Bild 28 b): Anfangs- und Schlußschätzung der Parameter für die Komponenten 1 bis 3, gewichtete Fehlerquadratsumme (GFQS), Standardfehler einer Beobachtung (SFEB), Standardabweichungen der Parameter; INVERSE DER KOVARIANZ-MATRIX; VERMEHRUNGSFAKTOR und HALBWERTZEIT mit ihren Standardabweichungen für jede Komponente (eine Zeile tiefer), MITTELWERT, VARIANZ, SCHIEFE und EXZESS für jede Komponente und für die Summenfunktion (rechts unten), VERMEHRUNGSFAKTOR und HALBWERTZEIT für die Summenfunktion (links unten).

Plotter-Ausgabe der Daten mit den Wachstumskurven der Komponenten und der Summenfunktion.

Die lange Ausgabe enthält zusätzlich die Parameterschätzungen und die gewichtete Fehlerquadratsumme für jeden Iterationszwischenschritt.

5.10 Programmfolge einer Wachstumsanalyse

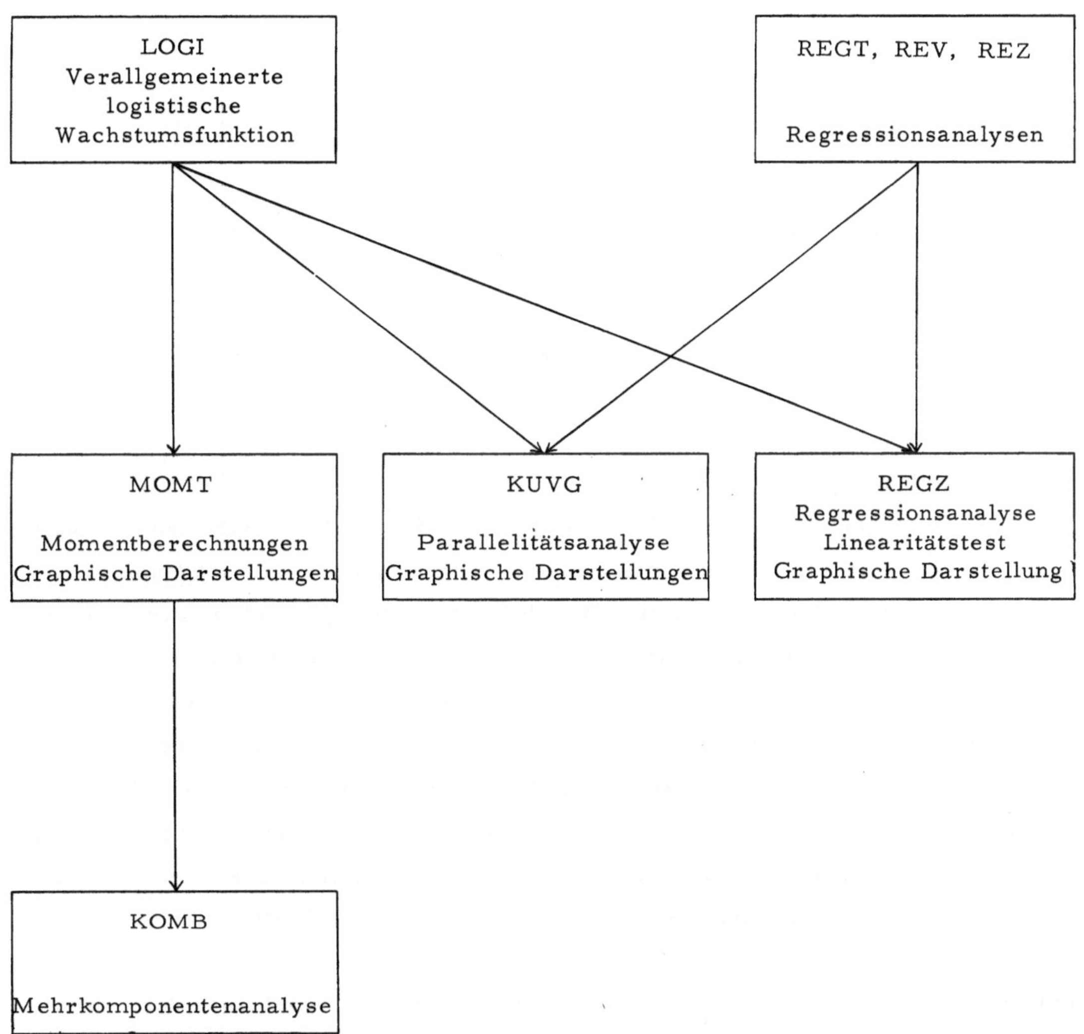

6 Ergebnisse

6.0 Konventionen und allgemeine Hinweise

Unter einer signifikanten Approximationsstufe bei den verschiedenen Verallgemeinerungsgraden der logistischen Wachstumsfunktion (33) verstehen wir: Die gewichtete Fehlerquadratsumme (42) bei der signifikanten Approximationsstufe ist signifikant kleiner als bei Stufen niederer Ordnung (4- oder 3-parametrig), und die gewichteten Fehlerquadratsummen bei Stufen höherer Ordnung (4- oder 5-parametrig) sind nicht signifikant kleiner als bei der signifikanten Approximationsstufe. Die Signifikanz selbst wird mit dem Varianzquotienten-Test (109) bei einer Irrtumswahrscheinlichkeit von 1 % bzw. 0.1 % entschieden [152, 153]. Gewichtet wurde stets mit den Quadraten der Tagesmittelwerte (mit zwei Ausnahmen, bei denen gesondert darauf hingewiesen wird: Eine der Untersuchungen beim Körpergewicht der Albinomaus in Abschnitt 6.1 und das Beispiel aus der Pharmakologie in Abschnitt 6.3.6.).

In früheren Arbeiten [94 bis 97, 151] sind teilweise nur die Ergebnisse der 3-parametrigen Approximation (10) veröffentlicht worden. Die Parameter sind dort mit C, A und W (= Halbwertzeit) bezeichnet. Die Umrechnung in die Parameter P_1, P_2 und P_3 erfolgt über die Beziehungen:

$$
\begin{aligned}
P_1 &= C \\
P_2 &= -A \cdot W \qquad (121) \\
P_3 &= A \quad .
\end{aligned}
$$

Bei der Mehrkomponentenanalyse wurden stets die Tiere nur bis zum Alter von 60 Ontogenesetagen verwendet.

Für die Untersuchung von Wachstumsprozessen bei der Albinomaus wurden ausschließlich männliche Tiere des Inzuchtstammes NMRI Orig. C.S.IVANOVAS, Kisslegg/Allgäu, verwendet. Die Meßdaten finden sich in der Urliste (Tabelle 7, Abschnitt 6.5).

Um Verwechslungen zu vermeiden und die Übereinstimmung mit den Tabellen zu sichern, die meist Computerausgaben sind, haben wir uns bei Dezimalzahlen an die anglo-amerikanische Notation gehalten und statt eines Dezimalkommas einen Dezimalpunkt geschrieben. Das Komma wird nur zur Trennung von Elementen in einer Liste benutzt.

Bei der Nomenklatur der Hirnregionen haben wir die üblichen Abkürzungen verwendet. "Nc." bedeutet Nucleus, "Tr." bedeutet Tractus.

6.0.1 Notation in den Bildern

Die 3-parametrigen logistischen Wachstumskurven wurden mit langen Strichen:

——— ——— ——— ——— ——— (3) ,

die 4-parametrigen logistischen Wachstumskurven wurden mit kurzen Strichen:

— — — — — — — — — (4)

und die 5-parametrigen logistischen Wachstumskurven wurden mit Punkten:

.... (5)

(mit Ausnahme der Bilder 33, 50, 51, 115 bis 121 und 123) dargestellt. Diese Codierung wurde durch eine dicke durchgehende Linie bei der signifikanten Approximationsstufe ersetzt:

———————————— (i) (i = 3, 4, 5) .

Wenn sich mehrere Wachstumskurven in einer Zeichnung überlagern, sind sie als eine Kurve dargestellt. Es stehen dann zwei bzw. drei Nummern an dieser Kurve.

Mit Ausnahme von Bild 33 und Bild 36 bis 38 sind die eingezeichneten Punkte Einzelwerte.

Die graphische Ausgabe des Programms MOMT (Bild 12, 13, 34, 60, 74, 78, 86, 101, 105, 113, 114) enthält die Reifegrade und die Wachstumsraten der Reifegrade bei den Albinomäusen (ohne die 153 Ontogenesetage alten Tiere) der 3-parametrigen (unten, (3)), der 4-parametrigen (Mitte, (4)) und der 5-parametrigen (oben, (5)) logistischen Wachstumsfunktion.

Bei der gemeinsamen Darstellung der Reifegrade (Bild 118), der Relativvolumina (Bild 119, 120) und der Wachstumskurven (Bild 115 bis 117) wurden grundsätzlich die 5-parametrigen Approximationsstufen aus Vergleichsgründen eingezeichnet, da diese stets optimal (aber nicht unbedingt signifikant !) sind.

Die linearen Regressionsergebnisse werden im Abschnitt 6.3 nur summarisch dargestellt, da ihr Informationsgehalt gegenüber der Wachstumsanalyse gering ist. Bei einer strengen Durchführung der Berechnungen, die hier nicht lohnte, sollten die Meßdaten gewichtet werden, da mit Sicherheit die Streuungen mit den absoluten Größen der Messungen ansteigen.

In den Bildern der Regressionsergebnisse (Programm REGZ, Bild 76, 79, 81, 89 bis 91, 95, 102, 107) ist die aus den 5-parametrigen Wachstumsfunktionen (ohne die 153 Ontogenesetage alten Tiere) erhaltene Kurve gemäß (120) eingezeichnet.

6.0.2 Notation in den Tabellen

In den Tabellen (Tabelle 8 bis 13, 15 bis 19, 21 bis 22) steht unter den Parameterwerten bzw. unter den Proportionen in der zweiten Zeile jeweils die Standardabweichung. Unter den F-Werten stehen die zugehörigen Freiheitsgrade.

Die Größen Mittelwert, Varianz, Schiefe und Exzeß in den Tabellen sind die aus der 5-parametrigen Approximation errechneten statistischen Kenngrößen (Abschnitt 3.2).

Für den Linearitätstest wurden stets alle Daten, auch die der drei 153 Ontogenesetage alten Tiere, verwendet.

6.1 Körpergewicht und exenteriertes Körpergewicht

Das Körpergewicht ist eine Summengröße, die sich aus den Gewichten des Skelets, der Muskeln, der Bänder, der Gefäße, der Eingeweide, des Nervensystems und anderer Teile zusammensetzt. Die Resultate über das Körperwachstum werden deshalb die Entwicklung eines Organismus nur summarisch beschreiben. Die bisher veröffentlichten Daten, vor allem bei Schlacht- und Labortieren [23], zeigen – wie ähnliche Angaben bei Homo, aber auch bei der Fruchtfliege, Hefe und beim Gartenkürbis – einen S-förmigen Datenverlauf, vorausgesetzt, daß die gesamte Entwicklung, also auch die vorgeburtliche Phase der Amnioten, einbezogen wird. Bisher scheint keine Ausnahme im Bereich des Lebendigen bekannt zu sein, die von diesen Wachstumskurven grundsätzlich abweicht. Wir möchten jedoch betonen, daß erst von wenigen Arten das Wachstum des Körpergewichts untersucht worden ist. Unsere eigenen Studien über das Körpergewicht der Albinomaus sollten vor allem die Beziehungen zum Wachstum des Hirngewichts und zum Wachstum des Volumens der Hirnregionen klären. Deshalb sammelten wir vorwiegend Meßdaten in den Zeitabschnitten, in denen das Wachstum des Gehirns und seiner Regionen am stärksten ist. In den späteren Phasen ist die Anzahl der Meßdaten (Bild 29 bis 31, zwischen 100 und 140 Ontogenesetagen) klein. Es wird in diesem Abschnitt der Kurvenverlauf interpoliert. Wenn in diesem Intervall eine genauere Kurve verlangt wird, muß das Körpergewicht bei einer größeren Anzahl von Tieren zwischen 100 und 140 Ontogenesetagen bestimmt werden.

In Bild 29 und 30 wurden von 199 getöteten Albinomäusen des Inzuchtstamms NMRI das Körpergewicht und in Bild 31 von 139 Albinomäusen das Gewicht des exenterierten Körpers gegen das Alter (in Ontogenesetagen) aufgetragen. Den exenterierten Körper erhält man, wenn man bei den Tieren das Gehirn herauspräpariert und anschließend das Fell, das subkutane Fett und die Eingeweide entfernt. Bild 29 enthält die Ausgleichskurven der drei Stufen der Verallgemeinerung (33), bei denen die Meßdaten mit den Kehrwerten der Quadrate der Tagesmittelwerte gewichtet wurden [152, 153]. Die 3- und 4-parametrigen Kurven biegen bei etwa 18 [g] Körpergewicht aus dem Datenverlauf aus und sind den größeren Körpergewichten nicht mehr angepaßt. Die 5-parametrige Kurve liegt mit Ausnahme der 153 und 170 Ontogenesetage alten Tiere gut innerhalb des Datenverlaufs. Hier wäre wahrscheinlich die Approximation ohne die erwähnte Alterslücke besser.

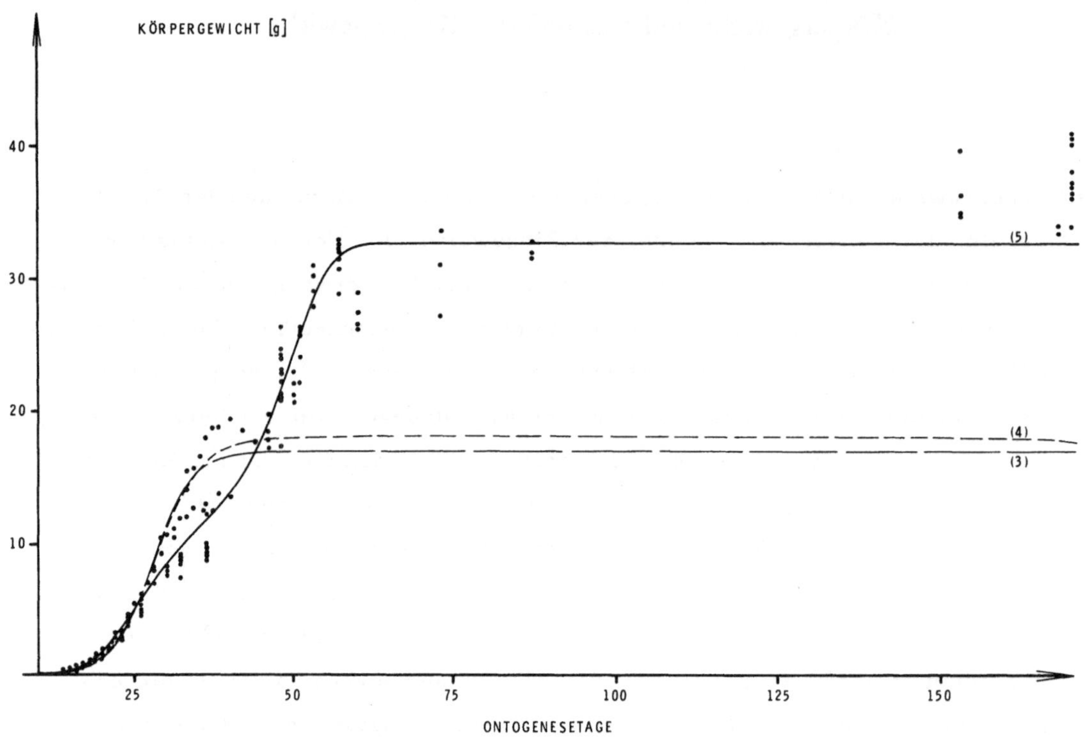

Bild 29: Wachstumskurven für das Körpergewicht von 199 Albinomäusen bei gewichteten Daten in Gramm

Die 5-parametrige Wachstumsfunktion ist den Meßdaten signifikant am besten angepaßt. Ihre Halbwertzeit liegt bei 43 Ontogenesetagen (Tabelle 8). Pränatal sehen wir eine geringe Zunahme, vom 20. bis 60. Ontogenesetag eine starke Zunahme und anschließend einen scheinbar stationären Zustand des Körpergewichts. Der Parameter P_1 beträgt etwa 32.5 [g]. Zwischen der Geburt (etwa 20. Ontogenesetag) und der adulten Phase vergrößert sich das Körpergewicht um das 18-fache. Dieser große Vermehrungsfaktor ist typisch für Nesthocker. Der äußere Habitus einer neugeborenen Albinomaus ist unreif (Bild 32). Solch ein Neonatus hat ein rosiges Fell, und seine Augen und Ohren sind noch geschlossen.

In Bild 29 approximiert die 3-, 4- und 5-parametrige Kurve die Meßdaten pränatal, also etwa bis zum 20. Ontogenesetag, recht gut. Werden die Werte nicht gewichtet (Gewichte = 1), dann erhält man pränatal eine schlechtere Anpassung (Bild 30). Postnatal sind alle drei Approximationsstufen gut angepaßt. Die leichte Schwingung der 5-parametrigen Wachstumsfunktion zwischen dem 90. und 140. Ontogenesetag ist wahrscheinlich durch die Datenlücke bedingt.

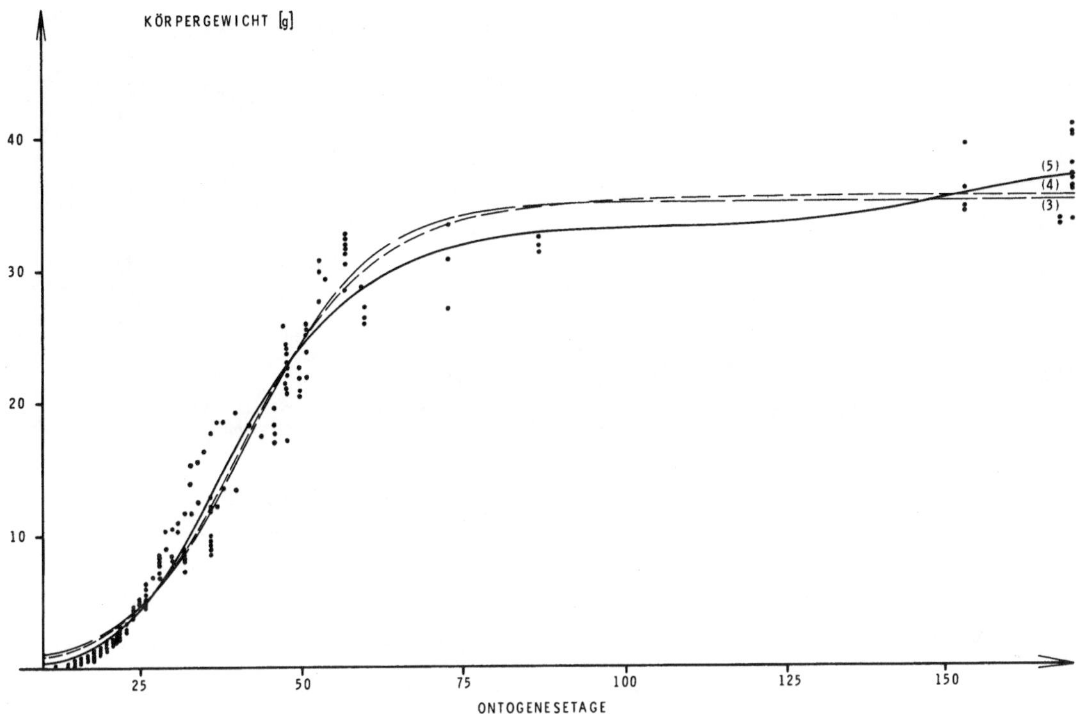

Bild 30: Wachstumskurven für das Körpergewicht von 199 Albinomäusen bei ungewichteten Daten in Gramm

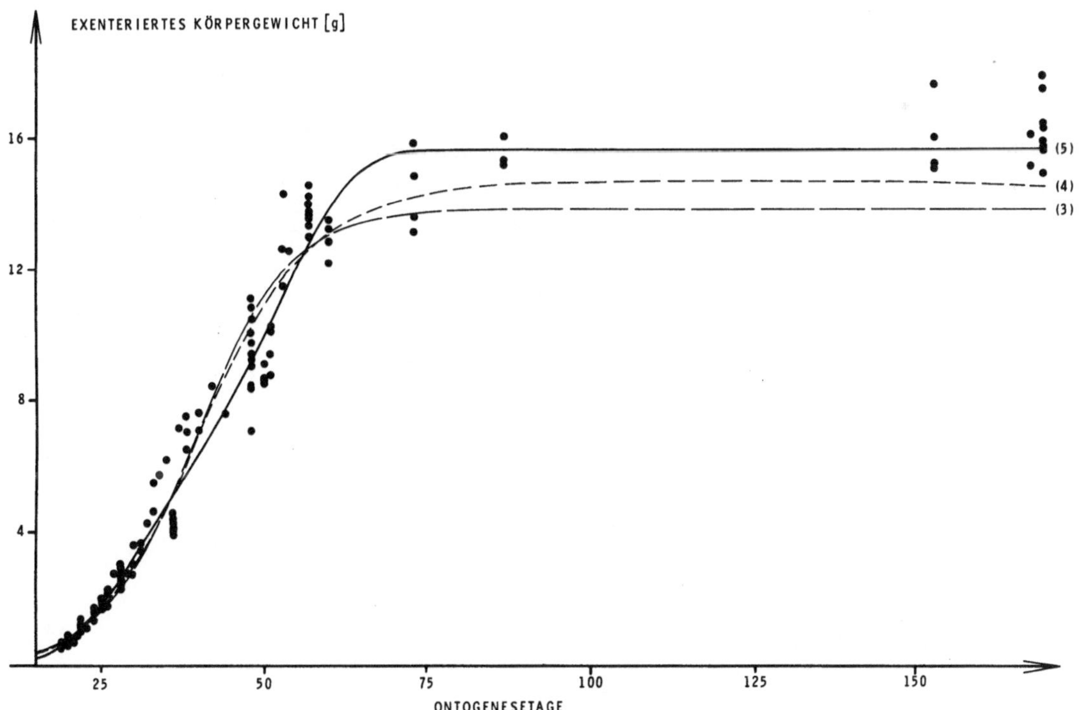

Bild 31: Wachstumskurven für das exenterierte Körpergewicht von 139 Albinomäusen in Gramm

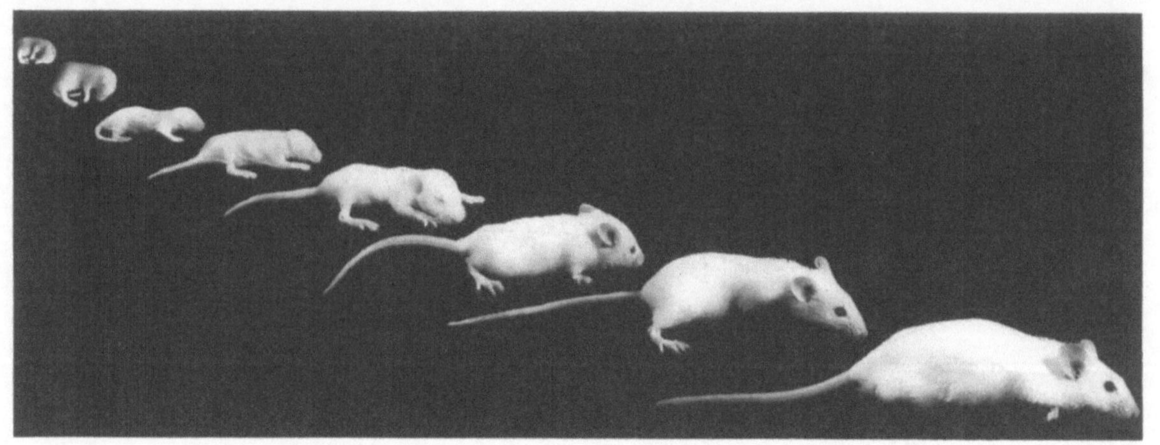

Bild 32: Albinomäuse im Alter von 14, 17, 20 (neugeboren), 25, 29, 35, 45 und 60 Ontogenesetagen (von links oben nach rechts unten)

Die Wachstumskurven für das exenterierte Körpergewicht (Bild 31) haben einen ähnlichen Verlauf wie die Wachstumskurven für das Körpergewicht. Die 5-parametrige Funktion ist signifikant. P_1 erreicht etwa die halbe Größe (15.6 [g]) wie beim Körpergewicht. Die Halbwertzeit liegt bei 44.3 Ontogenesetagen (Tabelle 8, Abschnitt 6.5).

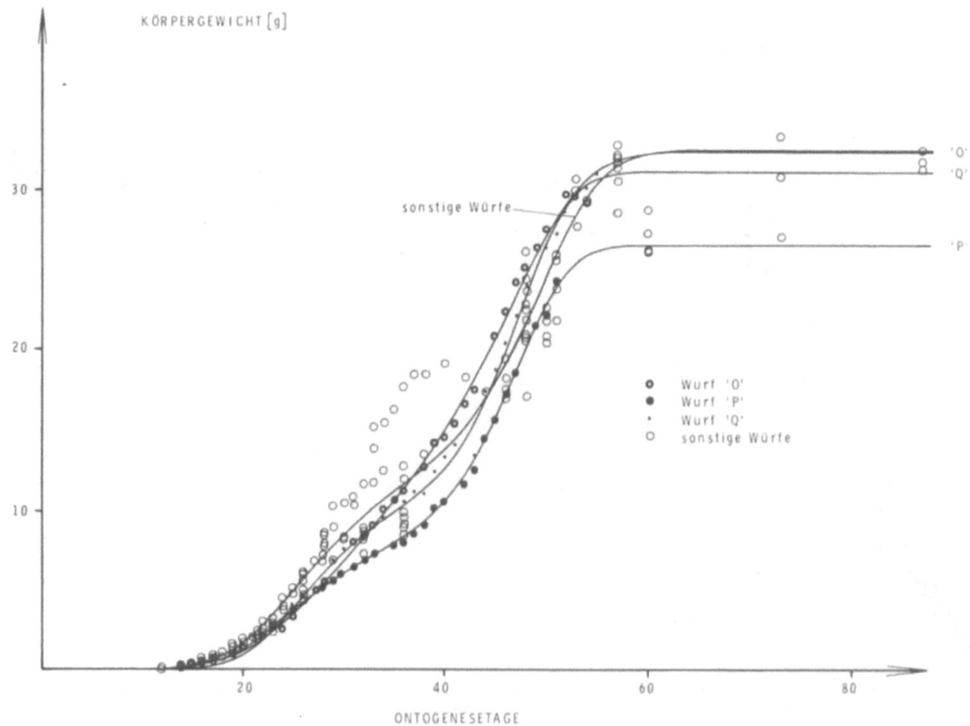

Bild 33: 5-parametrige logistische Wachstumsfunktionen für verschiedene Körpergewichtsmeßreihen der Albinomaus

Für unsere neuroanatomischen Studien versuchten wir, möglichst kontinuierliche Entwicklungsphasen an männlichen Tieren zu gewinnen. Bei der Geburt wurden daher alle weiblichen Tiere getötet und die männlichen Tiere einzeln in größeren Abständen präpariert, damit die Tiere eines Wurfs sich über ein möglichst großes Wachstumsintervall verteilten [151], siehe Kapitel 2. Dadurch lag wahrscheinlich das Milchangebot der Muttertiere für die übriggebliebenen Tiere stets über dem Milchangebot bei konstant erhaltener Anzahl der Geschwister, wodurch ein deutlicher Trend erzeugt wurde. Zum Vergleich verfolgten wir zwei Würfe 'P' und 'O', bei denen die Anzahl der 12 männlichen Tiere (3 weibliche Tiere entfernt) bzw. 8 männlichen Tiere (4 weibliche Tiere entfernt) konstant blieb. Beim Wurf 'O' wurden am 32. Ontogenesetag von den 6 männlichen Tieren (5 weibliche Tiere entfernt) zwei Tiere weggenommen. Von jedem Wurf wurden die Tagesmittelwerte des Körpergewichts bis fast zum 60. Ontogenesetag bestimmt und gegen das Alter aufgetragen (Bild 33). Die Wachstumskurve für Wurf 'P' liegt von Anfang an an der unteren Grenze des Variationsbereichs. Die Wachstumskurve der 'sonstigen Würfe' verhält sich dagegen bis etwa zum 40. Ontogenesetag genau umgekehrt. Die Kurven flachen um so früher ab und erreichen einen um so niedrigeren Idealwert P_1, je größer die Geschwisteranzahl ist.

Diese Abhängigkeit des Körpergewichts von der Wurfgröße hat sich beim Hirnwachstum nicht gezeigt. Bei den drei Würfen 'O', 'P' und 'Q"führt die in das Programm LOGI eingebaute Iterationsfolge Nr. 1 zwar zu einer signifikanten 5-parametrigen Approximation, aber die hohen Standardabweichungen und vor allem die deutliche Verkleinerung der Fehlerquadratsumme (42) nach Normierung von P_1 (standardmäßig von LOGI vorgenommen) deutete darauf hin, daß es sich bei dem "Optimalpunkt" nur um ein lokales Minimum handelte. Ein nochmaliger Eingang in das Programm LOGI mit den Parameterergebnissen der Normierung als Anfangsschätzungen führte dann nach bis zu 80 (!) Iterationen auf ein Minimum, in dem die gewichtete Fehlerquadratsumme wesentlich kleiner ist (beim Wurf 'P' von 6.9 auf 0.22 gefallen!). Die lokalen Minima hätten, wären sie unentdeckt geblieben, zu Fehlschätzungen geführt. Diese Beispiele zeigen die große Bedeutung guter Anfangsschätzungen für solche Ausgleichsprozeduren und die Notwendigkeit einer kritischen Überprüfung von Iterationsergebnissen.

Für alle Körpergewichtsuntersuchungen sind die 5-parametrigen Approximationen stark signifikant (Tabelle 8). Die Halbwertzeiten sind länger und liegen gut übereinstimmend bei knapp über 40 Ontogenesetagen. Entsprechend groß sind die Vermehrungsfaktoren (zwischen 18 und 33). P_1 liegt bis auf den Wurf 'P' etwas über 30 [g]. Wurf 'P' fällt mit 26.5 [g] für P_1 etwas heraus, was wohl auf die große Wurf- und Geschwisteranzahl zurückzuführen ist.

Bei der Abflachung der Ausgleichskurven handelt es sich wahrscheinlich um einen physiologischen Vorgang, bedingt durch die Abnahme der Milchproduktion des Muttertiers, wobei das auftretende "Gewichtsdefizit" durchaus ein Anreiz zum Übergang auf eine andere Nahrung bei den Jungtieren in der Entwöhnungsphase sein könnte.

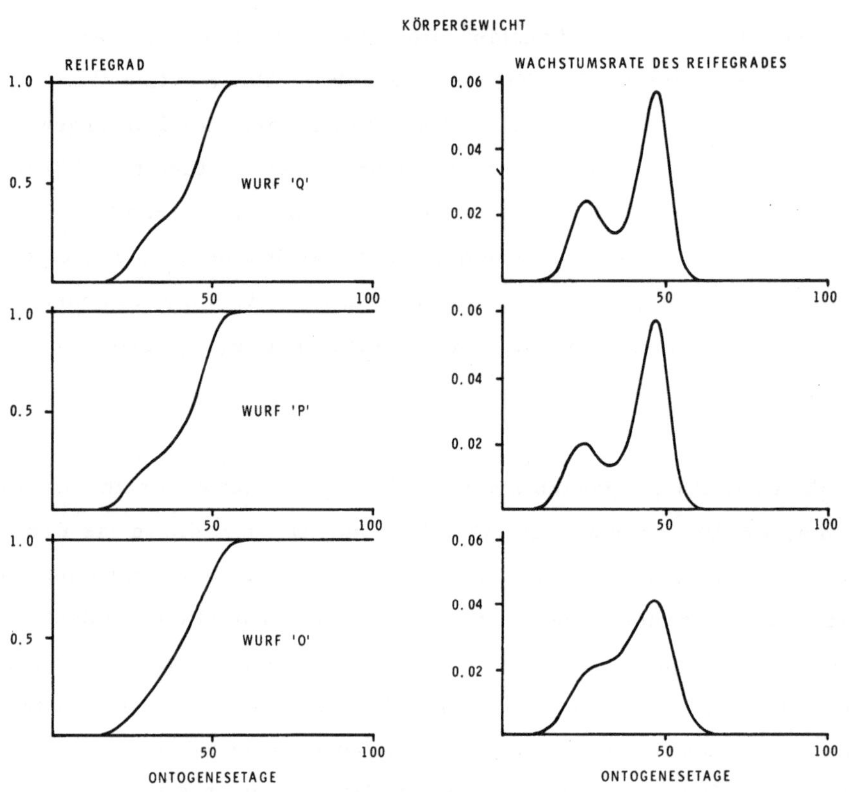

Bild 34: Reifegrade und Dichten (Wachstumsraten der Reifegrade) des Körpergewichts bei drei Würfen von Albinomäusen (5-parametrige Wachstumsfunktion)

Da alle Wachstumsfunktionen monoton steigen, sind sie nach Normierung auf die Asymptote 1 (Division der Wachstumsfunktionen durch den jeweiligen Wert des Parameters P_1) direkt als Verteilungsfunktionen (60) interpretierbar. Die graphische Darstellung der Dichten (61) der 5-parametrigen Wachstumsfunktionen (Programm MOMT) zeigt bei allen getrennt untersuchten Körpergewichtsreihen zwei Gipfel (Bild 34), die beim Wurf 'O' nur angedeutet sind. Die Analyse mittels des Programms KOMB (Bild 35 bis 39, Tabelle 9) ergibt dann auch die Trennung in zwei Komponenten mit den Halbwertzeiten bei 23 bis 30 Ontogenesetagen (erste Komponente) und 46 bis 47 Ontogenesetagen (zweite Komponente). Der 2-Komponentenansatz ist in allen Fällen signifikant besser als der 1-Komponentenansatz mit der 3-parametrigen logistischen Wachstumsfunktion. Unter den drei Würfen 'O', 'P' und 'Q' liegt die Halbwertzeit der ersten Komponente entsprechend dem oben dargelegten Sachverhalt um so früher, je größer dieser Wurf war, und der Parameter P_1 der ersten Komponente ist um so kleiner, ebenfalls je größer der Wurf war. Wie die Parameter P_1 verhalten sich die Vermehrungsfaktoren der ersten Komponente. Je kürzer die Halbwertzeit der ersten Komponente ist, desto länger ist die Halbwertzeit der zweiten Komponente, doch sind diese Unterschiede nicht signifikant. Die teilweise sehr

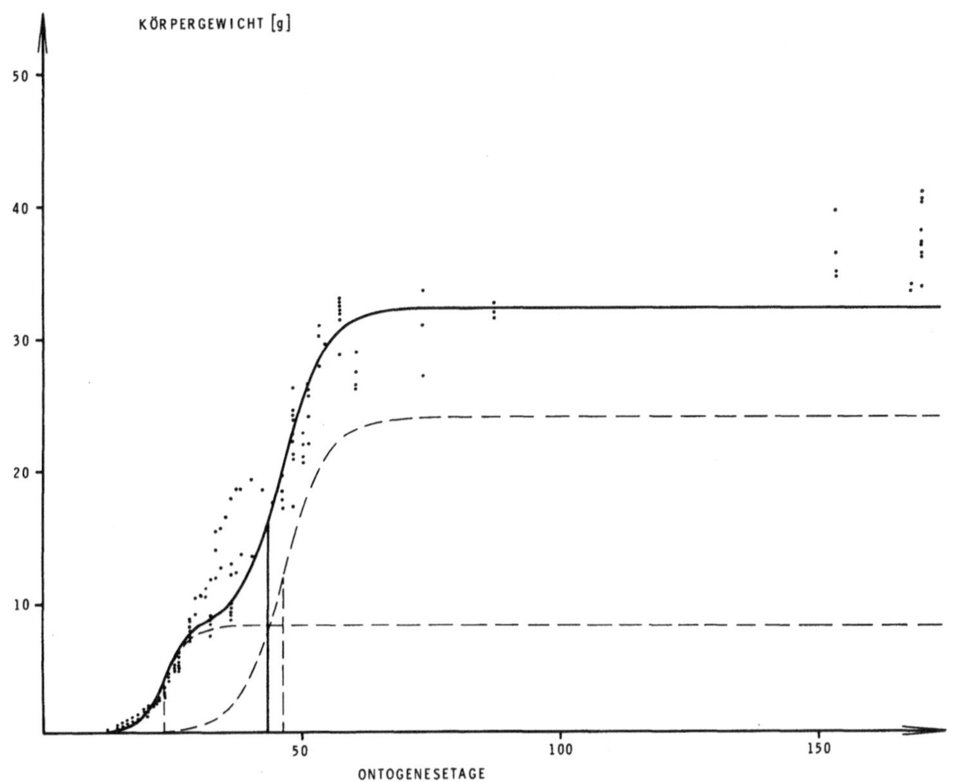

Bild 35: Wachstumskurven der Mehrkomponentenanalyse des Körpergewichts von 58 Albinomäusen

großen Standardabweichungen beruhen vorwiegend auf der Unsicherheit in den äußeren Kurvenbereichen. Für die zweite Komponente ist der Geburtszeitpunkt ein weit links von ihrem Wendepunkt gelegener Bereich. Das Gewicht liegt nahe bei 0, so daß geringfügige absolute Änderungen zu großen relativen Änderungen führen. Der rechts vom Wendepunkt gelegene Kurventeil und damit der Parameter P_1 der zweiten Komponente müßte durch ältere Tiere stärker gesichert werden.

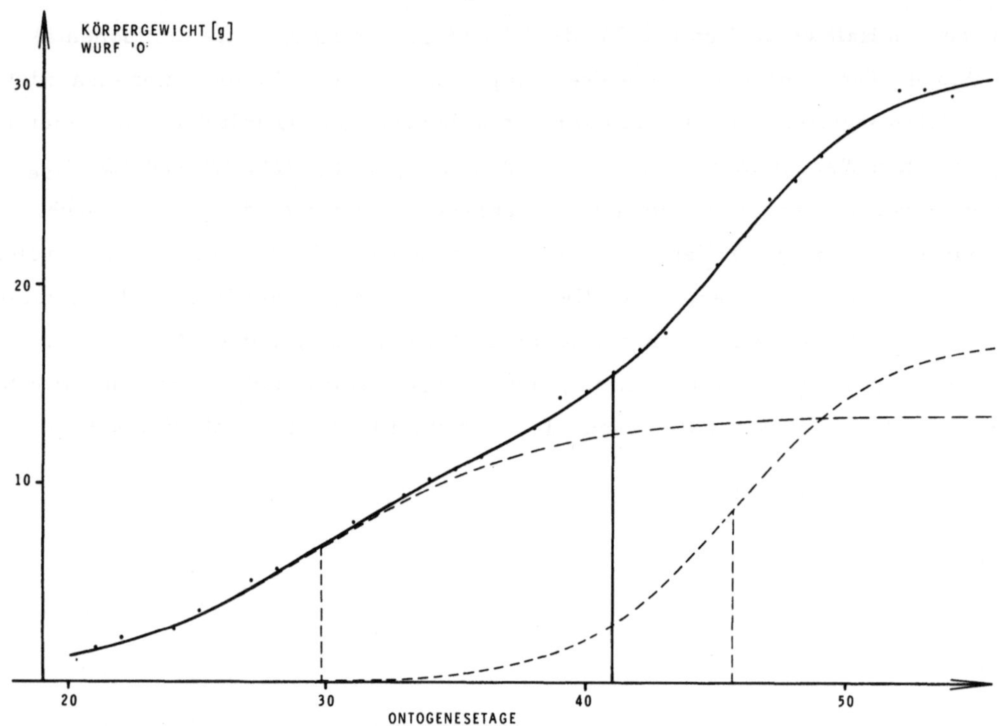

Bild 36: Wachstumskurven der Mehrkomponentenanalyse des Körpergewichts des Wurfs 'O'

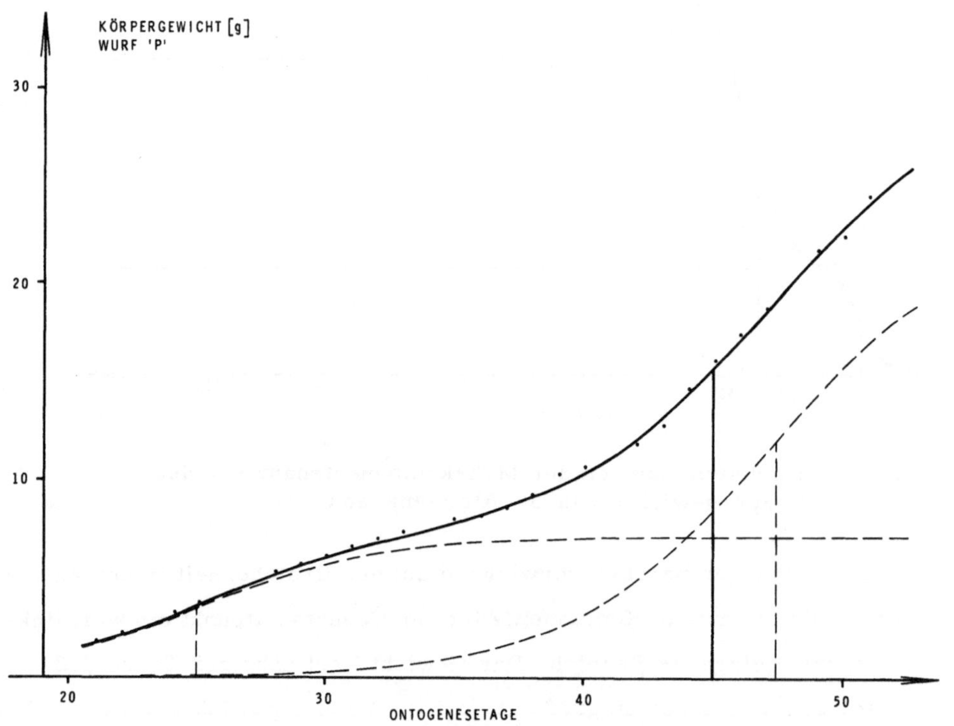

Bild 37: Wachstumskurven der Mehrkomponentenanalyse des Körpergewichts des Wurfs 'P'

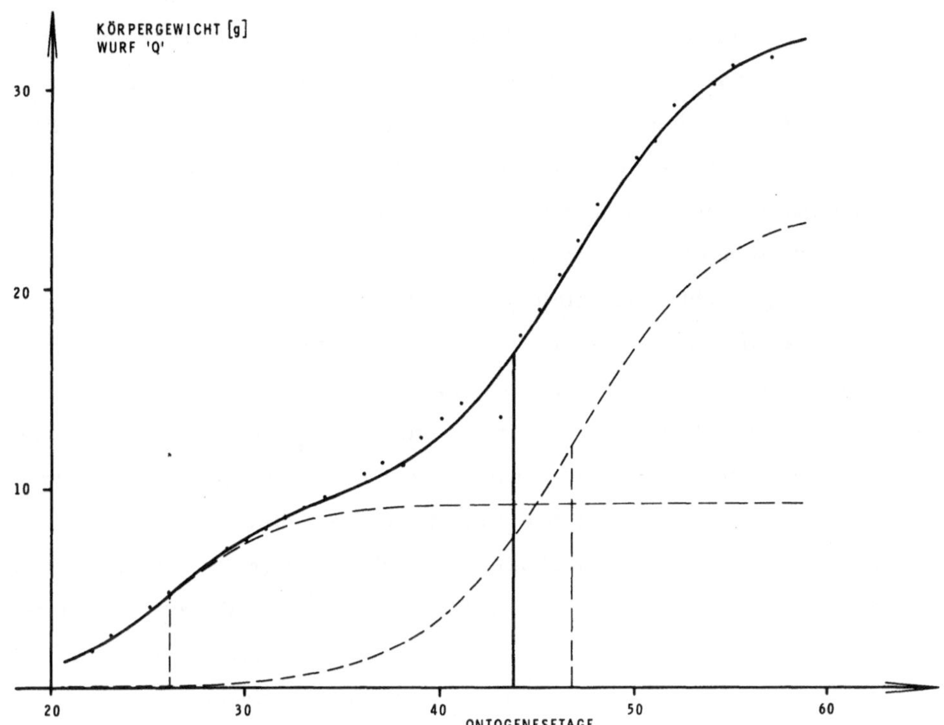

Bild 38: Wachstumskurven der Mehrkomponentenanalyse des Körpergewichts des Wurfs 'Q'

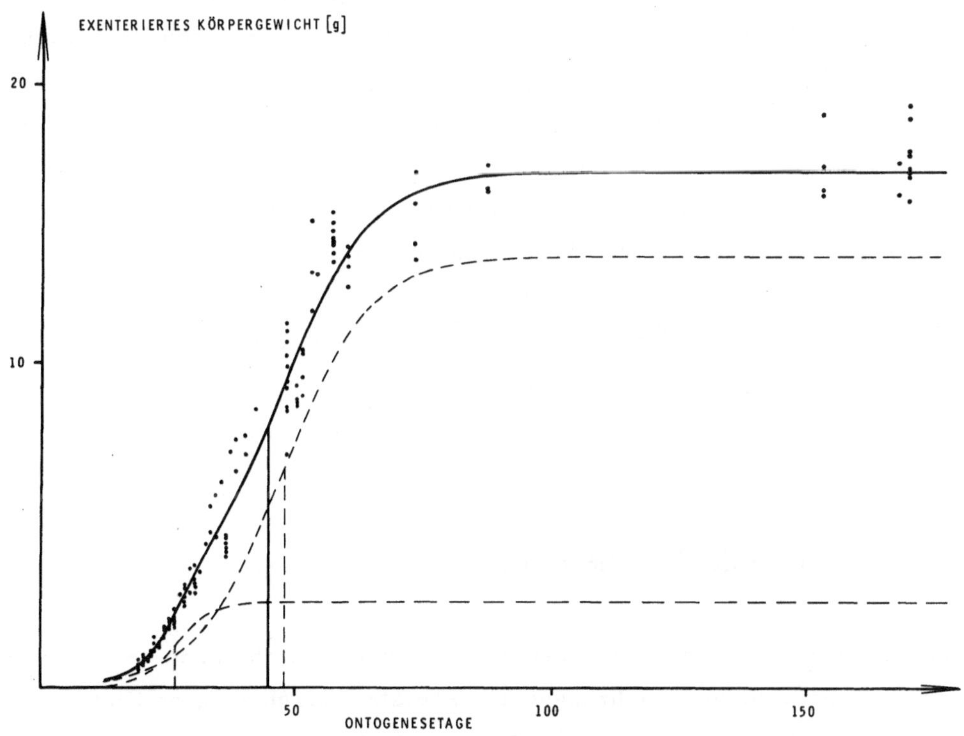

Bild 39: Wachstumskurven der Mehrkomponentenanalyse des exenterierten Körpergewichts von 139 Albinomäusen

Am exenterierten Körpergewicht (Bild 39) fällt gegenüber dem Körpergewicht (Bild 35) auf, daß die erste Komponente etwas verspätet ist und daß vor allem die zweite Komponente deutlich früher einsetzt, ihre Halbwertzeiten aber wenig differieren (Tabelle 9). Die zweite Komponente des exenterierten Körpergewichts wächst also sehr viel langsamer im Gesamtverlauf, erkennbar an den Unterschieden in der Varianz der als Verteilungsfunktion interpretierten zweiten Komponente (230 gegenüber 57 beim Körpergewicht). Der gleiche Schluß läßt sich aus den großen Unterschieden (eine Größenordnung !) in den Vermehrungsfaktoren der zweiten Komponenten schließen, wobei jedoch ein Vorbehalt durch die großen Standardabweichungen zu machen ist. Auch die relative Größe der Parameter P_1 der beiden Komponenten ist wichtig. Während beim exenterierten Körpergewicht die zweite Komponente etwa den fünffachen Anteil der ersten Komponente besitzt, liegt diese Relation beim Körpergewicht bei 3 : 1 und ist stark abhängig von der Wurfgröße: Wurf 'O' etwa 1 : 1, Wurf 'P' etwa 3 : 1. Dieses interessante Verhalten der Parameter ist der quantitative Ausdruck für die qualitative Beschreibung der Verläufe der verschiedenen Wachstumskurven, die weit weniger informativ und zuverlässig ist.

Für die aus beiden Komponenten resultierenden Summenfunktionen (85) finden wir praktisch die gleichen Sekundärparameter wie bei der Approximation durch die verallgemeinerte Wachstumsfunktion (33). Auch die gewichteten Fehlerquadratsummen (42) sind nahezu gleich, wobei die 2-Komponenten-Approximation etwas besser als die Approximation durch die 5-parametrige Wachstumsfunktion ist. Das ist nicht überraschend, da man bei der Superposition über 6 Parameter verfügen kann, während die 5-parametrige Approximation einen Freiheitsgrad weniger besitzt. Eine Ausnahme macht nur das Körpergewicht aller getöteten Tiere. Wahrscheinlich ist dies dadurch bedingt, daß beide Komponenten ihren Idealwert P_1 schon erreicht haben, wenn die alten adulten Tiere noch schwerer werden. Die 5-parametrige Approximation steigt dagegen in dem Bereich, in dem die Daten fehlen, noch an.

6.2 Anzahl der Knochenkerne

Die Knochenkerne treten bei den einzelnen Wirbeltierarten nach einem determinierten "Fahrplan" auf, der nach den Erfahrungen der Pädiatrie durch exogene Einflüsse verzögert oder beschleunigt werden kann. Systematische Untersuchungen fehlen noch weitgehend, obwohl an den vielen Tieren, die jährlich in den Zoologischen Gärten aufgezogen werden, diese Informationen leicht erreichbar wären. An Röntgenaufnahmen in den verschiedenen Altersstufen kann man die Anzahl der Knochenkerne auszählen. Sie ist eine diskret wachsende Meßgröße.

Die Zeitpunkte des Auftretens von Knochenkernen in den Extremitäten von Albinomaus und Meerschweinchen [82, 113] geben einen Einblick in die Verknöcherung eines wachsenden Organismus. Die Variable y kann nur ganzzahlige Werte annehmen. Der Parameter P_1 ist durch die Maximalanzahl der möglichen Knochenkerne festgelegt. Beim Nesthocker Albinomaus (Bild 40) liegt die Halbwertzeit W mit etwa 23 Ontogenesetagen im postnatalen Bereich, beim Nestflüchter Meerschweinchen (Bild 41) liegt sie mit 49 Ontogenesetagen deutlich pränatal (Tragzeit 60 Tage). Entsprechend unterschiedlich sind die Vermehrungsfaktoren V (Tabelle 10).

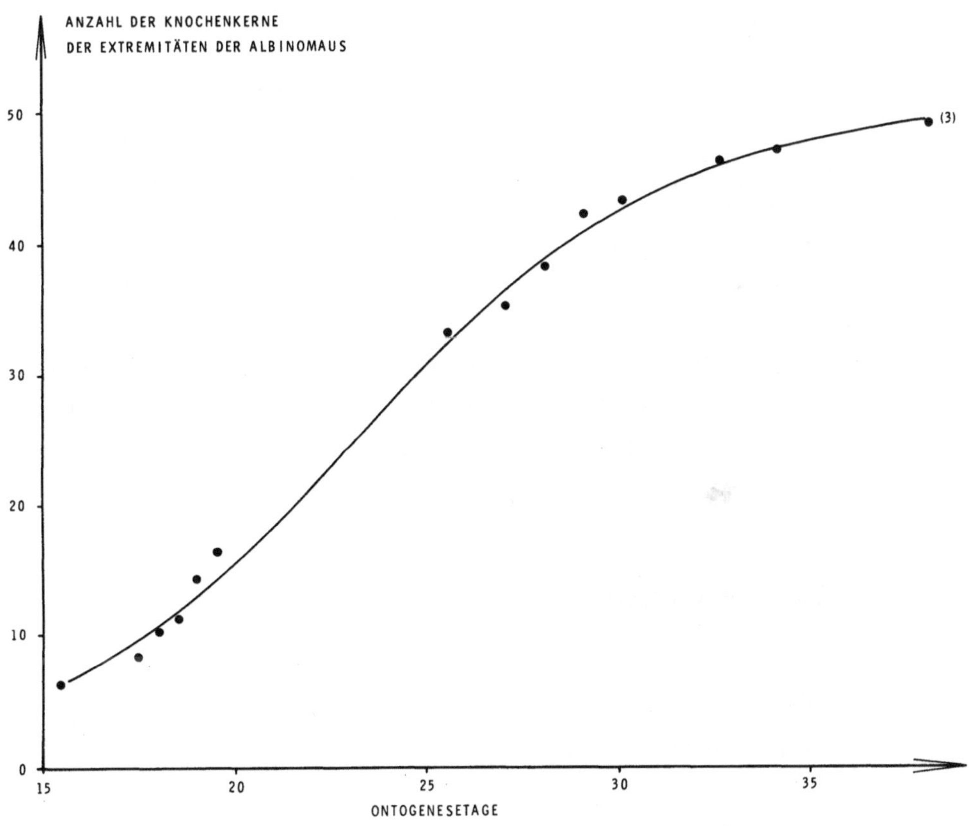

Bild 40: Wachstumskurve der Anzahl der Knochenkerne in den Extremitäten der Albinomaus.

Daten nach [82]

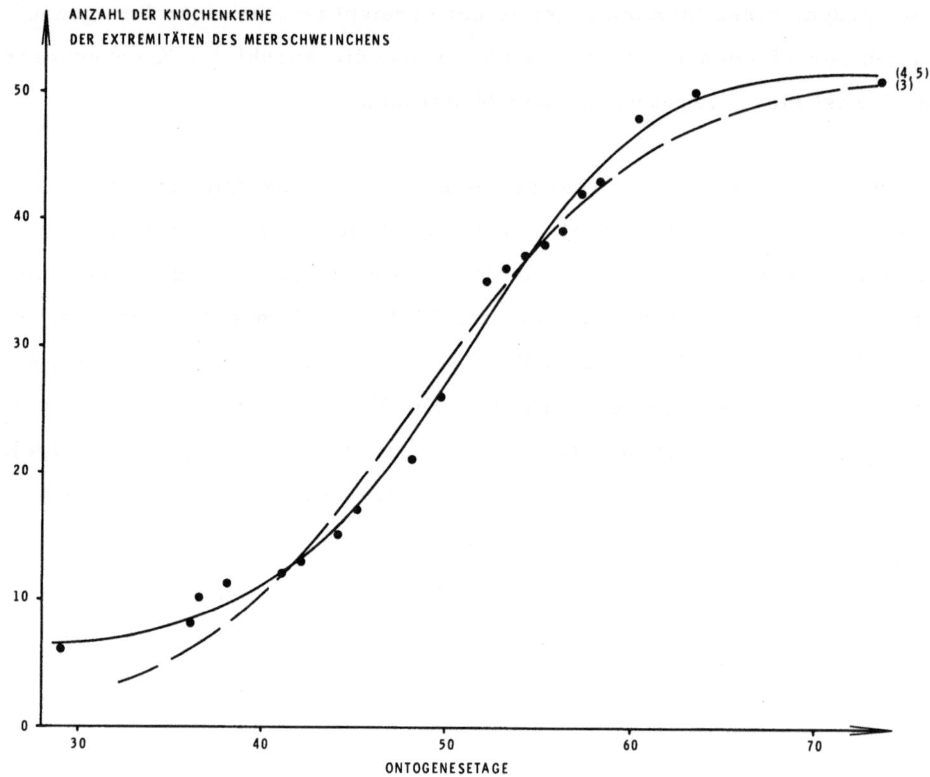

Bild 41: Wachstumskurven der Anzahl der Knochenkerne in den Extremitäten des Meerschweinchens.

Daten nach [113]

So erkennt man, wie der Ontogenesemodus zweier Arten sinnvoll der Nesthocker- oder der Nestflüchterfunktion angepaßt ist. Wie sich dies bei den meisten anderen Säugerarten verhält, ist unbekannt.

6.3 Zentralnervensystem

6.3.1 Gehirn

6.3.1.1 Gehirn der Albinomaus

In einer Serie von 5 Bildern (Bild 42 bis 46) werden die makroskopischen Veränderungen beim Wachstum der Gehirne von Albinomäusen in Einzelphasen demonstriert. Jedes der fünf Gehirne wurde in den drei Standardpositionen fotografiert: von dorsal (a), von basal (b) und von lateral (c).

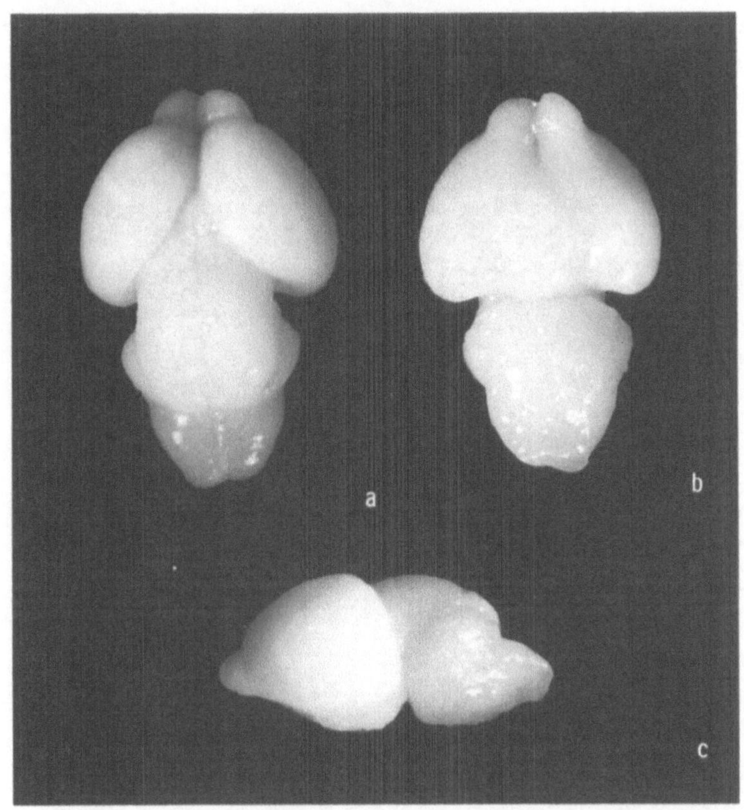

Bild 42: Dorsalansicht (a), Basalansicht (b) und Lateralansicht (c) des Gehirns einer 17 Ontogenesetage alten Albinomaus.
Vergrößerung 6,25 : 1

Ein <u>embryonales</u> Mäusegehirn am 17. Ontogenesetag ist etwa 8 mm lang und 5 mm breit. Rostral (oben in Bild 42 a und b, links in Bild 42 c) sind die beiden kleinen, rundlichen Riechlappen, die Bulbi olfactorii, ausgebildet. In der Dorsalansicht sind die beiden Hemisphärenhirne zu erkennen, die die größte Breite des Gehirns bilden und die von caudal (unten in Bild 42 a) durch das große, halbkugelige Tectum scheinbar auseinandergedrängt werden. Zwischen Tectum und Hemisphärenhirn sieht man ein schmales, etwa dreieckiges Feld, das dem Diencephalon entspricht. In Bild 42 a ist caudal vom Tectum das Cerebellum als kleiner Wulst zu erkennen. In der Basalansicht (Bild 42 b) gibt die tiefe, querliegende Furche die Grenze zwischen Prosencephalon und Rhombencephalon wieder.

Das Gehirn der neugeborenen - 20 Ontogenesetage alten - Albinomaus (Bild 43 a bis c) hat sich gegenüber dem Gehirn des 17 Ontogenesetage alten Tieres wenig verändert.

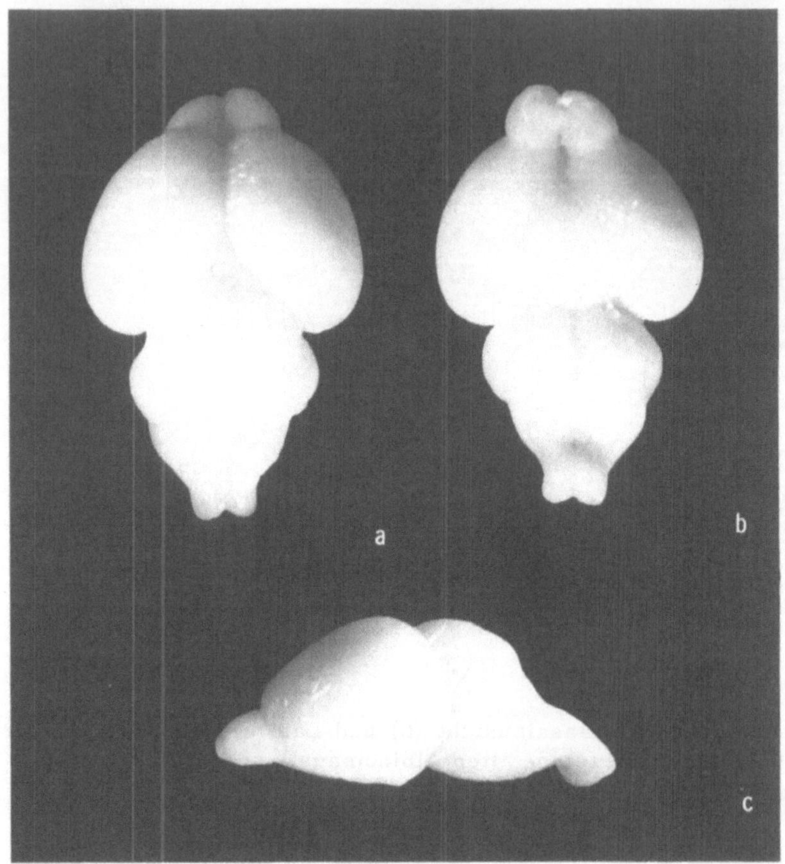

Bild 43: Dorsalansicht (a), Basalansicht (b) und Lateralansicht (c) des Gehirns einer 20 Ontogenesetage alten (neugeborenen) Albinomaus. Vergrößerung 6.25 : 1

Bis zum 25. Ontogenesetag werden die Unterschiede größer (Bild 44 a bis c). Das Gehirn hat sich etwas stärker in die Breite (8 mm breit) entwickelt. In diesem Stadium ist es etwa 12 mm lang. In Bild 44 a sieht man, daß sich die beiden Hemisphären so stark gewölbt haben, daß sie in der Mittelebene aneinanderstoßen und dort nicht mehr das Diencephalon sichtbar ist. Das Tectum läßt vier Hügel in der Dorsalansicht (Bild 44 a) erkennen. An dem dahinter (darunter in Bild 44 a) liegenden Cerebellum sind die ersten Furchen zu sehen.

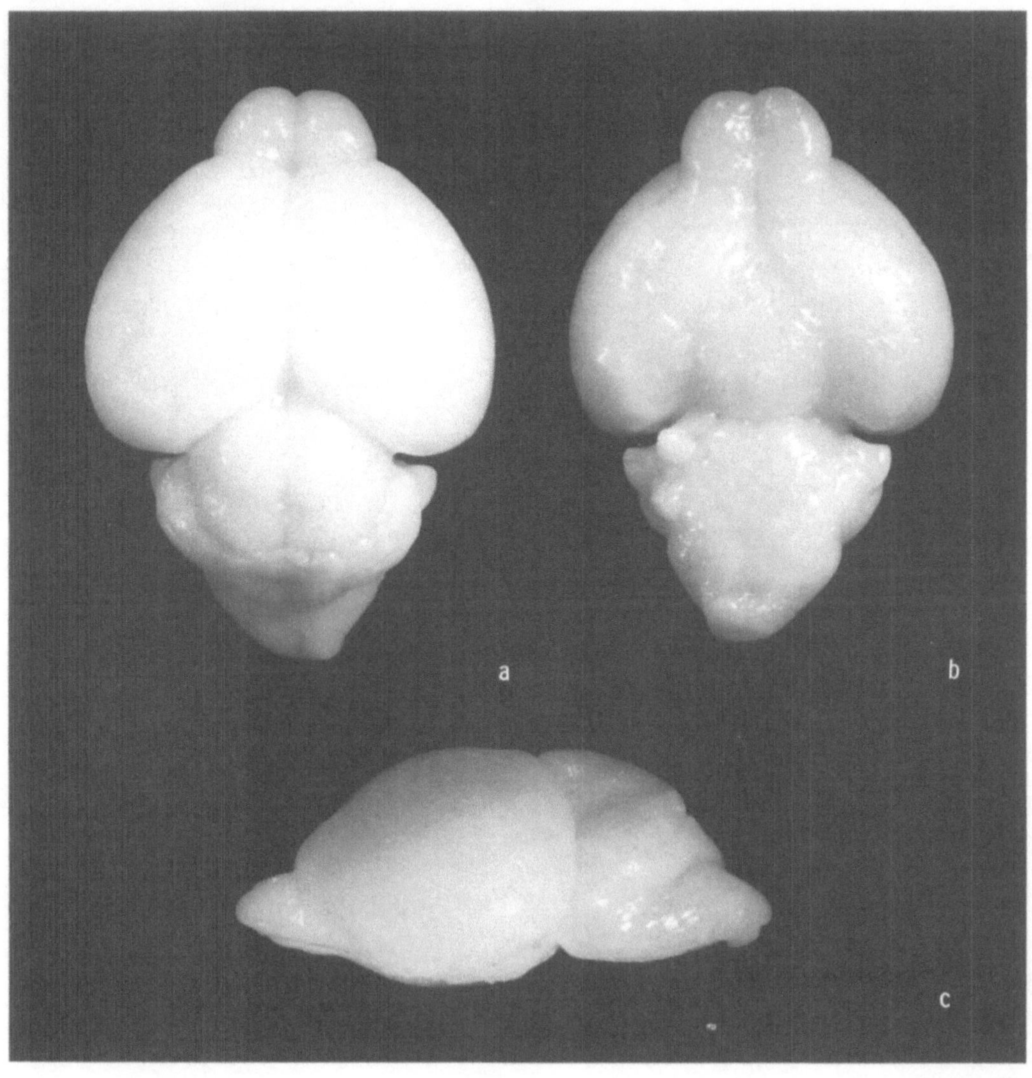

Bild 44: Dorsalansicht (a), Basalansicht (b) und Lateralansicht (c) des Gehirns einer 25 Ontogenesetage alten Albinomaus. Vergrößerung 6.25 : 1

Mit 29 Ontogenesetagen (Bild 45 a bis c) nähern sich die Proportionen und absoluten Größen schon denen eines adulten Gehirns.

Als Beispiel für ein ausgewachsenes Gehirn wählten wir das einer 60 Ontogenesetage alten Albinomaus. Die großen Bulbi olfactorii liegen vor dem Hemisphärenhirn. Von dorsal (Bild 46 a) sieht man nur die caudalen Colliculi, die rostralen Colliculi sind

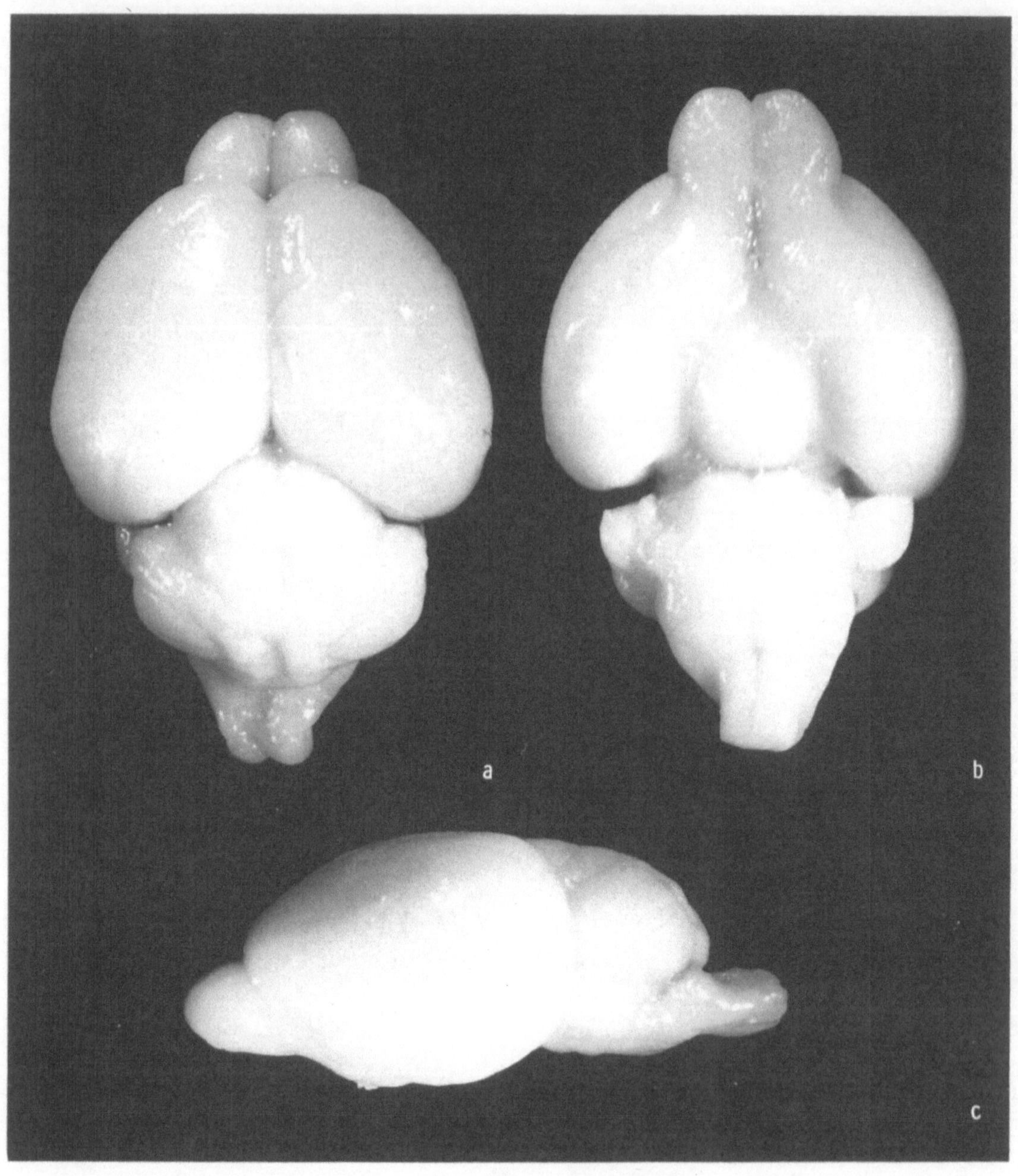

Bild 45: Dorsalansicht (a), Basalansicht (b) und Lateralansicht (c) des Gehirns einer 29 Ontogenesetage alten Albinomaus.
Vergrößerung 6.25 : 1

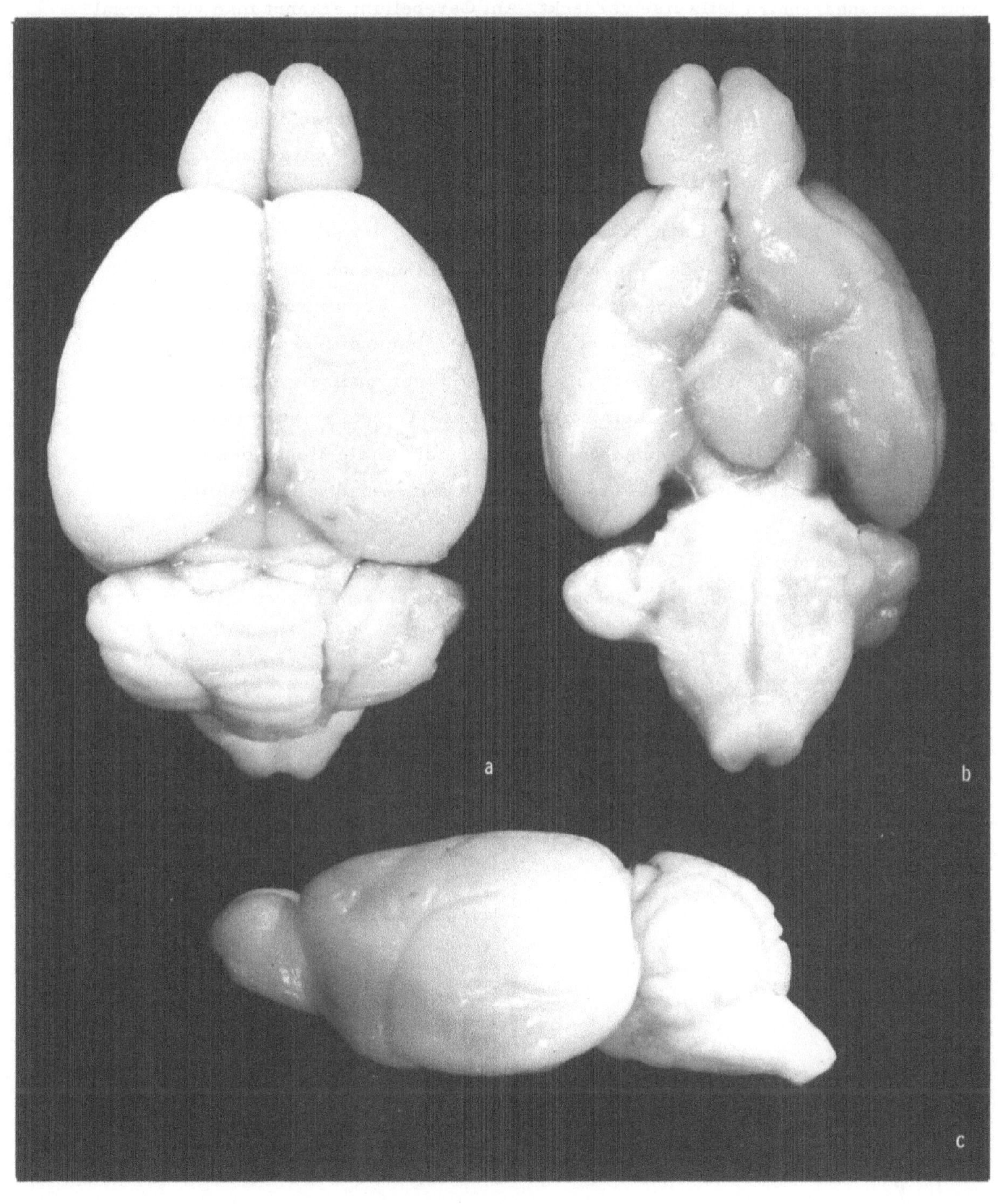

Bild 46: Dorsalansicht (a), Basalansicht (b) und Lateralansicht (c) des Gehirns einer 60 Ontogenesetage alten Albinomaus.
Vergrößerung 6.25:1

vom Hemisphärenhirn teilweise verdeckt. Am Cerebellum erkennt man von dorsal und von lateral (Bild 46 a und c) viele feine Furchen.

Aus dem Vergleich der äußeren Form der Gehirne in den verschiedenen Ontogenesestadien läßt sich vermuten, daß zwischen dem 20. und 29. Ontogenesetag das Gehirn besonders rasch wächst. Das Tectum erscheint in der Embryonalzeit relativ groß, später relativ klein. Die Proportionen des Cerebellum verhalten sich gerade umgekehrt. Schätzungen mit bloßem Auge sind aber recht ungenau. Erstens gehen die Linearmaße bei der Volumenberechnung in der dritten Potenz ein, weswegen aus kleinen linearen Unterschieden schon erhebliche Volumendifferenzen folgen. Zweitens befindet sich unter dem Tectum vor allem in der Embryonalzeit ein mit Liquor cerebrospinalis gefüllter Hohlraum. Wenn sich das Tectum stark vorwölbt, dann kann dies durch die Größe der neuralen Substanz, durch die Menge des Liquors oder durch beide bedingt sein. Deshalb ist eine quantitative Analyse unerläßlich.

In einer Stichprobe an 199 Gehirnen der Albinomäuse (Bild 47, Tabelle 8) variiert das Alter zwischen 13 und 170 Ontogenesetagen. In diesem großen Intervall ist die

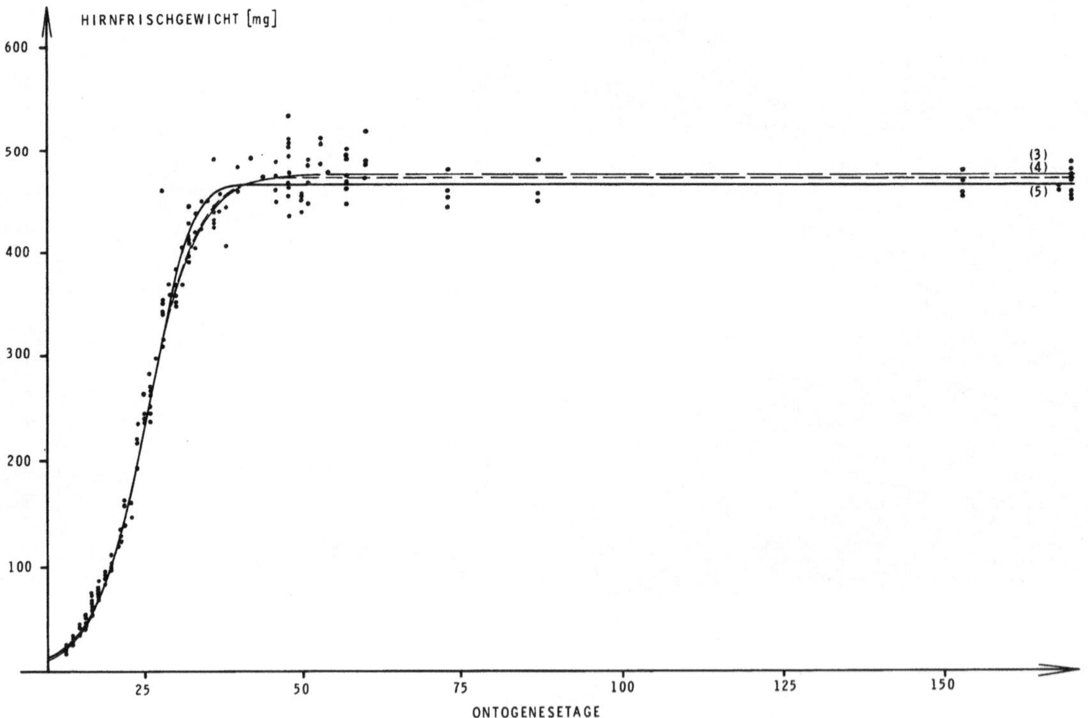

Bild 47: Wachstumskurven für das Hirnfrischgewicht von 199 Albinomäusen

5-parametrige Wachstumsfunktion (33) signifikant. Ihr Parameter P_1 liegt bei 467 [mg], ihre Halbwertzeit bei 25 Ontogenesetagen, und ihr Vermehrungsfaktor V ist 4.4 (Tabelle 8). Die Wachstumsfunktion hat keine Extrema und ist daher nach Normierung auf die Asymptote 1 eine Verteilungsfunktion (60). Sie ist leicht linksschief (Schiefe = - 0.5), und die Halbwertzeit ist größer als der Mittelwert.

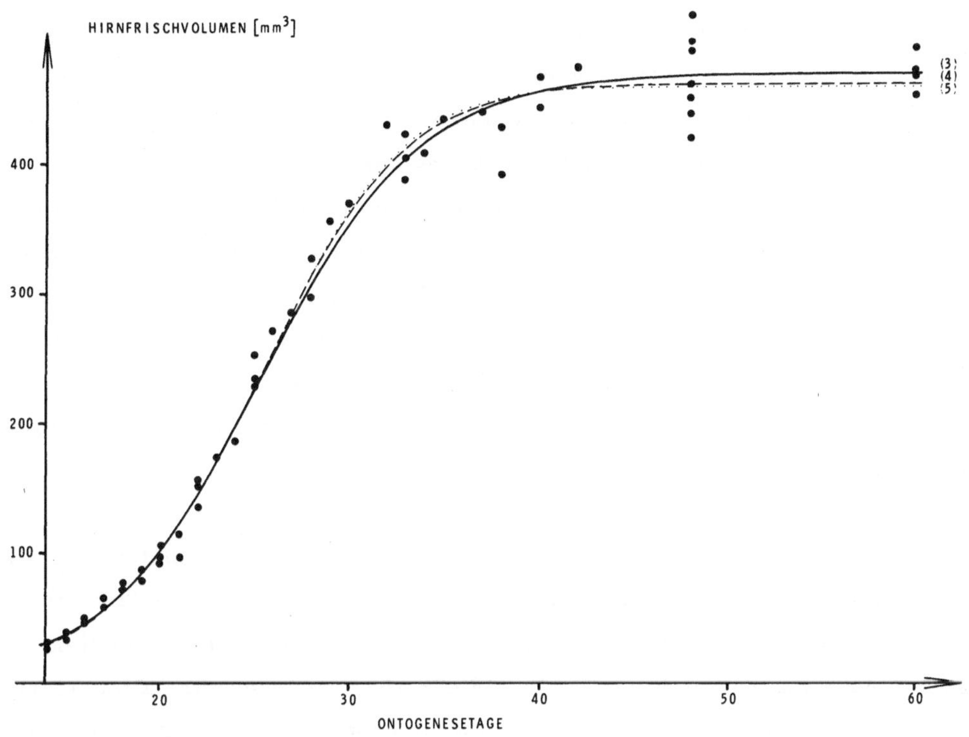

Bild 48: Wachstumskurven für das Hirnfrischvolumen von 58 Albinomäusen

Da die Daten für eine makroskopische Reihe der Hirngewichte im Gegensatz zur Herstellung vollständiger histologischer Schnittserien einfach zu gewinnen sind, wurde der Vorversuch sehr umfangreich gehalten. Aus den 199 Gehirnen wurden nach Kriterien einer guten Altersverteilung (Abschnitt 2.2, Bild 3) 58 Gehirne zwischen 14 und 60 Ontogenesetagen (Bild 48 und Tabelle 11) und eine Stichprobe von 3 Gehirnen bei 153 Ontogenesetagen ausgewählt und in Serie geschnitten. Bei 48 und 60 Ontogenesetagen wurde eine etwas größere Stichprobe gewählt, um zu dieser Zeit eventuell noch auftretende Änderungen zu erfassen und einen Hinweis auf die Größe der Streuungen zu bekommen. Die Lücke zwischen 60 und 153 Ontogenesetagen ist zu groß, um über das Wachstum in diesem Intervall Zuverlässiges auszusagen. Wir haben uns dennoch zu je zwei Wachstumsanalysen mit und ohne die 153 Ontogenesetage alten Tiere - also zu einer "doppelten Buchführung" - entschlossen, um einen Überblick über die Stabilität des Verfahrens und einen Hinweis auf Spätänderungen zu erhalten (Tabelle 11 und 12).

Für den auf 58 bzw. 61 Meßdaten reduzierten Satz genügt eine Anpassung der 3-parametrigen Wachstumsfunktion (10), ein Phänomen, das wir noch bei anderen Beispielen beobachten können. Die Vergrößerung des Stichprobenumfangs und besonders die Verlängerung des Altersbereichs verlangt häufig eine höherparametrige Anpassung. Wie den Tabellen 11 und 12 zu entnehmen ist, werden die Sekundärparameter jedoch wenig geändert. Die Umrechnung der Ergebnisse für das Hirnfrischvolumen auf das Hirnfrischgewicht erfolgt durch die Multiplikation mit dem spezifischen Gewicht 1.033, das an 21 Gehirnen bestimmt wurde. Für das Hirnfrischvolumen beträgt der Parameter P_1 etwa 470 $[mm^3]$, P_2 ist 6 und P_3 ist - 0.24. Die Halbwertzeit liegt bei 25 Ontogenesetagen. Bei der Geburt (20 Ontogenesetage) liegt die Kurve bei 100 $[mm^3]$. Von diesem Zeitpunkt an vervielfacht sich das Hirnfrischvolumen um den Vermehrungsfaktor $V = 4.6$, bis es das Endvolumen P_1 erreicht (Tabelle 11).

Vergleicht man die statistischen Kenngrößen der 5-parametrigen Wachstumsfunktion (33) des Hirnfrischvolumens mit und ohne die 153 Ontogenesetage alten Tiere mit den Ergebnissen für das Hirnfrischgewicht für die 199 teilweise älteren adulten Tiere, dann sieht man, daß sich mit Einschluß der 153 Ontogenesetage alten Tiere die Werte annähern (Tabelle 11, 12 und 8). Für interspezifische Vergleiche sind diese Resultate beachtenswert. Sie zeigen, daß sich mit dem untersuchten Altersintervall die statistischen Kenngrößen verändern können. Es müssen deshalb für interspezifische Vergleiche Konventionen über Lage und Länge des Ausgleichsintervalls eingehalten werden. Bei intraspezifischen Untersuchungen kann dieses Problem vernachlässigt werden, wenn das Ausgleichsintervall für die beobachteten Variablen nahezu gleichwertig ist.

Ein Vergleich der Wachstumskurven für das Körpergewicht (Bild 29, 30, 33, 35 bis 38) und für das exenterierte Körpergewicht (Bild 31 und 39) mit der Wachstumskurve für das Hirnfrischgewicht (Bild 47) ergibt: Das Hirnfrischgewicht nimmt deutlich früher zu als das Körpergewicht und das exenterierte Körpergewicht. Die Differenz der Halbwertzeiten beträgt annähernd 20 Tage. Das Körpergewicht hat bei der Halbwertzeit des Gehirns erst 10 % seines Idealwerts P_1 erreicht. Deutlich

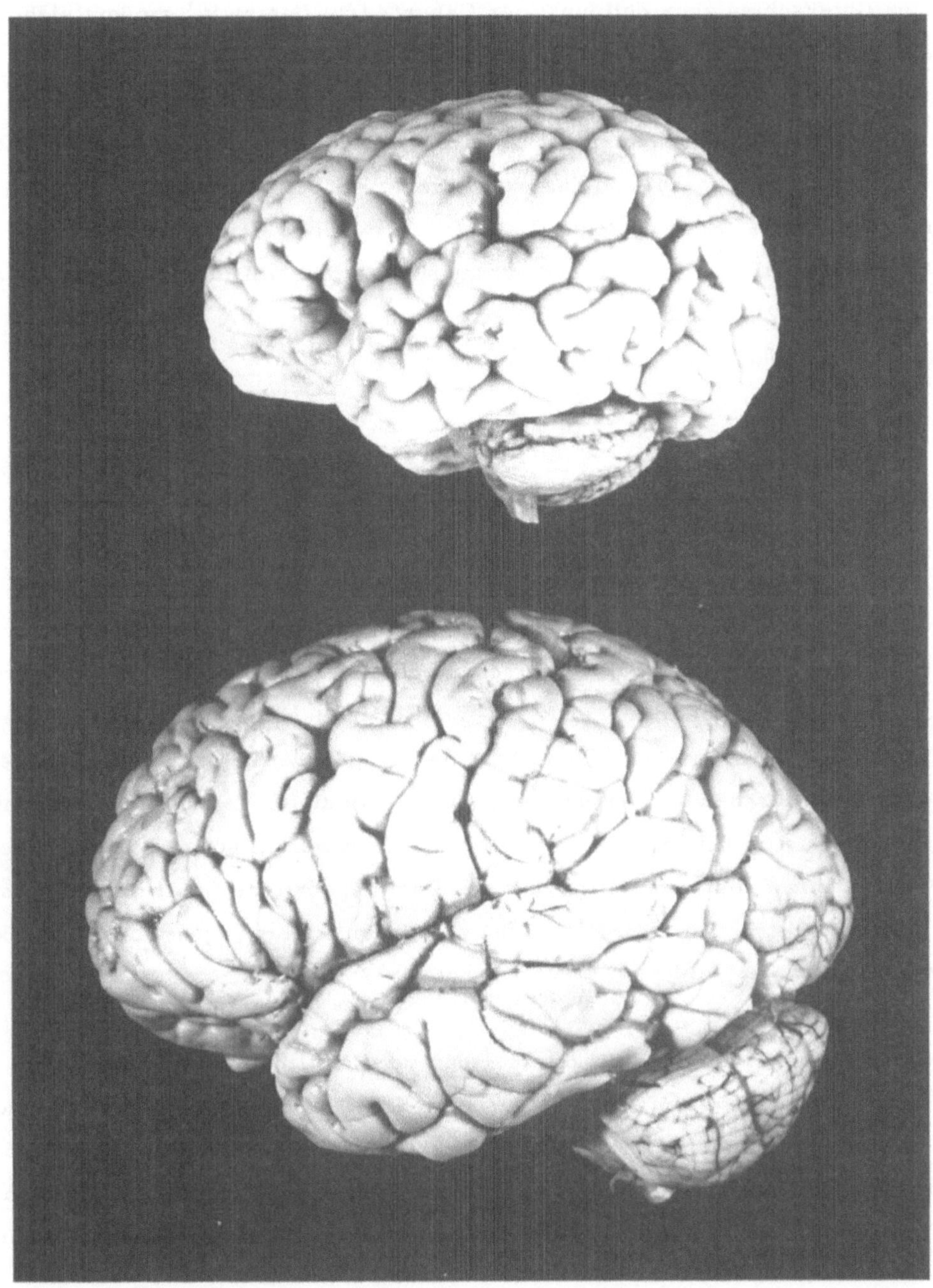

Bild 49: Lateralansicht der Gehirne eines neugeborenen (oben) und eines adulten (unten) Menschen.
Verkleinerung 5 : 8

ist auch der Unterschied zum Zeitpunkt der Geburt. Das Gehirn vergrößert sich bis zum Idealwert um den Faktor V = 4.4, das Körpergewicht und das exenterierte Körpergewicht vergrößern sich dagegen um das zwanzigfache. Den Endwert erreicht die Wachstumskurve für das Gehirn bei etwa 37 Ontogenesetagen. Zu diesem Zeitpunkt haben das Körpergewicht und das exenterierte Körpergewicht noch nicht die Hälfte ihres Idealwerts P_1 erreicht. Die Entwicklung des Gehirns ist gewissermaßen vorgezogen. Diese Tatsache bedingt auch das typische Bild eines neugeborenen Nesthockers (Bild 32): großer Kopf und kleiner Rumpf. Im Laufe der postnatalen Entwicklung verschieben sich diese Proportionen.

6.3.1.2 Gehirn des Menschen

Es sind umfangreiche Daten über die postnatale Hirnentwicklung beim Menschen veröffentlicht worden, ohne daß sie biometrisch ausgewertet wurden. In Bild 49 ist die Lateralansicht eines neugeborenen und eines adulten menschlichen Gehirns im gleichen Maßstab wiedergegeben. Die Oberfläche des neugeborenen Großhirns (Bild 49 oben) besitzt tiefe Furchen und Windungen, ähnlich wie die eines adulten Großhirns (Bild 49 unten). Das im Bild rechts unten liegende Cerebellum scheint beim Neugeborenen relativ zum Großhirn kleiner zu sein. Das menschliche Gehirn nimmt postnatal an Größe stark zu. Seine Proportionen verändern sich dagegen nicht so stark wie bei der Albinomaus (Bild 43 c, 46 c).

Die drei Wachstumskurven (33) für die in [104] veröffentlichten 714 männlichen Hirngewichte zeigen im wesentlichen den rechten Schenkel des S-förmigen Datenverlaufs, weil hier nur die postnatalen Frischgewichte der Gehirne vorliegen (Bild 50). An einem kleineren unveröffentlichten eigenen Zahlenmaterial aus dem pränatalen Bereich der menschlichen Hirnentwicklung konnten wir den anderen Schenkel dieser Kurve beobachten.

An den Wachstumskurven der Bilder 50 und 51 lassen sich interessante Aspekte des Wachstums des Hirnfrischgewichts ablesen: Mit etwa 3 bis 4 Jahren ist die Zunahme des Hirngewichts praktisch beendet. Dieses Ergebnis steht im Widerspruch zu den in der Einleitung zitierten Angaben [71 zitiert nach 52] von Frei-Hand-Kurven, nach denen die Wachstumskurve "steil bis zum 14. Lebensjahr ansteigt". Die Wachstumsanalyse läßt weiter einen Trend der Punkteverteilung in Bild 50 in dem Altersabschnitt nach dem 40. postnatalen Jahr nach unten erkennen. Dies wird noch deutlicher jenseits des 60. Lebensjahres. Die signifikante 5-parametrige Wachstumsfunktion fällt ab dem 65. postnatalen Jahr stark ab und steigt am Ende wieder an. Dieser letze Anstieg ist durch die Eigenart der zur Approximation verwendeten Funktion bedingt. Da er in einem Bereich liegt, in dem fast keine Daten vorhanden sind, hat er nur theoretische und keine biologische Bedeutung (Tabelle 13). Die Spannweite des Datenbandes beträgt etwa 25 % des Mittelwerts zwischen 5 und 80 Jahren.

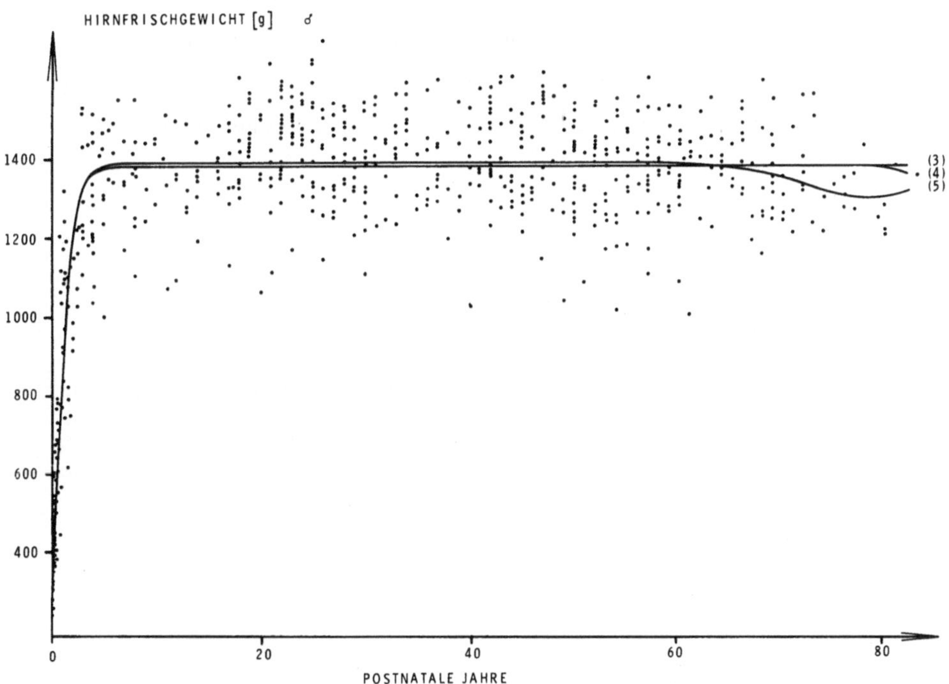

Bild 50: Wachstumskurven für das Hirnfrischgewicht des Menschen im männlichen Geschlecht.

Daten nach [104]

Bei einer Analyse der Fehler (Abschnitt 3.3) sind die linearen Regressionskoeffizienten bei Männern und Frauen nicht signifikant. Die logistische Korrelation ist mit 0.94 hoch. Bei den Frauen ist im Gegensatz zu den Männern eine quadratische Regression signifikant gegen eine lineare Regression.

Der Abfall der Wachstumsfunktionen nach einem Maximum (Altersinvolution) bei etwa 28 Jahren läßt sich weiter objektivieren. Für Tabelle 14 sind die Hirnfrischgewichte von Männern und Frauen in 7 Altersgruppen zu jeweils 10 Jahren eingeteilt worden, beginnend bei 10 bis 20 Jahren und endend bei 70 bis 80 Jahren, wobei die untere Grenze noch zu der Gruppe gehört, die obere Grenze zur nächsten Gruppe. Mit einem t-Test (108) wurde auf Signifikanz der Mittelwerte von jeweils zwei Gruppen getestet (Signifikanzniveau 0.05). Ein Pluszeichen in Zeile i und Spalte k bedeutet, daß der Mittelwert der Hirnfrischgewichte in der Gruppe k (vertikale Reihe) signifikant größer ist als der Mittelwert in Gruppe i (horizontale Reihe). Gruppe 2 der Männer hat ein mittleres Hirnfrischgewicht, das außer gegen Gruppe 1 und 4 der Männer gegen alle anderen Gruppen signifikant ist. Die Gruppen 1 bis 4 (10 bis 50 Jahre) der Männer sind signifikant gegen die Gruppe 7 (70 bis 80 Jahre) der Männer. Bis auf eine Ausnahme (Gruppe 7, Männer / Gruppe 2, Frauen) besitzen alle Gruppen der Männer signifikant größere Mittelwerte als alle Gruppen der Frauen, und unter den Frauen sind alle Gruppen signifikant gegenüber den beiden ältesten Gruppen.

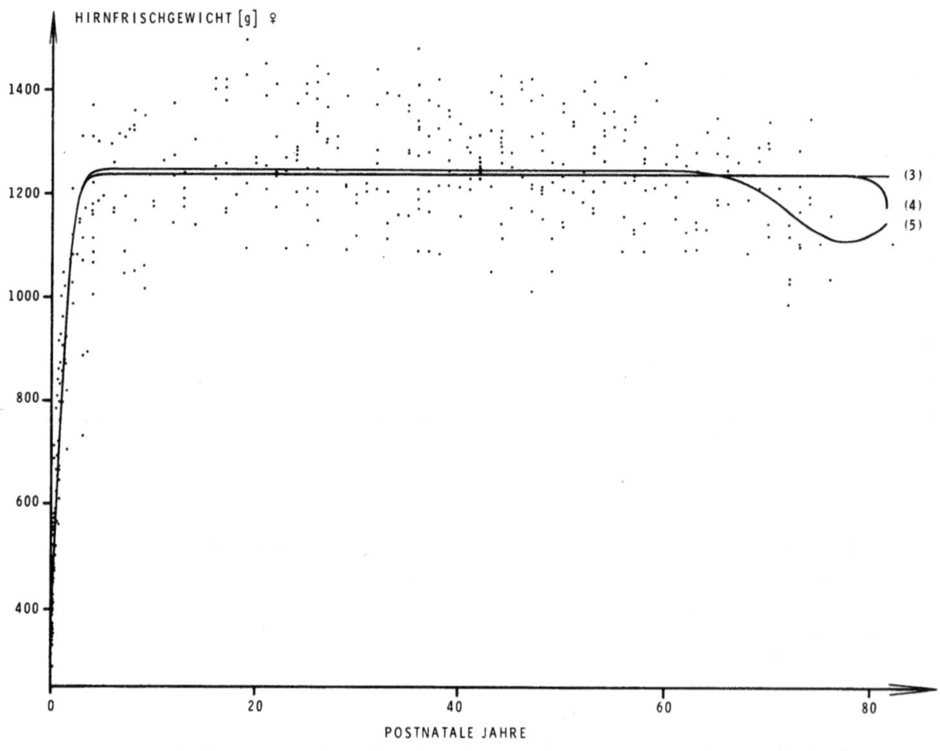

Bild 51: Wachstumskurven für das Hirnfrischgewicht des Menschen im weiblichen Geschlecht.

Daten nach [104]

Bestätigt werden diese Befunde durch eine lineare Regressionsanalyse der Hirnfrischgewichte über 10 Jahre gegen das Alter von Männern und Frauen mit einem signifikanten Abfall der Regressionsgeraden:

Männer: $HG = -0.86 \cdot t + 1422$, Standardabweichung der Steigung: 0.28 ,

Frauen: $HG = -1.60 \cdot t + 1323$, Standardabweichung der Steigung: 0.32 ;

HG = Hirnfrischgewicht [g], t = Alter [postnatale Jahre].

Bild 51 und Tabelle 13 lassen für die Entwicklung des weiblichen Gehirns (448 Daten nach [104]) ähnliche Ergebnisse wie beim männlichen Gehirn erkennen:

- die Altersinvolution des Hirnfrischgewichts, die auch durch die Regressionsanalyse bestätigt wird,
- die Gewichtszunahme bis etwa zum 4. postnatalen Jahr,
- der ebenfalls bei 3.5 liegende Vermehrungsfaktor.

Es zeigen sich daneben einige Unterschiede wie schon in den Mittelwerten der einzelnen Altersklassen: Der Parameter P_1 ist bei den Männern um 134 [g] signifikant größer als bei den Frauen, auch die Halbwertzeiten unterscheiden sich signifikant (Tabelle 13). Im weiblichen Geschlecht liegt die Halbwertzeit im 7. postnatalen Monat (0.53 Jahre postnatal), im männlichen Geschlecht liegt sie erst im 9. postnatalen Monat (0.68 Jahre postnatal). Dieser Geschlechtsdimorphismus wird besonders deutlich, wenn die beiden 5-parametrigen Wachstumskurven im gleichen Maßstab gezeichnet werden (Bild 52).

Die Reifegrade des männlichen und weiblichen Gehirns sind in Bild 53 dargestellt. Bei der Betrachtung darf man sich nicht durch die enge Nachbarschaft beider Kurven täuschen lassen. Bedingt durch den steilen Anstieg sind die Differenzen der Reifegrade in verschiedenen Phasen recht groß. Bis zum Alter von 5 Jahren liegt der Reifegrad des weiblichen Gehirns über dem des männlichen Gehirns. Mit einem Jahr haben die Mädchen 68 % ihres Maximalwerts, die Jungen erst 59 % ihres Maximalwerts erreicht. Mit 2 Jahren liegen die Reifegrade bei 91 % bzw. 84 % und mit 3 Jahren bei 98 % bzw. 95 %. Das Hirngewicht hat also bereits mit 3 Jahren praktisch den Maximalwert erreicht. Die Entwicklung des männlichen Gehirns folgt der des weiblichen Gehirns teilweise mit einer absoluten Differenz von 10 % des Reife-

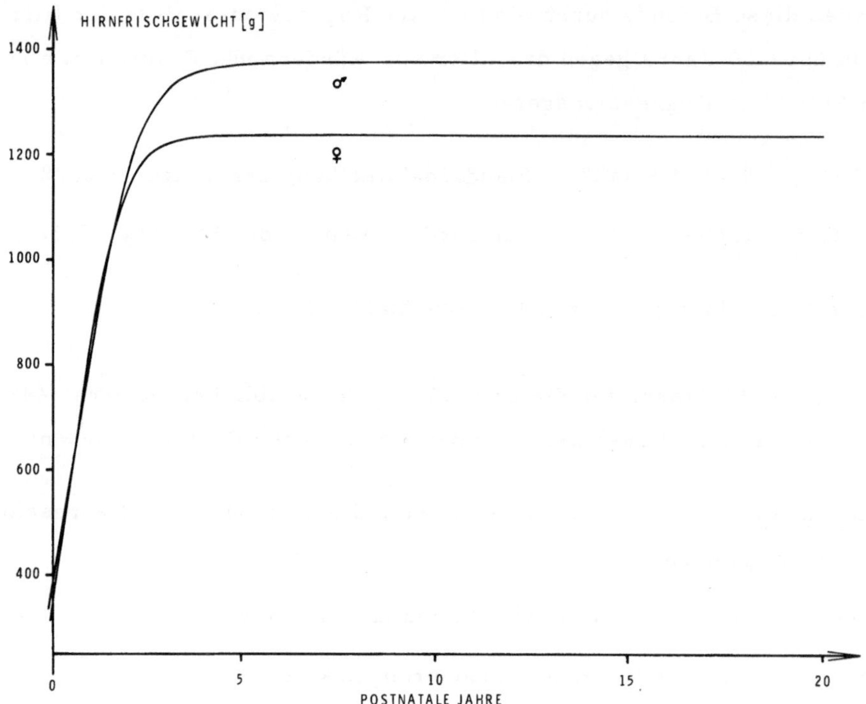

Bild 52: Wachstumskurven für das Hirnfrischgewicht des Menschen im männlichen (♂) und weiblichen (♀) Geschlecht

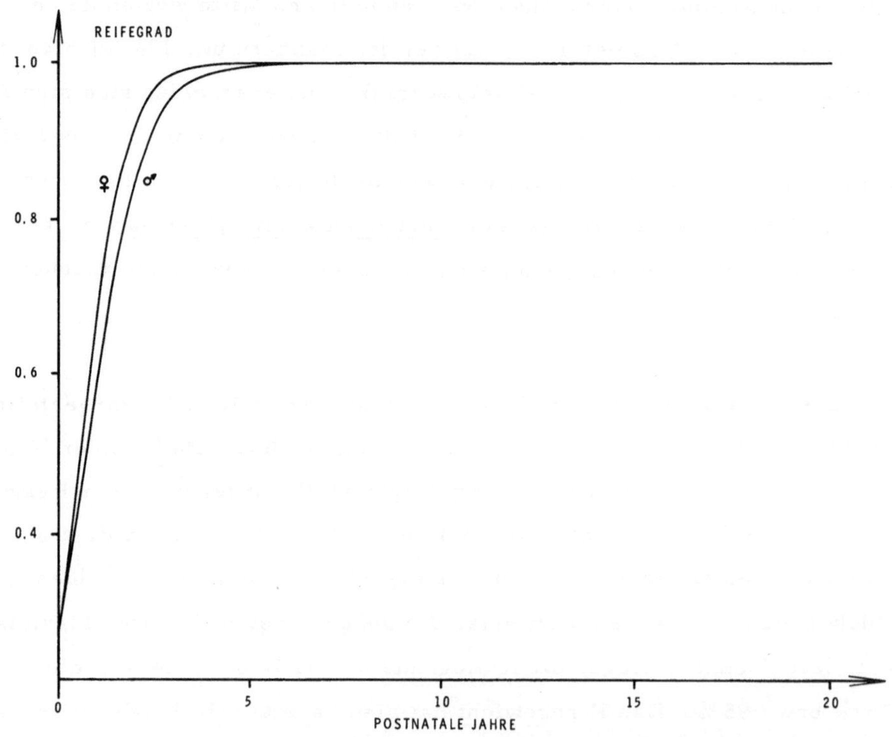

Bild 53: Reifegrade für das Hirnfrischgewicht des Menschen im männlichen (♂) und weiblichen (♀) Geschlecht

grads. Auf die langsamere Entwicklung weist auch die größere Varianz des Reifegrads bei Männern hin.

In Bild 54 ist der Quotient des Gewichts des weiblichen Gehirns zu dem des männlichen Gehirns gegen das männliche Hirnfrischgewicht dargestellt. Die unterschiedliche Entwicklungsgeschwindigkeit äußert sich darin, daß die Kurve bis zu einem Hirnfrischgewicht der männlichen Gehirne von etwa 800 [g] ansteigt (entspricht einem Alter von 1 Jahr postnatal). In dieser Phase sind die weiblichen Gehirne sogar absolut größer als die männlichen Gehirne. Dann fällt der Quotient auf den adulten Wert von etwa 0.9 wieder ab. In der Dichte (Wachstumsrate des Reifegrads) findet sich bei beiden Geschlechtern kein Hinweis auf verschiedene Komponenten mit einem separablen zeitlichen Einfluß.

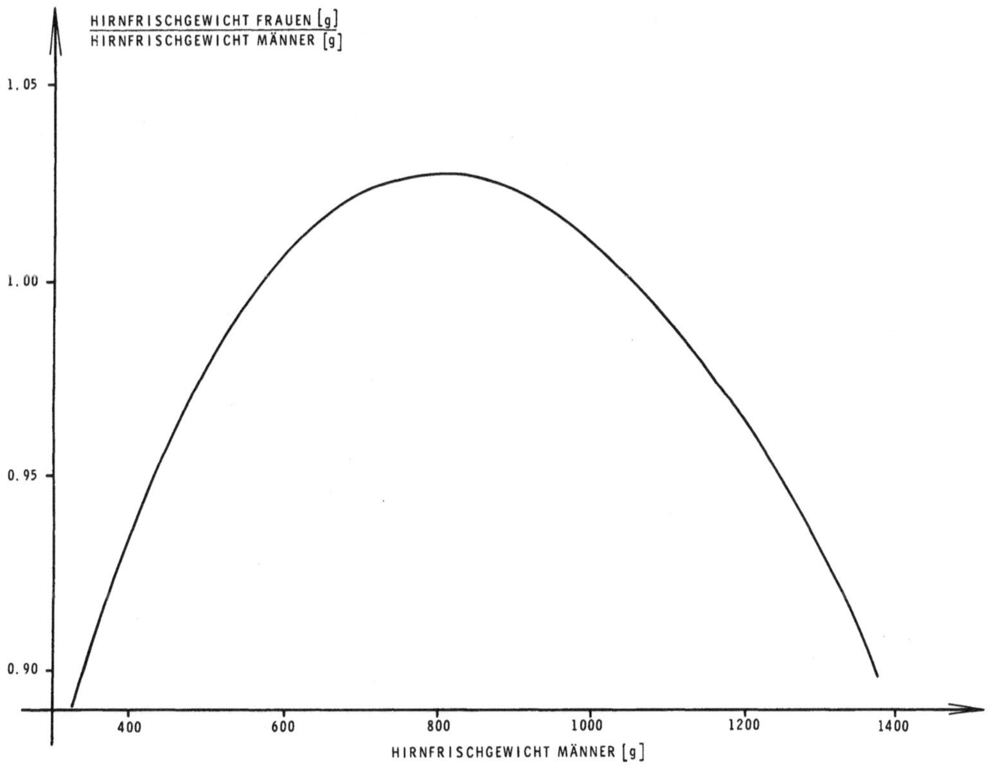

Bild 54: Quotient aus Hirnfrischgewicht des weiblichen Gehirns und des männlichen Gehirns beim Menschen bei verschiedener Größe des männlichen Gehirns anhand der Wachstumsfunktionen

Den folgenden Beispielen über das Hirnwachstum nach selbst zusammengestellten Daten (Tabelle 15) und nach Literaturangaben [107, 115] (Tabelle 16, 17) haften Mängel an. Die Meßdaten sind nicht repräsentativ für den Wachstumsprozeß (Abschnitt 2.2). Diese Beispiele sollen zeigen, wie stark die Stichprobenauswahl die Befunde einer Wachstumsanalyse beeinflussen kann. In Bild 55 und Bild 56 sind die Hirnfrischgewichte von 166 männlichen bzw. 126 weiblichen Gehirnen vom Neugeborenenstadium bis etwa zum 10. postnatalen Jahr aus den Sektionsprotokollen des Pathologischen Instituts der Universität Frankfurt/M. dargestellt. Es fehlen vor allem die älteren Stadien. Beim Parametervergleich in postnatalen Monaten muß man für die Umrechnung in postnatale Jahre beachten: P_1 und P_2 bleiben unverändert, $P_3 \rightarrow 12 \cdot P_3$, $P_4 \rightarrow 12^2 \cdot P_4$, $P_5 \rightarrow 12^3 \cdot P_5$; das gleiche gilt für die Standardabweichungen. Die Idealwerte P_1 und die Vermehrungsfaktoren V sind teilweise innerhalb eines Geschlechts für die Daten verschiedener Autoren signifikant verschieden. Die Halbwertzeiten sind im Vergleich mit den Daten nach [104] kürzer, für die weiblichen

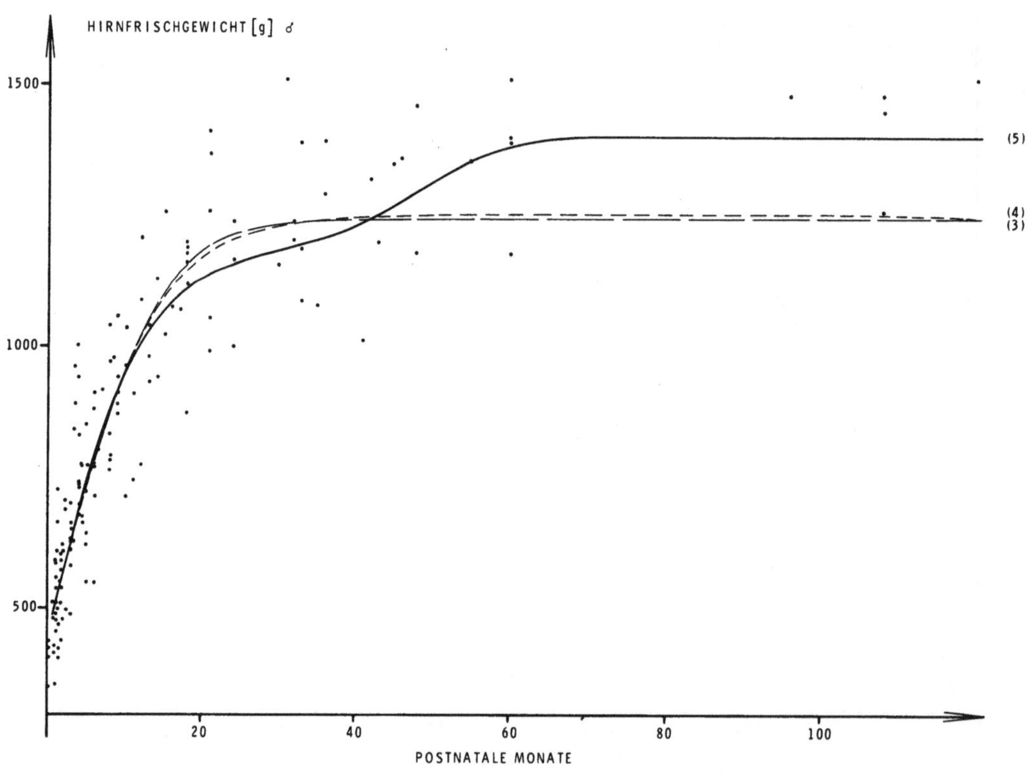

Bild 55: Wachstumskurven für das Hirnfrischgewicht des Menschen im männlichen Geschlecht.

Daten aus dem Pathologischen Institut der Universität Frankfurt/M

Gehirne W = 4. 1 [postnatale Monate], für die männlichen Gehirne W = 4. 7 [postnatale Monate]. Der oben erwähnte Geschlechtsunterschied ist ebenfalls vorhanden. Die Differenz zwischen den wesentlich kürzeren Halbwertzeiten der Gehirne, die aus den Jahren 1955 bis 1965 stammen, und den längeren Halbwertzeiten der vor etwa 70 Jahren gesammelten Gehirndaten [104] möchten wir nicht als Beweis einer Akzeleration der Hirnentwicklung werten. Dafür muß ein repräsentatives Material verlangt werden.

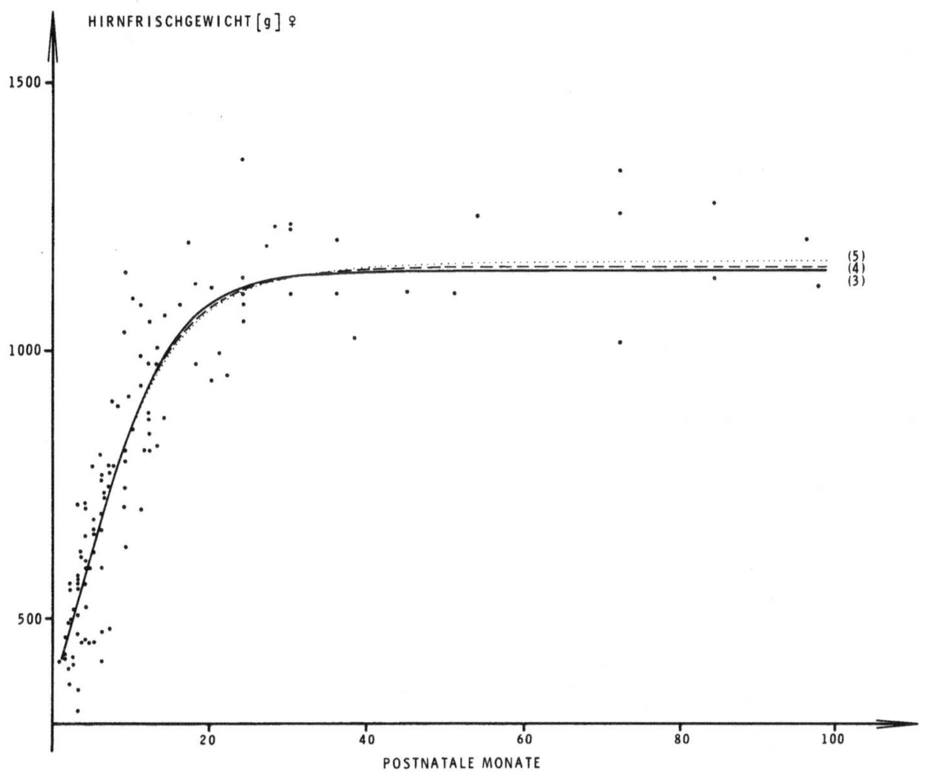

Bild 56: Wachstumskurven für das Hirnfrischgewicht des Menschen im weiblichen Geschlecht.

Daten aus dem Pathologischen Institut der Universität Frankfurt/M.

Die Daten aus [107, 115] kranken also an einem zu kleinen Altersintervall, außerdem sind nur Altersbereiche von einzelnen Gehirnen, z. B. 4. Jahr, 5. Jahr und 6. Jahr, statt eines genauen Alters angegeben. Wir legten deshalb diese Werte in die Mitte des protokollierten Lebensjahres. In den Bildern 57 und 58 treten daher infolge der ungenauen Altersangaben Kolumnen von einzelnen Punkten auf. Eine bessere Datierung hätte eine kontinuierlichere Verteilung und damit genauere Ergebnisse gebracht.

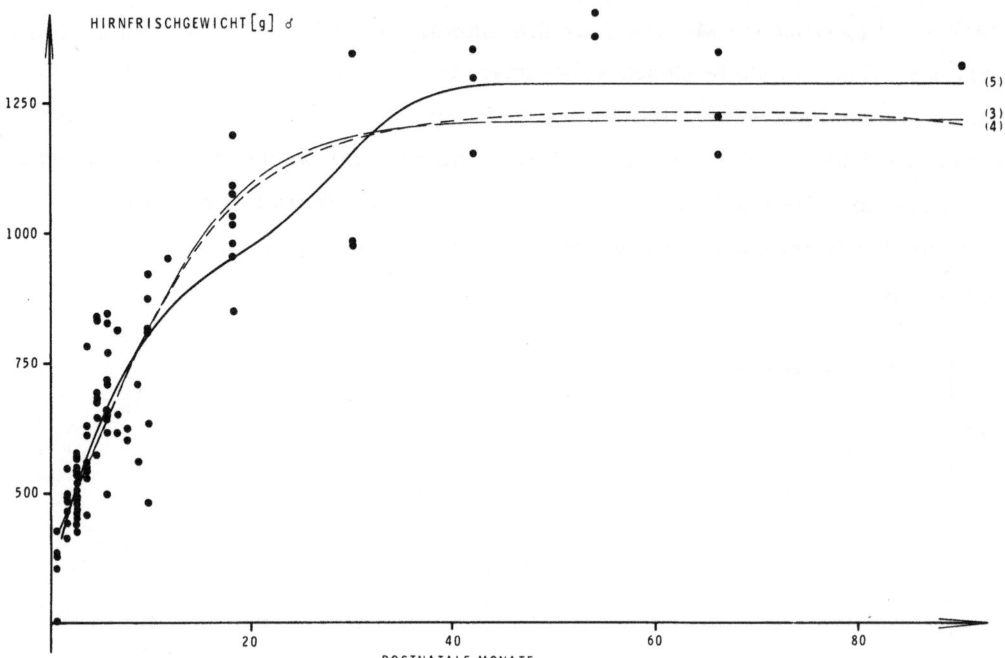

Bild 57: Wachstumskurven für das Hirnfrischgewicht des Menschen im männlichen Geschlecht.

Daten nach [107]

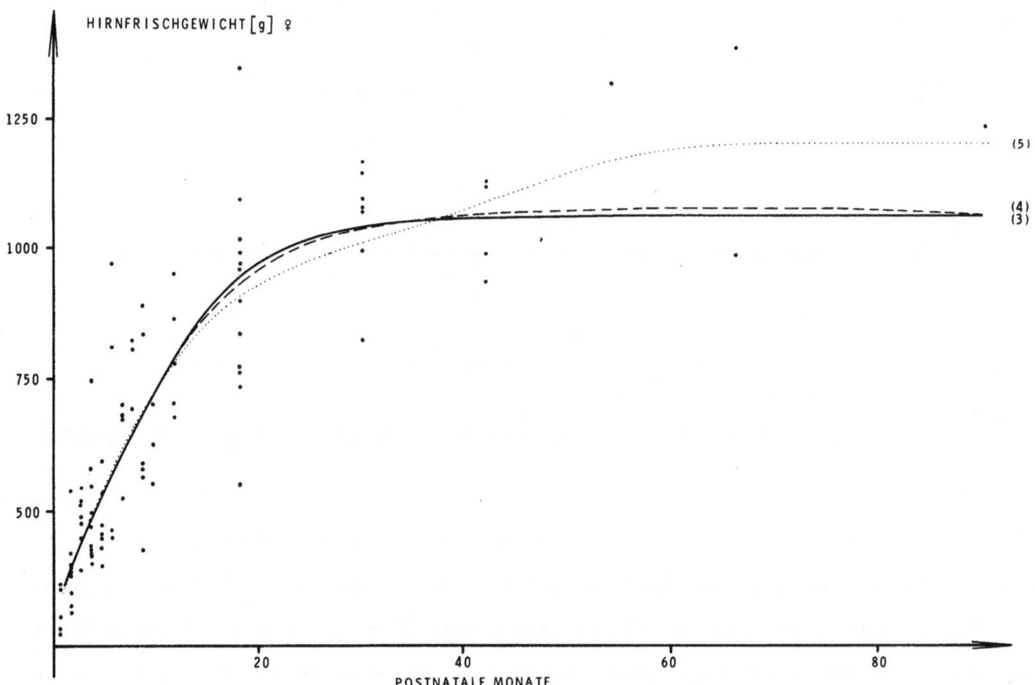

Bild 58: Wachstumskurven für das Hirnfrischgewicht des Menschen im weiblichen Geschlecht.

Daten nach [107]

Die Resultate (Tabelle 16 und 17) weichen teilweise erheblich von den bisher beschriebenen Befunden ab. Der Parameter P_1 ist in diesen Wachstumsfunktionen bedeutend kleiner. Die Halbwertzeiten liegen übereinstimmend für das Hirnfrischgewicht bei 5 postnatalen Monaten. Für die Ergebnisse nach den Daten aus [115] soll nur das Bild 59 stehen. Die Problematik liegt ähnlich wie bei den Daten aus [107]. Die Dichten der 5-parametrigen Wachstumskurven sind zweigipflig. In Bild 60 ist die Plotter-Ausgabe des Programms MOMT für das männliche Gehirn wiedergegeben. Infolge der genannten Unsicherheiten wurde auf eine Mehrkomponentenanalyse verzichtet. Sicher liegt hier ein interessantes, völlig unbekanntes Forschungsgebiet vor uns.

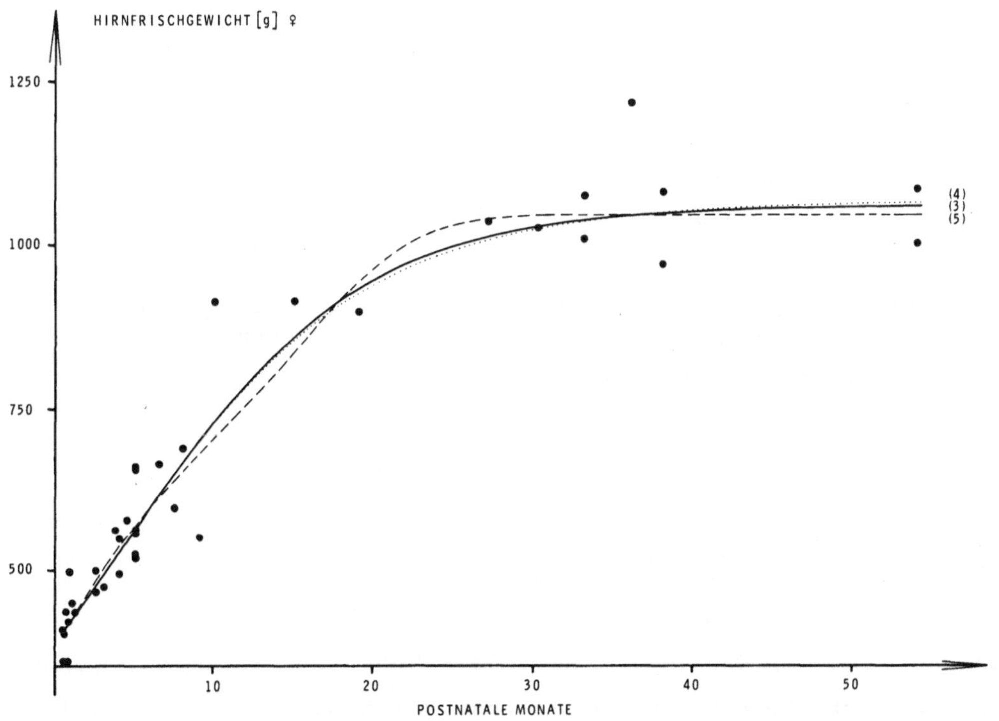

Bild 59: Wachstumskurven für das Hirnfrischgewicht des Menschen im weiblichen Geschlecht.

Daten nach [115]

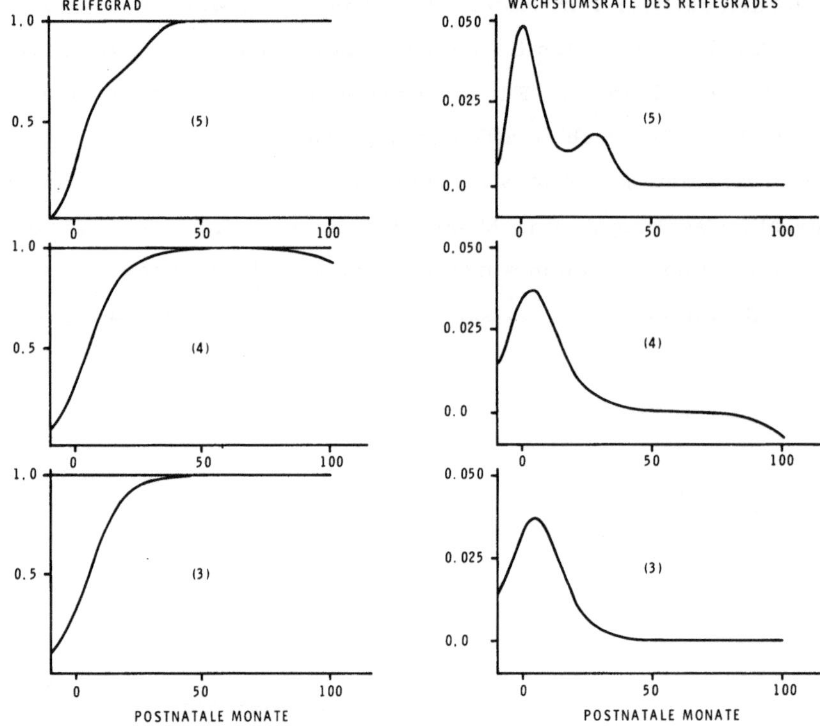

Bild 60: Reifegrad und Dichte (Wachstumsrate des Reifegrads) des Hirnfrischgewichts des Menschen im männlichen Geschlecht.
Daten nach [107]

6.3.1.3 Gehirn der Albinoratte

Literaturdaten [39] über das Hirnfrischgewicht von 358 Albinoratten weisen einen anderen Fehler auf: "the colony has been recruited from outside sources. By thus extending the observations over a long period the material has lost perhaps a shade in homogeneity".

Die Tiere wurden über viele Jahre hin präpariert und stammen daher wahrscheinlich aus verschiedenen Populationen. Dies führt zu inhomogenen Meßdaten, die die 3-parametrige und die 4-parametrige Wachstumsfunktion teilweise überschätzt, teilweise unterschätzt. Die 5-parametrige Wachstumsfunktion kann jedoch durch ihre höhere Anpassungsfähigkeit die Irregularität des Datenverlaufs besser darstellen (Bild 61,

Tabelle 18). Es resultiert ein scheinbarer Abfall des Hirnfrischgewichts um den 95. Ontogenesetag. Die Wachstumsrate nimmt dabei stark ab und wird sogar negativ, nach einem Minimum nimmt sie wieder zu. Auf eine weitere Analyse wurde wegen dieser Mängel verzichtet (vgl. Abschnitt 2.1 und 2.2).

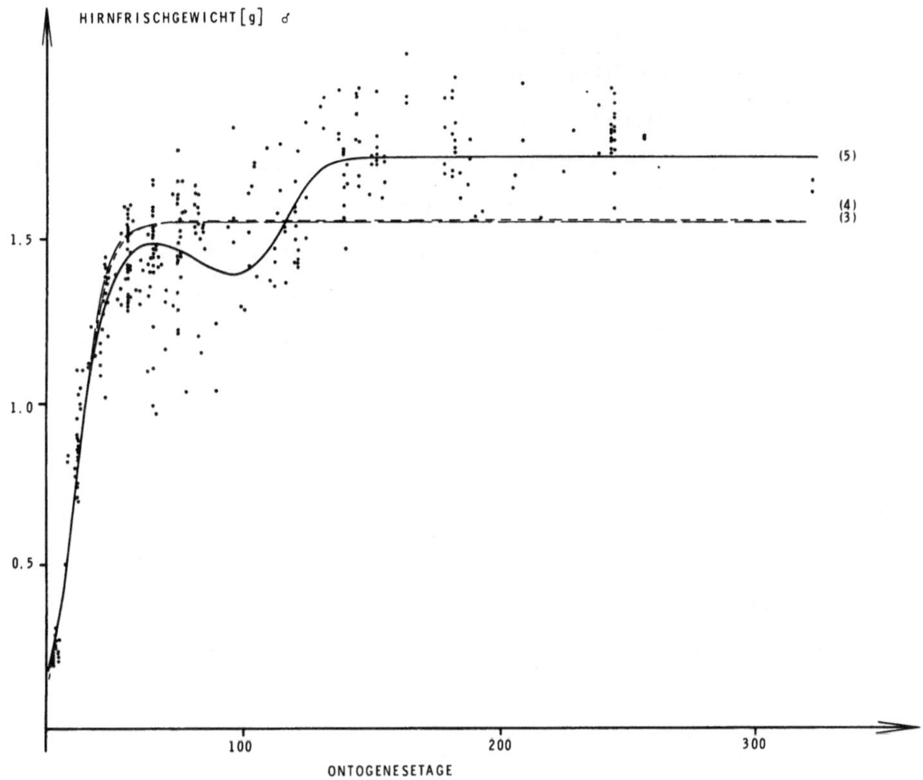

Bild 61: Wachstumskurven für das Hirnfrischgewicht von 358 männlichen Albinoratten in Gramm.
Daten nach [39]

6.3.2 Hirnregionen der Albinomaus

Das Gehirn ist aus Suborganen, Systemen von Neuronen und Gliazellen, zusammengesetzt, die in der weiteren Beschreibung als Hirnregionen bezeichnet werden. Diese Systeme unterscheiden sich morphologisch durch die Anordnung der Nervenzellen. Sie gruppieren sich entweder in Schichten, die sich parallel einer Oberfläche (Rinde oder Cortex) anordnen, oder sie liegen in Strukturen, die nicht zu einer Oberfläche orientiert sind (Kerngebiete). Die physiologische Forschung wies in den letzten 100

Jahren nach, daß vielen anatomischen Regionen abgrenzbare Reaktionen auf Reizungen, Automatismen und Funktionen im weiteren Sinne zugewiesen sind. Erst viele detaillierte Analysen ließen erkennen, wie Form und Funktion zusammenhängen.

Hirnregionen können u. a. afferente (von der Peripherie zur Hirnregion) und efferente (von der Hirnregion zur Peripherie) neuronale Verbindungen haben. Einführungen in die Struktur der neuronalen Systeme finden sich in der Literatur [8, 18, 34, 101, 124, 131, u. a.]. Die Grenzen der Hirnregionen sind teilweise in den Negativkopien schwer zu erkennen und selbst in histologischen Präparaten oft nicht leicht zu diagnostizieren, weil die morphologischen Differenzen zum Nachbargebiet klein sein können. Um den "Nicht-Neuroanatomen" ein genaues Bild über Lage und Form der Hirnregionen zu geben, wählten wir aus Gehirnen von fünf typischen Ontogenesestadien je eine Auszugsserie von 9 bis 12 Schnittbildern aus, die alle im gleichen Maßstab 7.4 : 1 vergrößert wurden. Die Schnittebenen liegen transversal zum Gehirn (Bild 62a bis c). Sie lassen sich sinngemäß auf die Dorsal-, Basal- und Lateralansichten der Bilder 42 bis 46 übertragen, um mit den histologischen Schnitten der Bilder 63 bis 67 die räumliche Struktur der einzelnen Hirnregionen in den pränatalen, neugeborenen und postnatalen Ontogenesephasen zu vergleichen. In der Montage sind die Schnitte in rostrocaudaler Richtung (in den Bildern 63 bis 67: a, b, c, ...) so angeordnet, daß man von rostral auf die Schnitte blickt. Die linke Hirnhälfte sieht man deshalb rechts und umgekehrt.

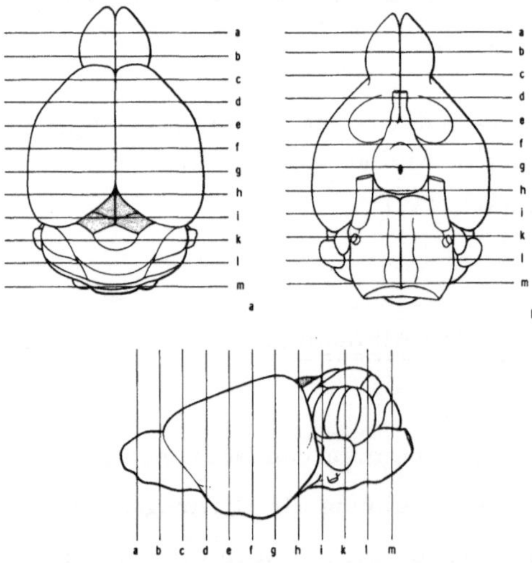

Bild 62: Projektionen der transversalen Schnittebenen auf die Dorsalansicht (a), auf die Basalansicht (b) und auf die Lateralansicht (c) eines adulten Gehirns der Albinomaus

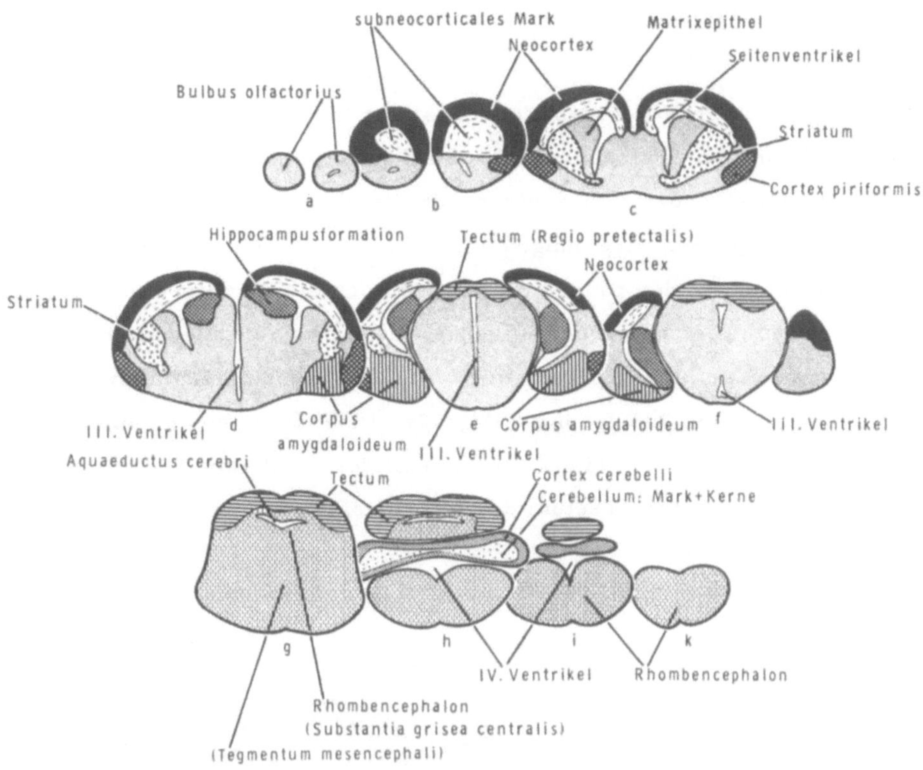

Bild 63: Hirnregionen einer 17 Ontogenesetage alten Albinomaus in einer transversalen histologischen Auszugsserie.
Vergrößerung 7.4 : 1

Wie problematisch Schätzungen der Größe von Hirnregionen sind, erkennt man, wenn die Schnittrichtung nur geringfügig von der Transversalebene abweicht (Bild 67d und i). Kontralaterale Hirnregionen erscheinen dann unterschiedlich groß. Weiterhin trifft man in den ausgewählten Meßschnitten bei verschieden alten Gehirnen meist nicht identische Stellen der einzelnen Hirnregionen an, da der Abstand zwischen den Meßschnitten konstant ist und die Entfernungen der Hirnregionen in der Ontogenese zunehmen, gleichzeitig aber auch von Gehirn zu Gehirn variieren. Für die dargestellten Serienauszüge der Gehirne von 17, 20, 25, 30 und 60 Ontogenesetage alten Albinomäusen wählten wir bei dem kleinen embryonalen Gehirn (Bild 63) eine Schrittweite von 0.64 mm, bei den anderen größeren Gehirnen immer eine Schrittweite von 0.80 mm (Bild 64 bis 67).

6.3.2.1 Tectum

Das Tectum ist als primäres Koordinationsorgan für die optischen Erregungen ein dorsal vom Rhombencephalon liegendes Assoziationsgebiet [138]. Bei den Säugern tritt noch ein primäres Assoziationszentrum für die akustischen Bahnen hinzu (caudale Colliculi). Nach Beschreibungen [35, 58, 59, 60, 88, 91, 137, 157, 158] wurde zu den rostralen und den caudalen Colliculi noch die Regio pretectalis hinzugenommen. Nicht zum Tectum wurden folgende weiter rostral gelegene Kerngebiete gerechnet: Nc. habenulae, Nc. intracommissuralis, Corpus geniculatum mediale und laterale und eine kleine Zellgruppe mit großen Perikarya, der großzellige Kern des Tr. opticus. Die Substantia grisea centralis bildet basal vom Tectum eine scharfe Grenze. Caudal heben sich vom Tectum der Nc. dorsalis lemnisci lateralis und die Area cuneiformis ab.

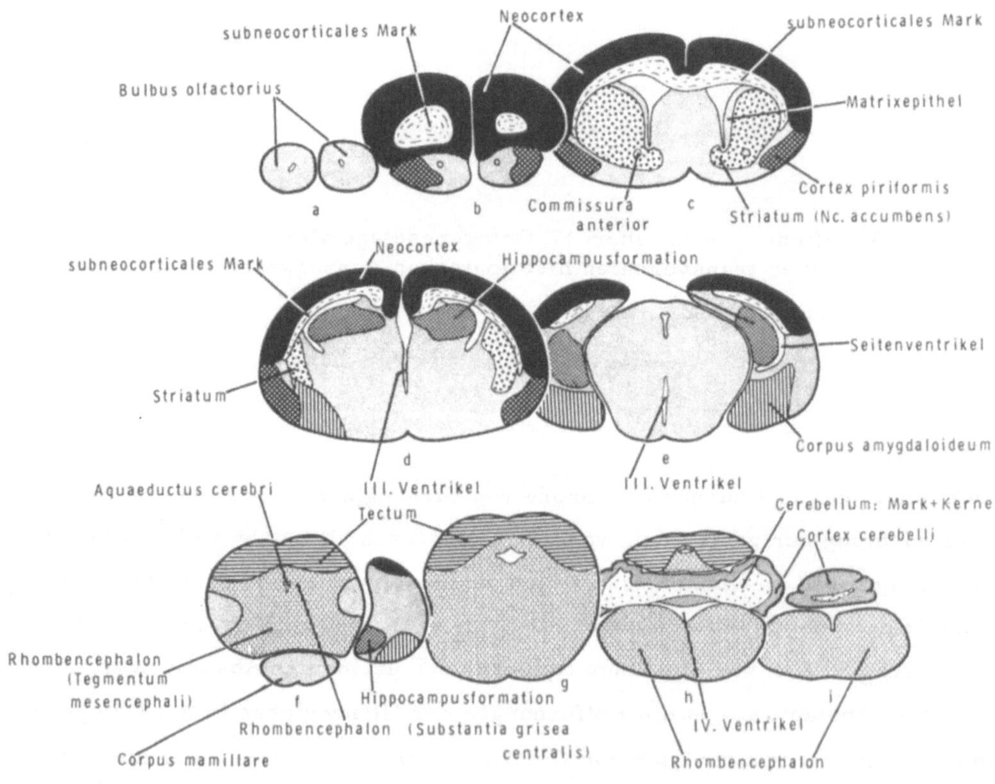

Bild 64: Hirnregionen einer 20 Ontogenesetage alten (neugeborenen) Albinomaus in einer transversalen histologischen Auszugsserie.
Vergrößerung 7.4:1

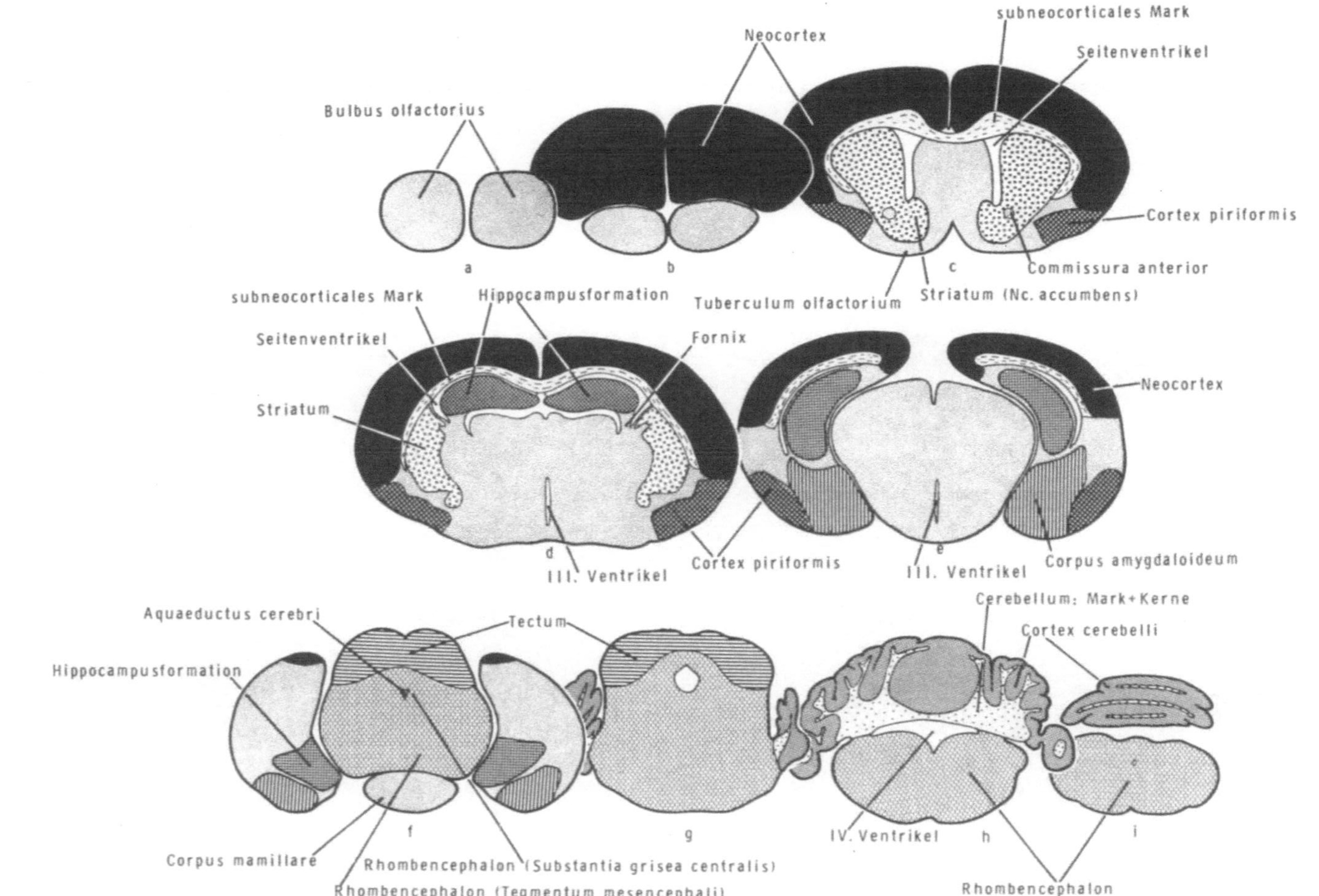

Bild 65: Hirnregionen einer 25 Ontogenesetage alten Albinomaus in einer transversalen histologischen Auszugsserie.

Vergrößerung 7.4 : 1

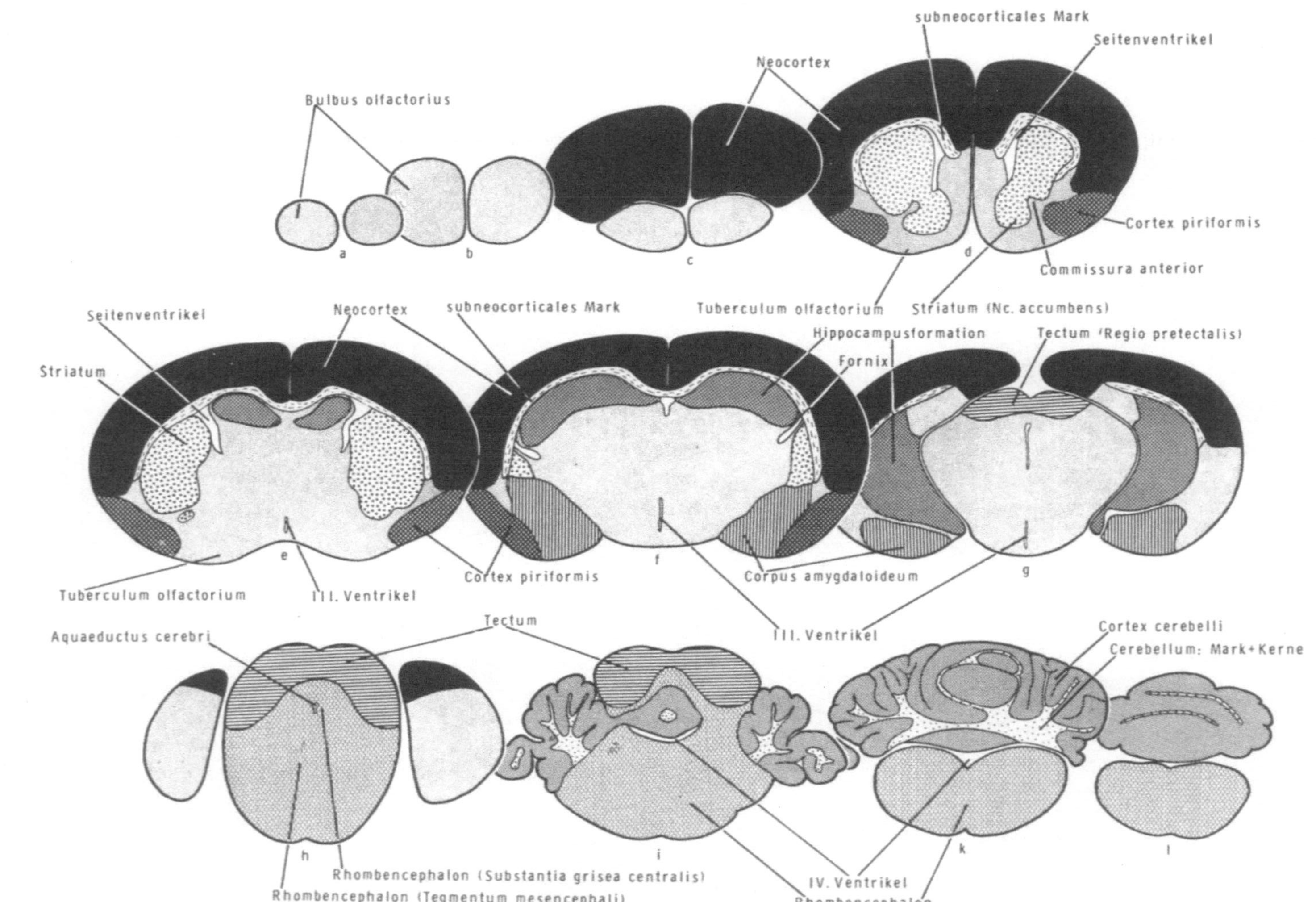

Bild 66: Hirnregionen einer 30 Ontogenesetage alten Albinomaus in einer transversalen histologischen Auszugsserie. Vergrößerung 7.4 : 1

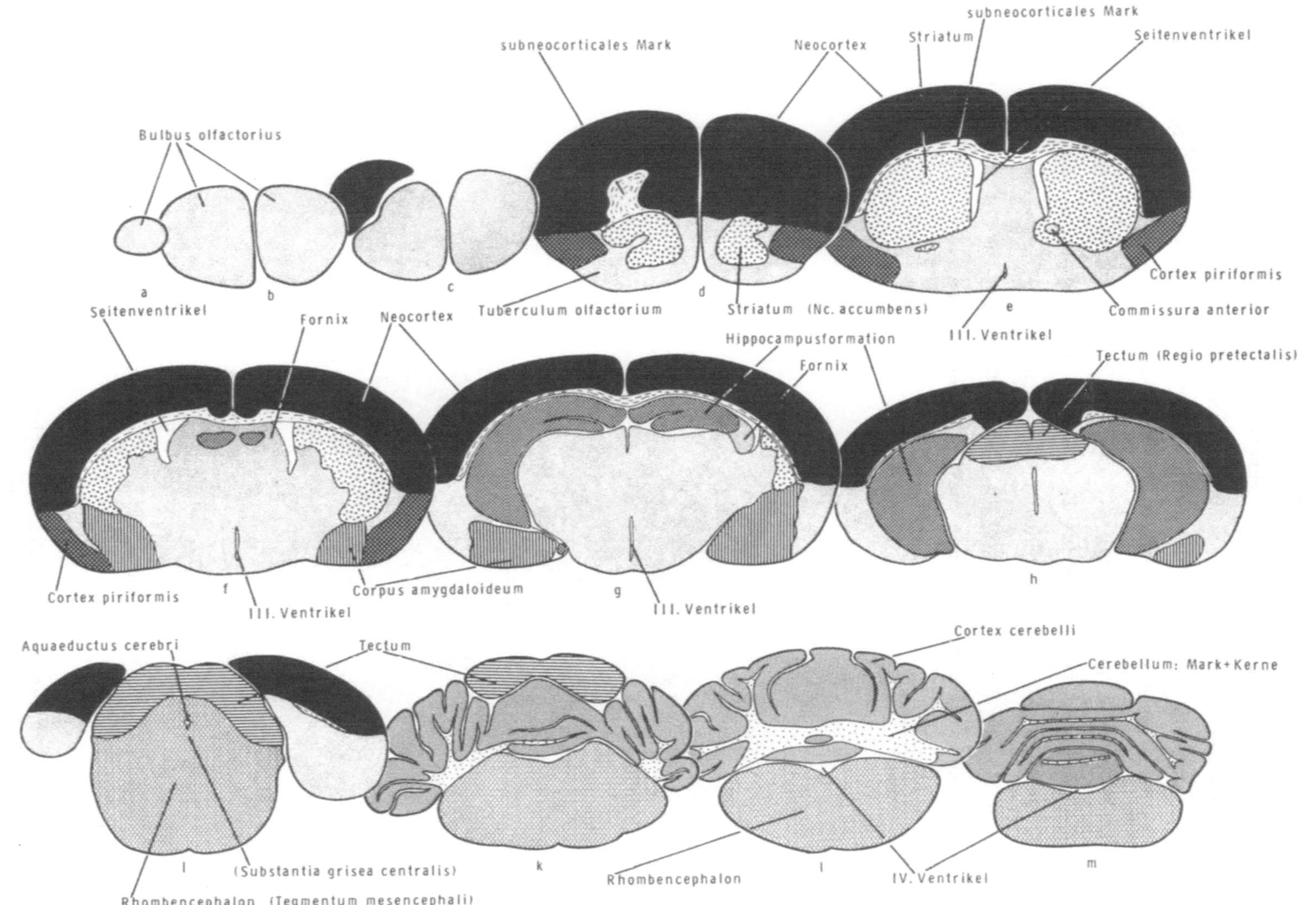

Bild 67: Hirnregionen einer 60 Ontogenesetage alten Albinomaus in einer transversalen histologischen Auszugsserie. Vergrößerung 7.4 : 1

In den Serienauszügen in den Bildern 63 bis 67 wurde das Tectum durch horizontale Striche gekennzeichnet. Beim embryonalen Gehirn sieht man das Tectum am besten in der Dorsalansicht (Bild 42 a). Infolge der ventrikelartigen Erweiterung des Aquaeductus cerebri ist die tatsächliche Größe des Tectum nur durch Messungen zu bestimmen. Am 17. Ontogenesetag ist der Aquaeductus cerebri ein schmaler Spalt (Bild 63 g und h), der durch die Paraffineinbettung sicher verkleinert wurde. Das Tectum reicht mit seiner Regio pretectalis (Bild 63 e) fast vom dritten Ventrikel bis nach caudal (Bild 63 h und i) über das Cerebellum. In den späteren Ontogenesestadien (vor allem Bild 65 bis 67) kommt das Tectum mehr in eine rostrale Lage zum Cerebellum. Wie die Negativkopien (Bild 68 bis 70) zeigen, besteht das Tectum aus vielen Nervenzellen und aus wenigen markscheidenhaltigen Nervenbahnen. Es ist eine graue Substanz.

Bild 68: Negativkopien histologischer Hirnschnitte einer 17 Ontogenesetage alten Albinomaus. Das Tectum ist gestrichelt umrandet. Vergrößerung 13.9 : 1

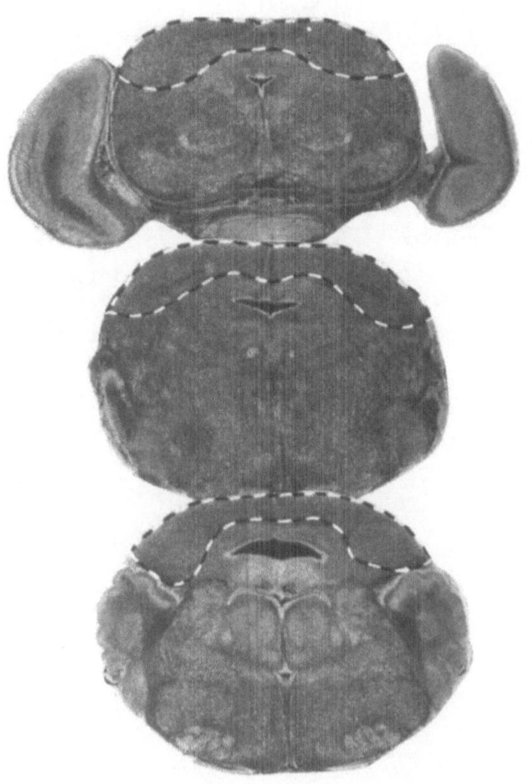

Bild 69: Negativkopien histologischer Hirnschnitte einer 20 Ontogenesetage alten (neugeborenen) Albinomaus. Das Tectum ist gestrichelt umrandet.

Vergrößerung 13.9 : 1

Im einzelnen sind wir so vorgegangen: Von den Hirnschnitten wurden Negativvergrößerungen [141] hergestellt. In den Bildern 68 bis 70 sind je drei Negativkopien aus den Gehirnen einer embryonalen (17 Ontogenesetage alt), einer neugeborenen (20 Ontogenesetage alt) und einer juvenilen (42 Ontogenesetage alt) Albinomaus abgebildet. In diesen Fotografien wurden die Areale des Tectum nach Kontrolle der histologischen Schnitte mit einer gestrichelten Linie umrandet. Mit einem elektronischen Planimeter der Firma Zuse (Z 80) wurde die Fläche der umrandeten Areale und die Gesamtfläche des Gehirns planimetriert [92, 155]. Nach der Formel

$$(122) \qquad SV = \frac{\sum (\text{Fläche} \cdot \text{Schrittweite})}{(\text{Vergrößerungsfaktor})^2} \quad [mm^3]$$

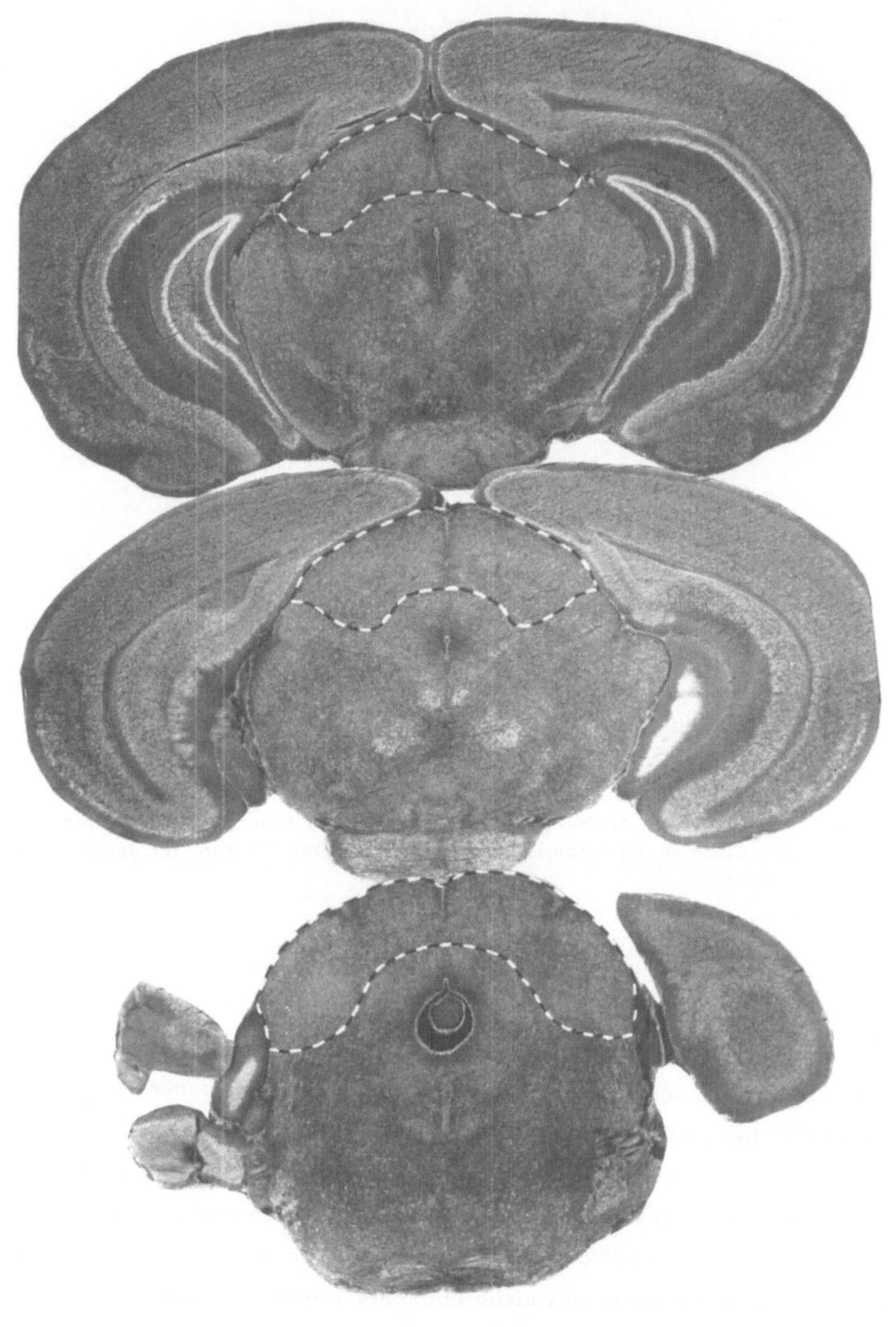

Bild 70: Negativkopien histologischer Hirnschnitte einer 42 Ontogenesetage alten Albinomaus. Das Tectum ist gestrichelt umrandet.

Vergrößerung 13.9 : 1

wurde das Schnittvolumen (SV) errechnet. Durch den Schrumpfungsfaktor

$$\frac{\text{Schnittvolumen des Gehirns}}{\text{Frischvolumen des Gehirns}}$$

wurde das Schnittvolumen des Tectum dividiert, um so das Frischvolumen des Tectum [mm^3] zu erhalten (Tabelle 7).

Die Frischvolumina des Tectum (Tabelle 7) wurden in Bild 71 gegen das Ontogenesealter aufgetragen. Jüngere als 16 Ontogenesetage alte Stadien ließen sich nicht ausmessen, weil sich das Tectum im Kresylechtviolett-Präparat dann nicht mehr sicher abgrenzen läßt. Daher läßt der Meßdatenverlauf weitgehend nur den rechten Schenkel erkennen. Die Meßdaten wurden mit der verallgemeinerten Wachstumsfunktion (33) ausgeglichen (Programm LOGI).

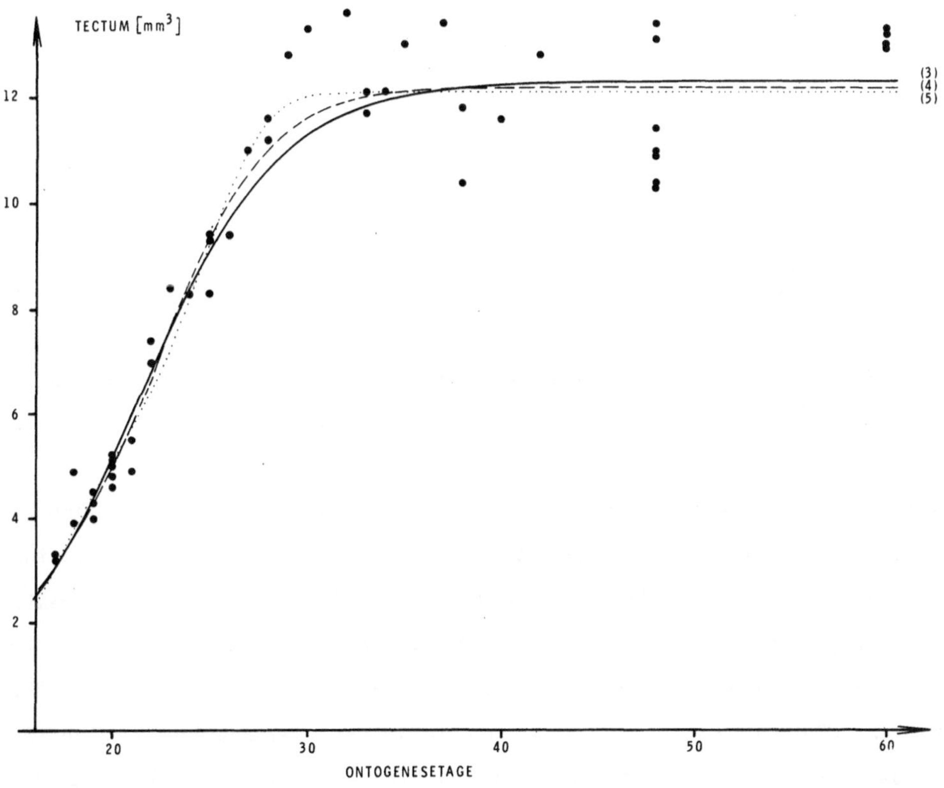

Bild 71: Wachstumskurven für das Hirnfrischvolumen des Tectum der Albinomaus in [mm^3]

Die nach (19) logit-transformierten Daten und die Ergebnisse der Logitregression (21) sind in Bild 72 dargestellt. Man erkennt die systematische Schwingung um die Ausgleichsgerade, die von den höheren Ausgleichsfunktionen der Polynomregression (119) (Standardfolge Nr. 2 im Programm LOGI), der Parabel und der kubischen Parabel (Bild 73), besser approximiert wird.

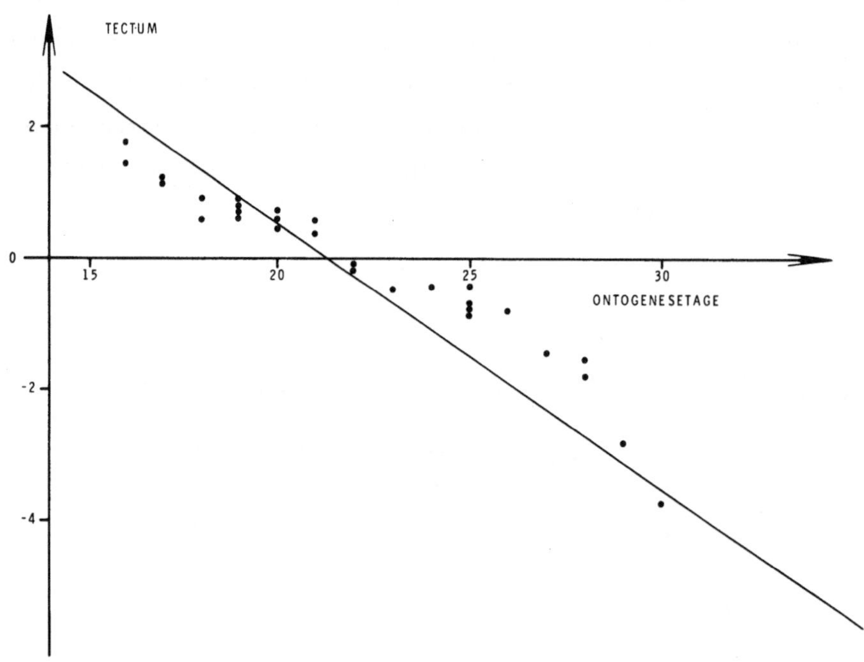

Bild 72: Logit-transformierte Daten und lineares Regressionsergebnis des Tectum der Albinomaus

Der linke Schenkel des Tectumwachstums (Bild 71) liegt in dem früheren Ontogenesebereich. Das zeigt die frühe Halbwertzeit von 21 Ontogenesetagen und der kleine Vermehrungsfaktor (V = 2.4, Tabelle 11). Die 3-parametrige Wachstumsfunktion (10) ergibt eine gute Approximation, der verallgemeinerte Ansatz ist nicht signifikant. Wenn die 153 Ontogenesetage alten Tiere einbezogen werden, ändern sich die Parameter minimal (Tabelle 12). Das Tectum macht bei den ausgewachsenen Gehirnen nur 2.6 % gegenüber 5 % beim neugeborenen Gehirn aus (Tabelle 19). Es entwickelt sich früh und steil, worauf auch die kleine Varianz des Reifegrads mit 23 hinweist. Der Exzeß ist negativ, die Schwänze der Dichte fallen also wenig ins Gewicht (Abschnitt 3. 2).

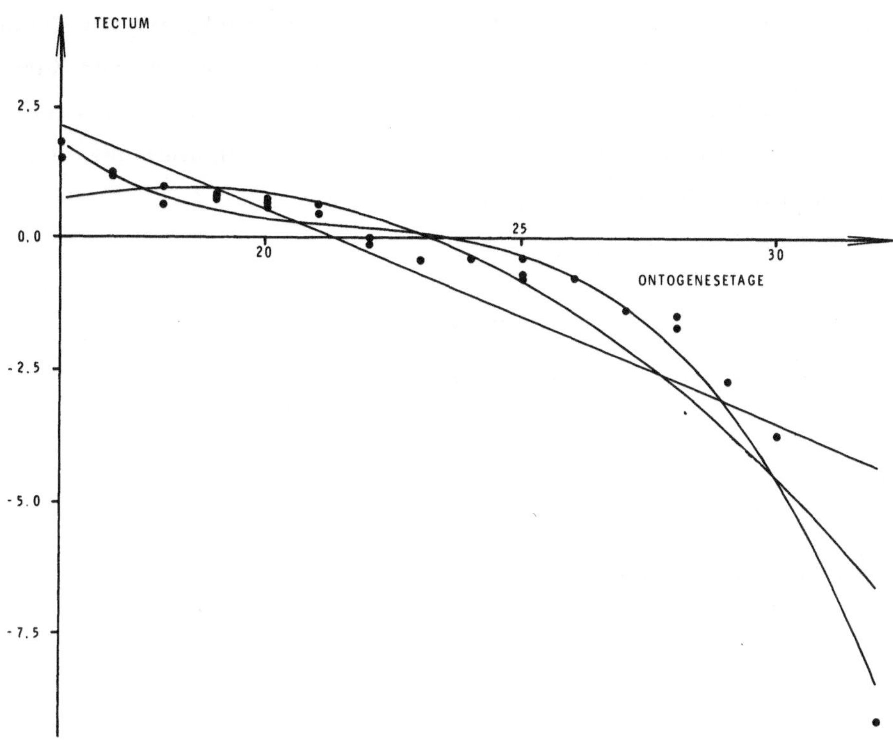

Bild 73: Logit-transfomierte Daten und lineares, quadratisches und kubisches Regressionsergebnis des Tectum der Albinomaus

Die Analyse der 5-parametrigen Wachstumsfunktion durch das Programm MOMT ergibt eine zweigipflige Dichte (Bild 74), und die anschließende Untersuchung mit dem Programm KOMB liefert eine Auftrennung des Tectum in zwei Komponenten mit den Halbwertzeiten bei 16 bzw. 23 Ontogenesetagen (Bild 75, Tabelle 9). Die erste Komponente erreicht ihren Idealwert 3.5 [mm^3] schon vor der Geburt (Vermehrungsfaktor 1). Die zweite Komponente besitzt den Idealwert 8.7 [mm^3]. Beide asymptotisch erreichten Werte zusammen ergeben praktisch genau den Parameter P_1 der Approximation durch die 5-parametrige Wachstumsfunktion (Tabelle 11).

Auch die Sekundärparameter der Summenfunktion (85) entsprechen denen der 5-parametrigen Wachstumsfunktion; empfindlicher reagieren nur Schiefe und Exzeß. Die Zwei-Komponenten-Approximation ist mit einer Irrtumswahrscheinlichkeit von 1 % signifikant gegen die Ausgleichung durch eine 3-parametrige Wachstumsfunktion. Die Standardabweichungen der Parameter P_2 und P_3 der ersten Komponente liegen in der Größenordnung der Parameter selbst. Deren Werte sind daher sehr unsicher, bedingt durch das Fehlen der jüngeren Stadien.

Die quantitative Analyse bestätigt den makroskopischen Eindruck, der das Tectum beim embryonalen Gehirn relativ groß erscheinen läßt (Bild 42 a). An den Kurven der Reifegrade (Bild 118) ist dies am deutlichsten ablesbar. Vom subneocorticalen Mark abgesehen, besitzt das Tectum vom 17. Ontogenesetag an die früheste und gleichzeitig auch eine steile Entwicklungskurve.

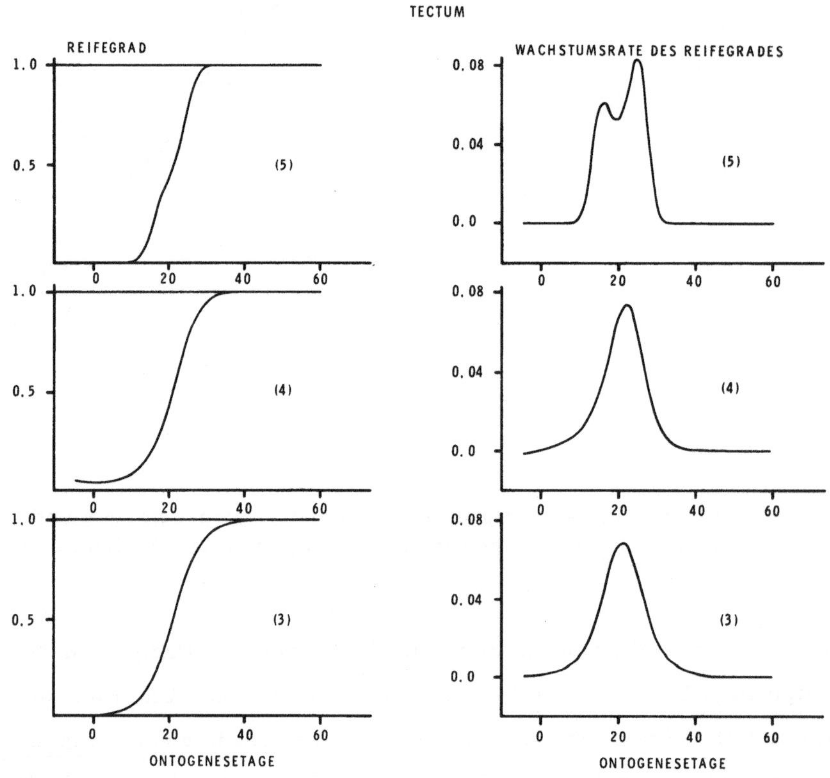

Bild 74: Reifegrad und Dichte (Wachstumsrate des Reifegrads) des Tectum der Albinomaus

Diesen Befunden entsprechen veröffentlichte Ergebnisse [36]. Bei graviden Albinomäusen wurden die Zellen der Embryonen mit H_3-Thymidin in verschiedenen Ontogenesestadien markiert. Vom 11. bis zum 13. Ontogenesetag wurde das H_3-Thymidin in die Zellen des Matrixepithels im Bereich des Aquaeductus cerebri eingelagert, die sich mitotisch teilten und dann als Neuroblasten in das Tectum einwanderten. Zu einem späteren Zeitpunkt lassen sich diese Nervenzellen nicht mehr markieren. Die Neurogliazellen entstehen postnatal in einem zweiten Schub aus dem Matrixepithel und nehmen daher in der ersten postnatalen Woche (20. bis 27. Ontogenesetag) das H_3-Thymidin auf. Diese Resultate korrespondieren gut mit den Ergebnissen der Mehrkomponentenanalyse: Die erste Komponente (Bild 75) der zweigipfligen Dichte (Bild 74) entspricht der Emigration der Nervenzellen, die zweite Komponente der Emigration der Neurogliazellen.

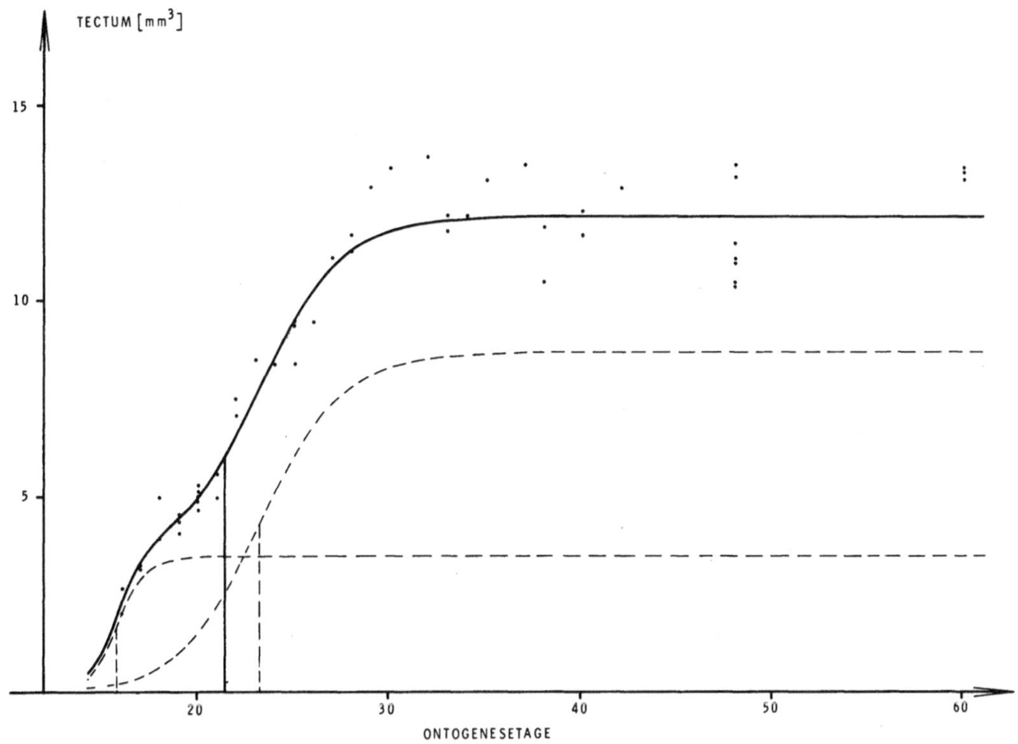

Bild 75: Wachstumskurven der Mehrkomponentenanalyse des Tectum der Albinomaus

Die weiteren Befunde [36] zeigen, wie stark exogene Faktoren in die Entwicklung des Nervensystems eingreifen können. Sie sollen zitiert werden, um das breite Spektrum an Informationen zu zeigen, das aus Wachstumsstudien gewonnen werden kann. Für den Nachweis eines exogenen Einflusses eignet sich der rostrale Colliculus besonders gut, weil er seine afferenten Bahnen nur vom Sehnerv der kontralateralen Seite erhält. Enucleiert man ein Auge, dann wird der kontralaterale rostrale Colliculus davon betroffen, während der homolaterale rostrale Colliculus zur Kontrolle der Normalgröße dienen kann. Man muß also nicht zwei verschiedene Tiergruppen gegeneinander testen. In solchen Versuchen konnte festgestellt werden, daß nach Enucleation am 20. Ontogenesetag der kontralaterale rostrale Colliculus im Laufe der Entwicklung bedeutend kleiner wurde. 40 % der gebildeten Neuronen degenerierten, und 45 % weniger Neurogliazellen entstanden auf der kontralateralen Seite.

In Bild 76 wurden die Frischvolumina des Tectum gegen das Hirnfrischvolumen graphisch dargestellt (Programm REGZ, Abschnitt 5.9.4). Zusätzlich wurden folgende Kurven eingetragen: alle drei Teilregressionsgeraden (punktiert), die Gesamtregressionsgerade (durchgehende Linie) und die Kurve, die man aus den Wachstumsfunktionen von Hirnfrischvolumen und Frischvolumen des Tectum erhält, wenn das Alter eliminiert wird, siehe (120).

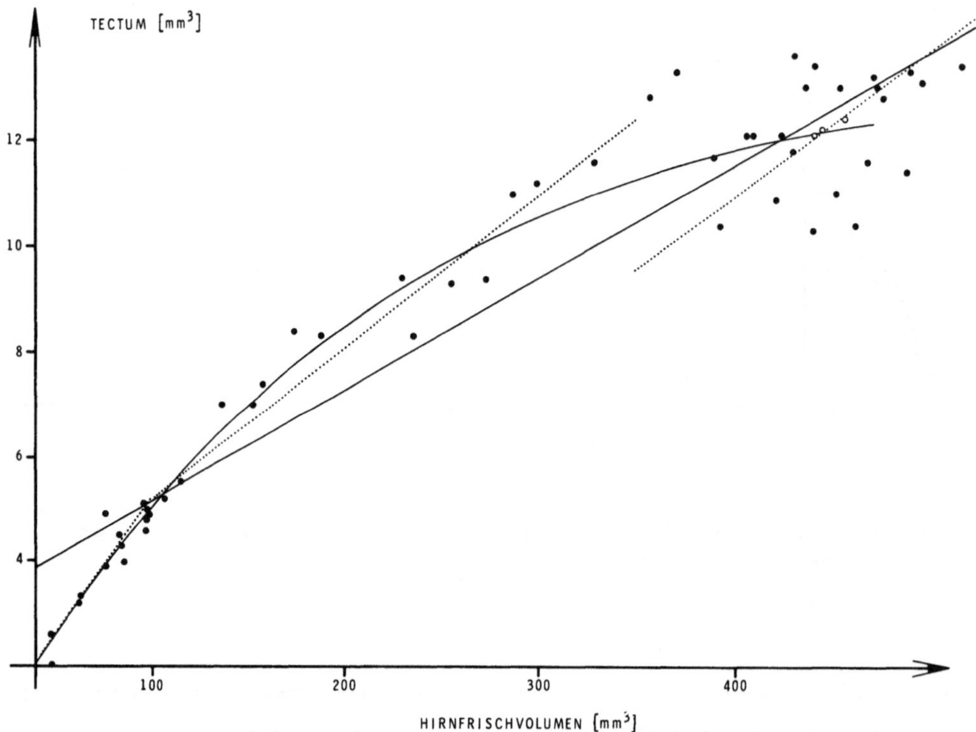

Bild 76: Daten, Regressionsgerade und die aus den Wachstumsfunktionen ermittelte Abhängigkeit des Tectum vom Hirnfrischvolumen der Albinomaus.

Die Ergebnisse der drei Regressionen in den Altersgruppen: Embryonen - 20 bis 30 Ontogenesetage - älter als 30 Ontogenesetage sind punktiert eingezeichnet. Das Ergebnis der Gesamtregression ist als durchgehende Linie dargestellt. Die Daten der drei 153 Ontogenesetage alten Tiere sind durch Kreise gekennzeichnet

In der Regressionsanalyse (Tabelle 20) ergibt sich eine Signifikanz der ersten gegen die zweite Teilgerade, der zweiten gegen die dritte Teilgerade und aller Teilgeraden gegen eine Gesamtregressionsgerade. Im Linearitätstest ist die quadratische Regression signifikant. Daraus ist im Zusammenhang mit Bild 76 zu erkennen, daß die lineare Approximation des Datenverlaufs über ein größeres Intervall eine grobe Vereinfachung darstellt, obwohl der Korrelationskoeffizient bei den Teilregressionen im ersten und zweiten Teilbereich und bei der Gesamtregression nahe bei 1 liegt. Die Korrelation ist mit 0.4 im dritten Teilbereich nicht signifikant. Die Lage der Gesamtregressionsgerade ist daher stark vom Alter des verwendeten Materials abhängig.

6.3.2.2 Rhombencephalon

Das Rhombencephalon ist das Primärgebiet für die gesamte Branchialregion (Mund-Kiemendarmgebiet) [138]. Man rechnet zum Rhombencephalon das Tegmentum des Mittelhirns, die Brücke (Pons) und das verlängerte Mark (Medulla oblongata). Diese in der deskriptiven Anatomie unterschiedenen Hirnteile werden zusammengefaßt, weil sie gemeinsam ein peripheres Gebiet innervieren, das in der Stammesgeschichte, besonders der Säugetiere, stark verändert wurde. Das Rhombencephalon setzt sich aus genetisch alten und neuen Kerngebieten zusammen. Außerdem ziehen viele Bahnen vom Rückenmark zum Prosencephalon und umgekehrt durch diese Region. Daraus resultiert ihre Durchdringungsstruktur.

Das Rhombencephalon liegt basal von Tectum und Cerebellum (Bild 63g bis k, 64f bis i, 65f bis i, 66h bis l, 67i bis m). Als caudale Grenze zwischen Rhombencephalon und Rückenmark wurde die transversale Ebene am caudalen Ende der Rautengrube gewählt. Rostral grenzt das Rhombencephalon mit dem Tegmentum mesencephali (Bild 63g, 64f, 65f, 66h, 67i) an Teile des Prosencephalon, das Corpus geniculatum mediale und laterale und an den Hypothalamus. Bei dem 20 und dem 25 Ontogenesetage alten Tier ist das Tegmentum mesencephali rostral an der Stelle getroffen, an der es vom Corpus mamillare – einem Teil des Prosencephalon – unterlagert wird (Bild 64f und 65f). Die Substantia grisea centralis (Bild 63g, 64f, 65f, 66h und 67i), die den Aquaeductus cerebri umgibt, wurde zum Rhombencephalon gerechnet. Die Schnittfläche des Rhombencephalon (Bild 63g bis k) ist beim embryonalen Tier bedeutend größer als die des Cerebellum (Bild 63h und i). Beim 60

Ontogenesetage alten Tier ist die Schnittfläche des Cerebellum (Bild 67k bis m) relativ zu der des Rhombencephalon (Bild 67i bis m) größer geworden.

In Bild 77 sind die Frischvolumina des Rhombencephalon gegen das Alter aufgetragen. Man sieht die flach ansteigende 3-parametrige Wachstumskurve, die einen P_1-Wert von 71 [mm^3] erreicht. Das sind für das Rhombencephalon der adulten Albinomaus 15 % vom Frischvolumen des Gesamthirns gegenüber 22 % beim neugeborenen Tier (Tabelle 19). Praktisch unabhängig von den 153 Ontogenesetage alten Tieren ist die 3-parametrige Wachstumsfunktion signifikant. Der Anstieg ist sehr flach, kenntlich am großen Betrag des Parameters P_3 und der großen Varianz des Reifegrads, die sogar die Varianz des Körpergewichts übersteigt (Bild 78, Tabelle 8, 11 und 12). Der Vermehrungsfaktor liegt mit etwa 3 deutlich unter dem Vermehrungsfaktor des Gesamthirns.

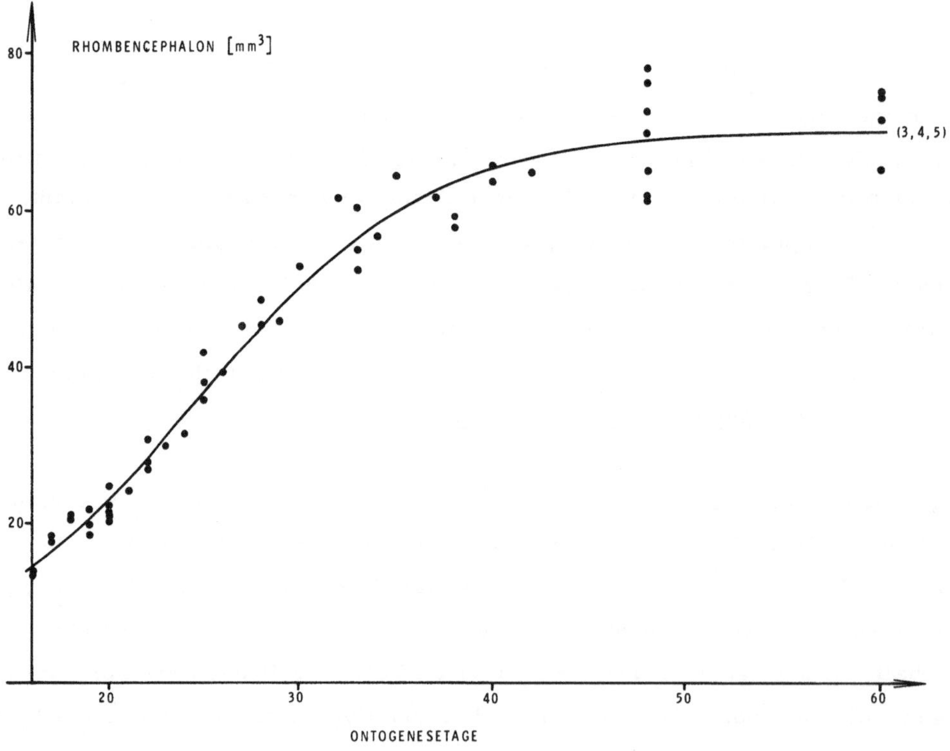

Bild 77: Wachstumskurve für das Rhombencephalon der Albinomaus

Bei nahezu gleicher Halbwertzeit ist das Wachstumsverhalten von Körpergewicht und Rhombencephalon also sehr verschieden. Der Kurvenverlauf des Rhombencephalon resultiert wahrscheinlich aus der erwähnten Durchdringungsstruktur. Die primären

Kerngebiete reifen früh, die durch das Rhombencephalon ziehenden Neuhirnbahnen entwickeln sich dagegen spät. Dafür sprechen histochemische und myelogenetische Befunde. Für die Aktivität der Succinodehydrogenase konnte bei der Ratte gezeigt werden [53, 110, 111], daß bei der Geburt verschiedene Kerngebiete wie Nc. hypoglossus, Nc. ambiguus, Nc. trigeminus tractus mesencephali, Nc. dorsalis tegmenti und Nc. trochlearis ihre volle Aktivität besitzen. Ein großer Teil der übrigen Kerngebiete erreicht dieses Stadium innerhalb der ersten drei postnatalen Tage. Einzelne Kerngruppen wie der Nc. gracilis, Nc. cuneatus und Nc. olivaris inferior erhalten ihre volle Succinodehydrogenase-Aktivität erst in einem Stadium, das mit dem 26. bis 27. Ontogenesetag bei der Albinomaus zu vergleichen ist. Die durch das Rhombencephalon ziehenden Neuhirnbahnen bilden dagegen ihre Markscheiden noch später, bei der Albinomaus am 30. bis 32. Ontogenesetag [93].

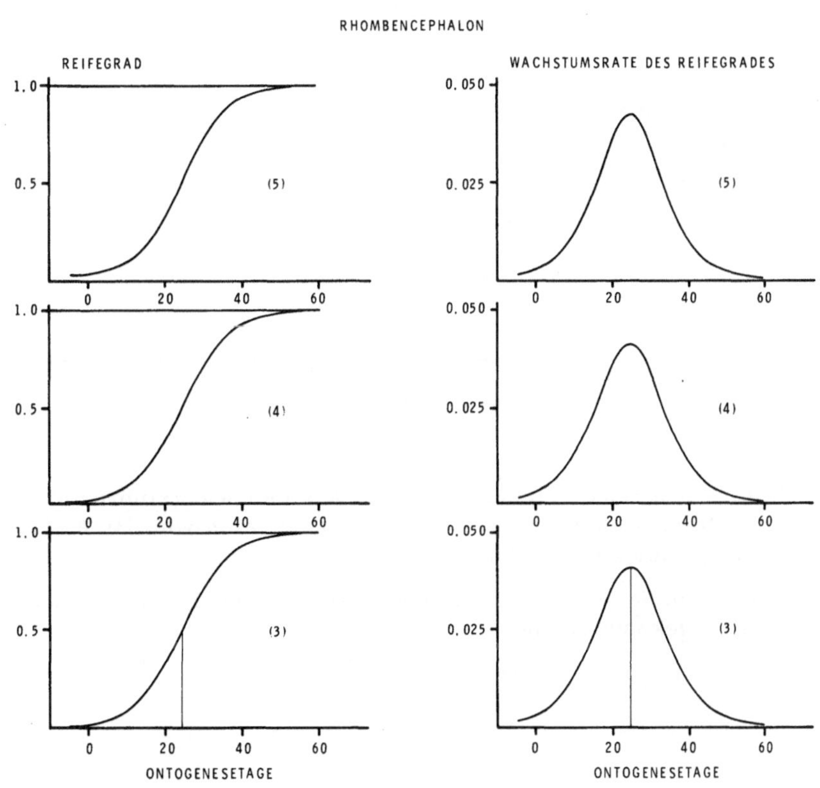

Bild 78: Reifegrad und Dichte (Wachstumsrate des Reifegrads) des Rhombencephalon.

In die Kurven (3) sind die Ordinatenparallelen an der Halbwertzeit eingezeichnet

In der Regressionsanalyse ergibt sich eine Signifikanz der ersten gegen die dritte Teilgerade, der zweiten gegen die dritte Teilgerade und aller Teilgeraden gegen eine Gesamtregressionsgerade. Im Linearitätstest ist die quadratische Regression signifikant (Bild 79, Tabelle 20).

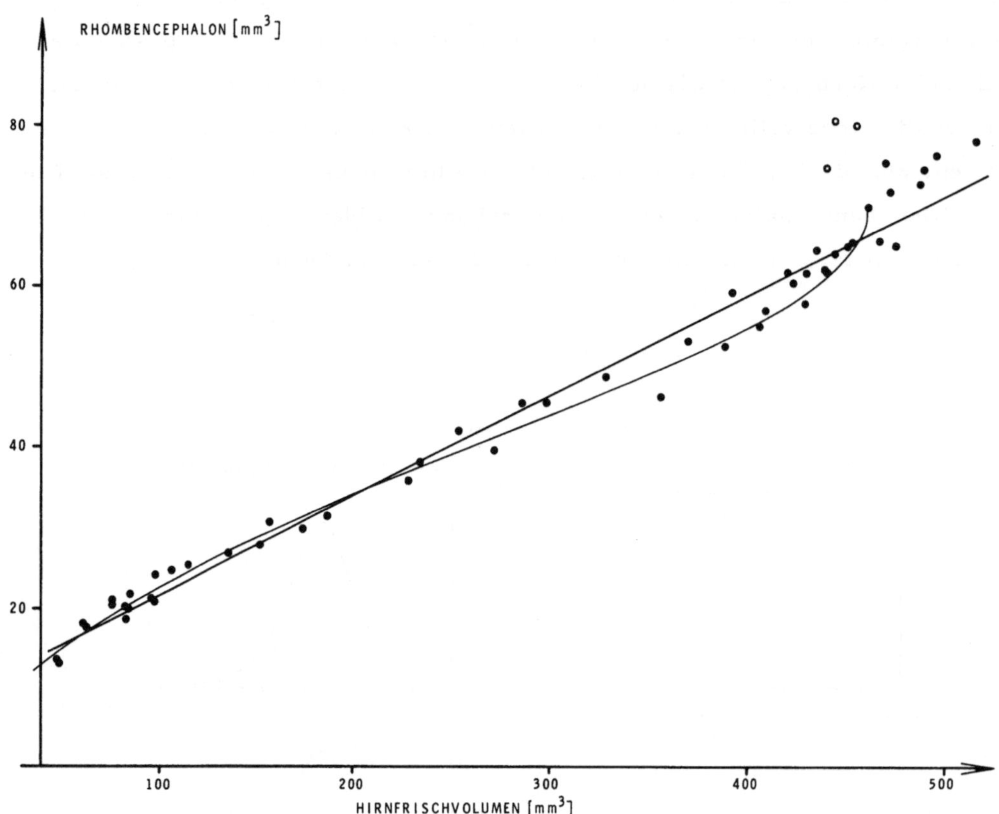

Bild 79: Daten, Regressionsgerade und die aus den Wachstumsfunktionen ermittelte Abhängigkeit des Rhombencephalon vom Hirnfrischvolumen der Albinomaus.

Die Daten der drei 153 Ontogenesetage alten Tiere sind durch Kreise gekennzeichnet

6.3.2.3 Rhombencephalon und Tectum

Die Frischvolumina des Rhombencephalon und die Frischvolumina des Tectum wurden addiert und in Bild 80 dargestellt.

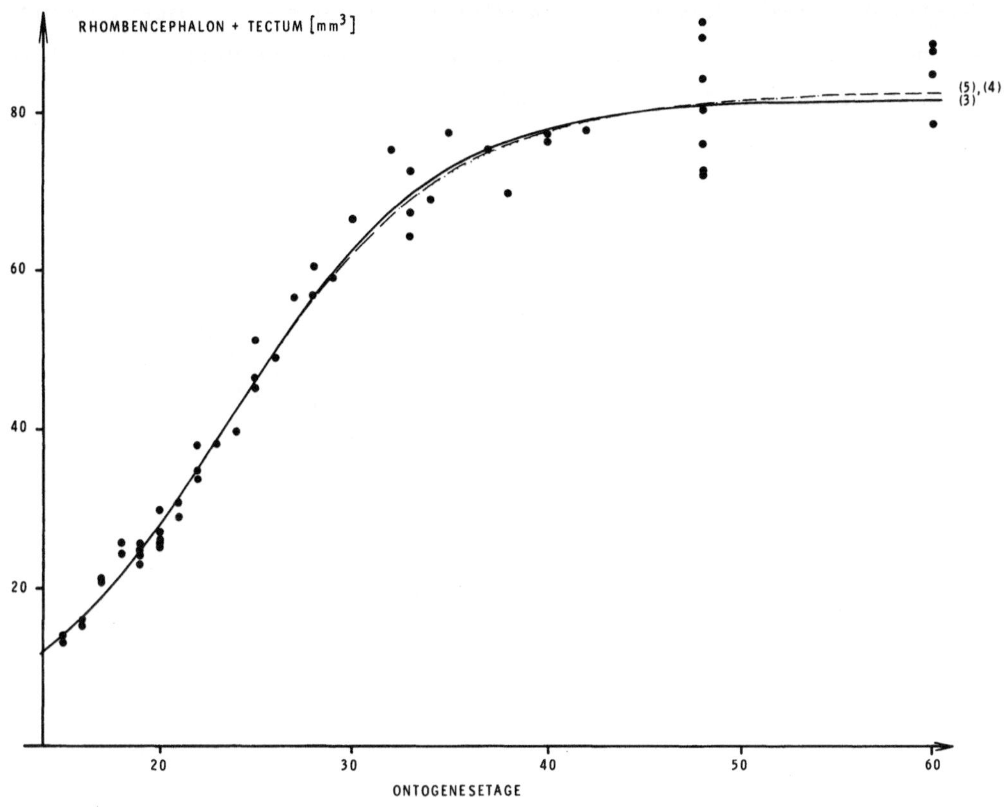

Bild 80: Wachstumskurven für Rhombencephalon und Tectum (gemeinsam) der Albinomaus

Die 3-parametrige Wachstumsfunktion ist diesen Meßdaten, wie beim Tectum und Rhombencephalon selbst, gut angepaßt. Die Halbwertzeit beträgt etwa 24 Ontogenesetage bei einem Vermehrungsfaktor von etwa 3 (Tabelle 11). Die Hinzunahme der 153 Ontogenesetage alten Tiere bringt praktisch keine Änderungen der Ergebnisse (Tabelle 12). In beiden Fällen ist die 3-parametrige Approximation signifikant. Rhombencephalon und Tectum (gemeinsam) sind früh entwickelt und steigen relativ langsam an. Entsprechend groß ist die Varianz, die die Größenordnung der Varianzen der Wachstumsfunktionen des Körpergewichts besitzt (Tabelle 8). Das deutet auf die Inhomogenität des Substrats hin. Die Separierung mehrerer Komponenten ist wie beim Rhombencephalon (Bild 77) infolge ihrer zeitlichen Überlagerung nicht möglich, da auch die Dichten der 5-parametrigen Approximation (Programm MOMT) keinen Anhalt für eine Differenzierung in mehrere Komponenten bietet (ähnlich wie Bild 78).

In der Regressionsanalyse gegen das Hirnfrischvolumen sind alle Teilgeraden untereinander und gegen die Gesamtgerade signifikant. Im Linearitätstest ist die kubische Regression signifikant (Bild 81, Tabelle 20).

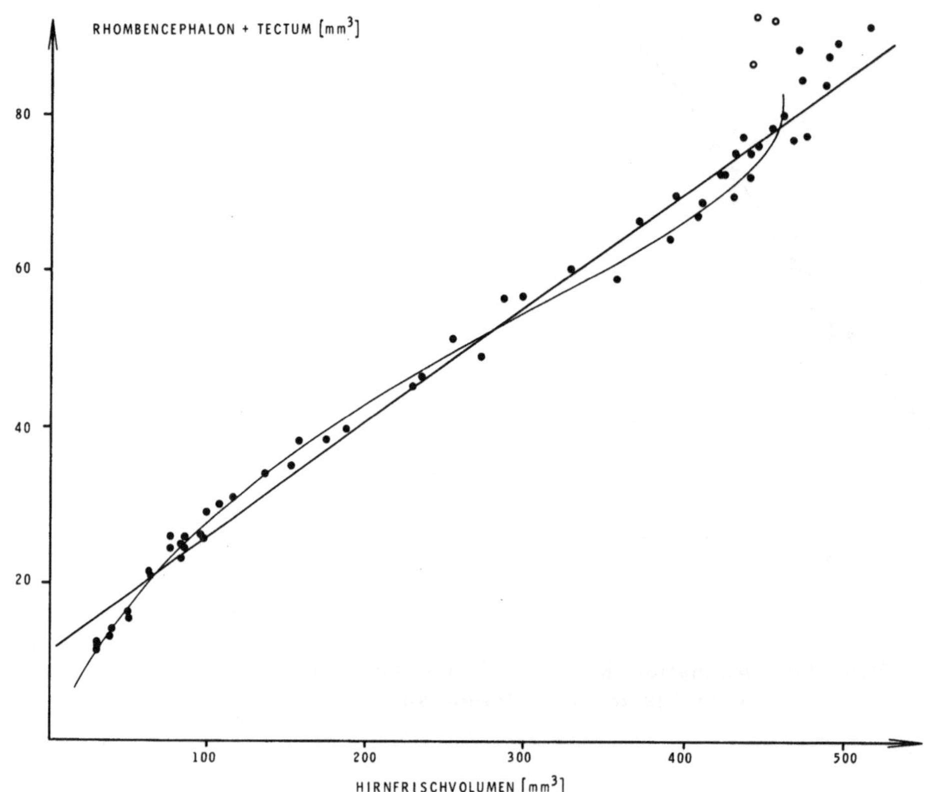

Bild 81: Daten, Regressionsgerade und die aus den Wachstumsfunktionen ermittelte Abhängigkeit des Rhombencephalon und Tectum (gemeinsam) vom Hirnfrischvolumen der Albinomaus.

Die Daten der drei 153 Ontogenesetage alten Tiere sind durch Kreise gekennzeichnet

6.3.2.4 Cerebellum

Das Cerebellum ist ein dorsal vom Rhombencephalon gelegenes Assoziationszentrum [81], das sich beim adulten Tier caudal an das Tectum anschließt. Es dient der Aufrechterhaltung des Ganges und dem geschickten Gebrauch der Glieder, integriert also vor allem die Motorik.

In den makroskopischen Bildern (42 bis 46) und in den mikroskopischen Bildern (63h und i, 64h und i, 65g bis i, 66i bis l und 67k bis m) sieht man, daß das Cerebellum am Anfang der Entwicklung relativ sehr klein ist. Erst postnatal nimmt es deutlich an absoluter und im Vergleich zum Rhombencephalon auch an relativer Größe zu.

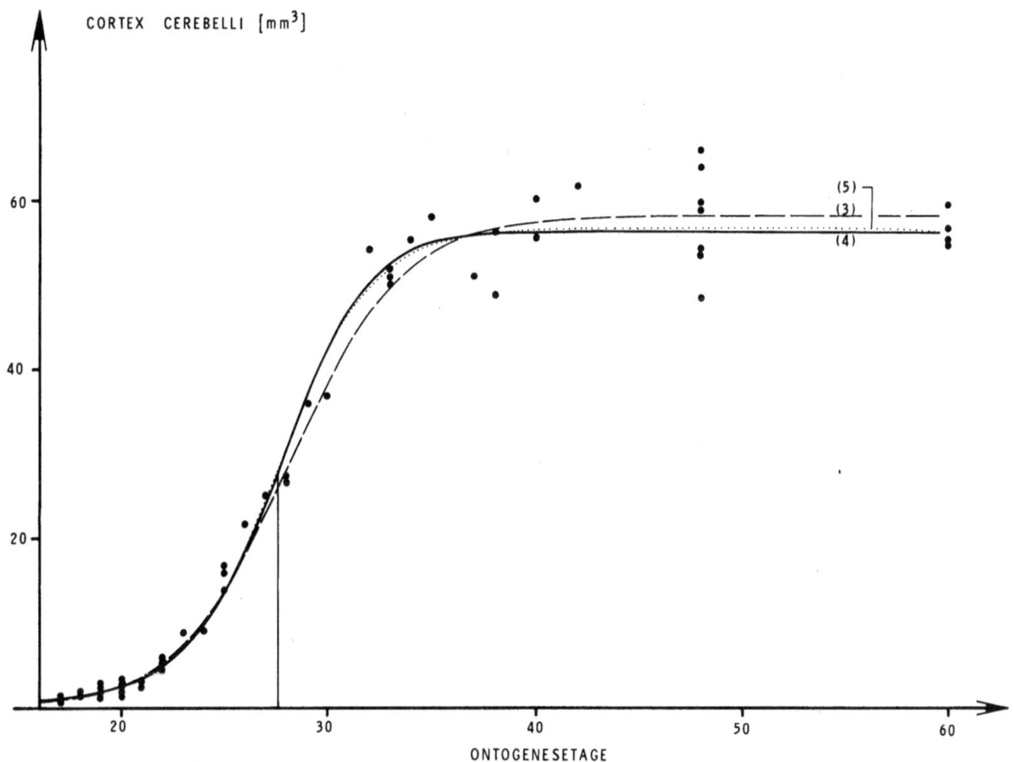

Bild 82: Wachstumskurven für den Cortex cerebelli der Albinomaus. An der Halbwertzeit ist eine Ordinatenparallele eingezeichnet

Das Cerebellum gliedert sich in einen Cortex und in eine weiße Substanz (Mark), in dem noch Kerne liegen. Eine genaue Beschreibung der Entwicklung der kleineren Kerne der Ratte [89, 90] hilft im einzelnen, bei den embryonalen Stadien zwischen Cortex und Mark mit Kerngebieten zu differenzieren. Dies ist darum nicht leicht, weil Neuroblasten aus dem Matrixepithel des 4. Ventrikels auswandern und die Grenze verwischen. Im embryonalen Cortex cerebelli gibt es eine äußere Körnerzellschicht, die zwischen dem 36. und 38. Ontogenesetag bei der Albinomaus verschwindet [41]. Unter dieser Körnerzellschicht bildet sich das Stratum moleculare aus. Bei den neugeborenen Tieren sind im NISSL-Präparat deutlich die PURKINJE-Zellen zu erkennen [1]. Die weitere Histogenese des Cortex cerebelli wurde ausführlich beschrieben [41].

Das Mark besteht vornehmlich aus Nervenfasern, die innerhalb des Cerebellum Teile verbinden oder zum Cerebellum hin- oder vom Cerebellum wegführen. Dazwischen liegen die Kleinhirnkerne, die als Nc. lateralis, Nc. medialis und Nc. interpositus sowie als das dorsolaterale "hump"-Kerngebiet [89] beschrieben wurden. Das Cerebellum: Mark und Kerne besitzt also eine ausgeprägte Durchdringungsstruktur. Die Summe aus den Frischvolumina für den Cortex cerebelli und für das Cerebellum: Mark und Kerne ergibt das Frischvolumen des Cerebellum (gesamt).

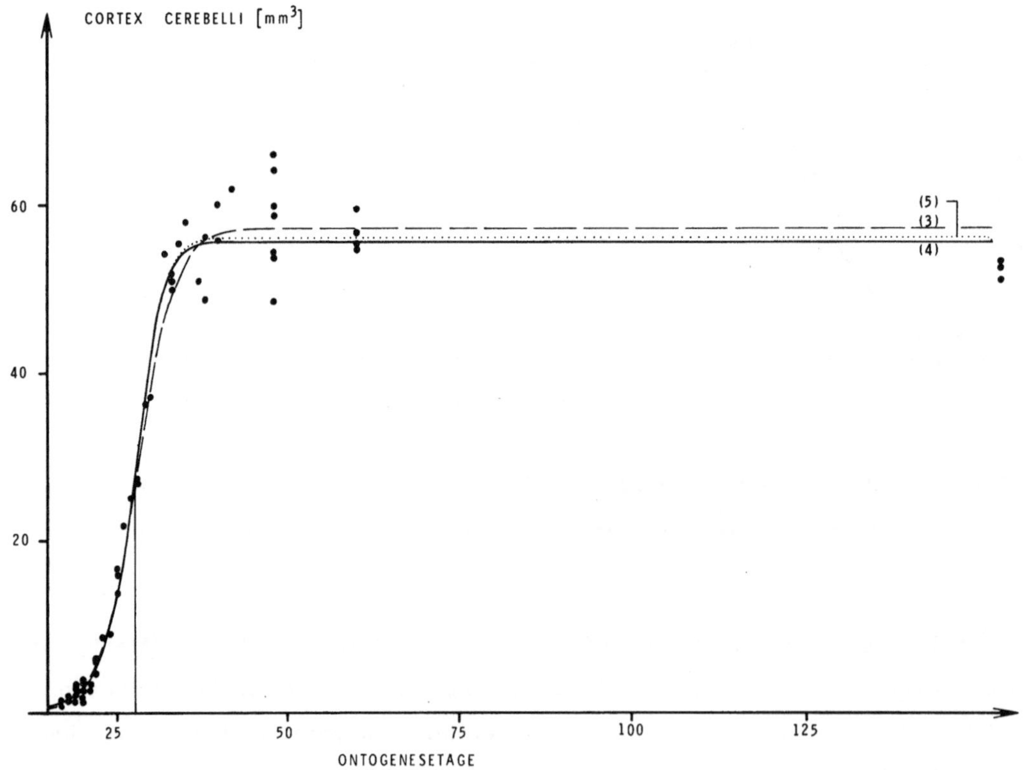

Bild 83: Wachstumskurven für den Cortex cerebelli der Albinomaus.
An der Halbwertzeit ist eine Ordinatenparallele eingezeichnet. In die Ausgleichung wurden die drei 153 Ontogenesetage alten Tiere aufgenommen

6.3.2.4.1 Cortex cerebelli

Die Frischvolumina des Cortex cerebelli wurden in Bild 82 gegen das Alter dargestellt. Die 4-parametrige Wachstumsfunktion ist signifikant (Tabelle 11). Deutlich sind die beiden Schenkel der S-förmigen Kurve zu sehen, da die Halbwertzeit mit 28 Ontogenesetagen sehr lang ist und die Kurve sehr steil verläuft. Die Varianz der Dichte ist mit 24 entsprechend klein. Die niedrigen Werte des Frischvolumens des Cortex cerebelli liegen in der embryonalen und frühen postembryonalen Phase. Der Vermehrungsfaktor ist mit 21 für Hirnregionen extrem hoch. Nimmt man die 153 Ontogenesetage alten Tiere noch hinzu (Bild 83), dann ändern sich die Kurven und die Parameter nur unwesentlich (Tabelle 12). Das Frischvolumen des Cortex cerebelli scheint wieder etwas abzunehmen. Zur genauen Beurteilung müßte aber die Datenlücke zwischen dem 60. und 153. Ontogenesetag ausgefüllt werden. Der Cortex cerebelli macht bei den adulten Tieren immerhin fast 12 % vom Gesamthirn aus. Sein Anteil steigt damit seit der Geburt auf mehr als das Vierfache an (Tabelle 19 und 11). Der anfangs sehr flache Anstieg resultiert in dem großen Exzess von 7.

Diesen Ergebnissen entsprechen die Resultate über die Kapillarisierung und die Entwicklung der oxydativen Enzyme. Bei neugeborenen Ratten weist das Stratum moleculare des Cerebellum im Vergleich mit 10 Kerngebieten des Rhombencephalon die absolut geringste Kapillarisierung auf [29, 30]. Dieser Unterschied ist noch stärker am 10. postnatalen Tag ausgebildet (das entspricht dem 28./29. Ontogenesetag bei der Albinomaus), weil sich zu diesem Zeitpunkt die Kerngebiete des Nc. hypoglossus, Nc. facialis, Nc. trigeminus, Nc. vestibularis lateralis et medialis, Nc. olivaris inferior et superior und des Nc. cochlearis dorsalis noch weiter entwickelt haben. Am 21. postnatalen Tag ist die Kapillarisierung des Stratum moleculare und des Stratum granulare des Cerebellum ebenfalls noch deutlich geringer ausgebildet. Bei 90 postnatale Tage alten Tieren hat der Cortex cerebelli den Entwicklungsrückstand in der Kapillarisierung aufgeholt.

Weitere Untersuchungen [53, 110, 111] beschreiben im allgemeinen ein ähnliches Reifungsmuster der Succinodehydrogenase wie das der Kapillarisierung. Innerhalb des Cortex cerebelli ist bei der Ratte die Succinodehydrogenase zuerst in den PURKINJE-Zellen (am 2. postnatalen Tag) und später in der Molekularschicht (zwischen dem 17. und 20. postnatalen Tag) nachweisbar [53]. Ähnlich wie dieses oxydative Enzym differenziert sich die Adenosintriphosphatase [53]. Daneben gibt es aber auch Enzyme wie die alkalische Phosphatase, die einen anderen Entwicklungsmodus haben. Die alkalische Phosphatase besitzt in den frühen, embryonalen Stadien ihre höchste Aktivität. Mit zunehmendem Alter nimmt sie wieder ab. Dies deutet auf besondere Funktionen dieses Enzyms in der Embryonalzeit hin. Es läßt sich also feststellen, daß sich einige wesentliche, aber nicht alle histochemisch nachweisbaren Enzyme des Cortex cerebelli parallel zum Frischvolumen der Kleinhirnrinde entwickeln.

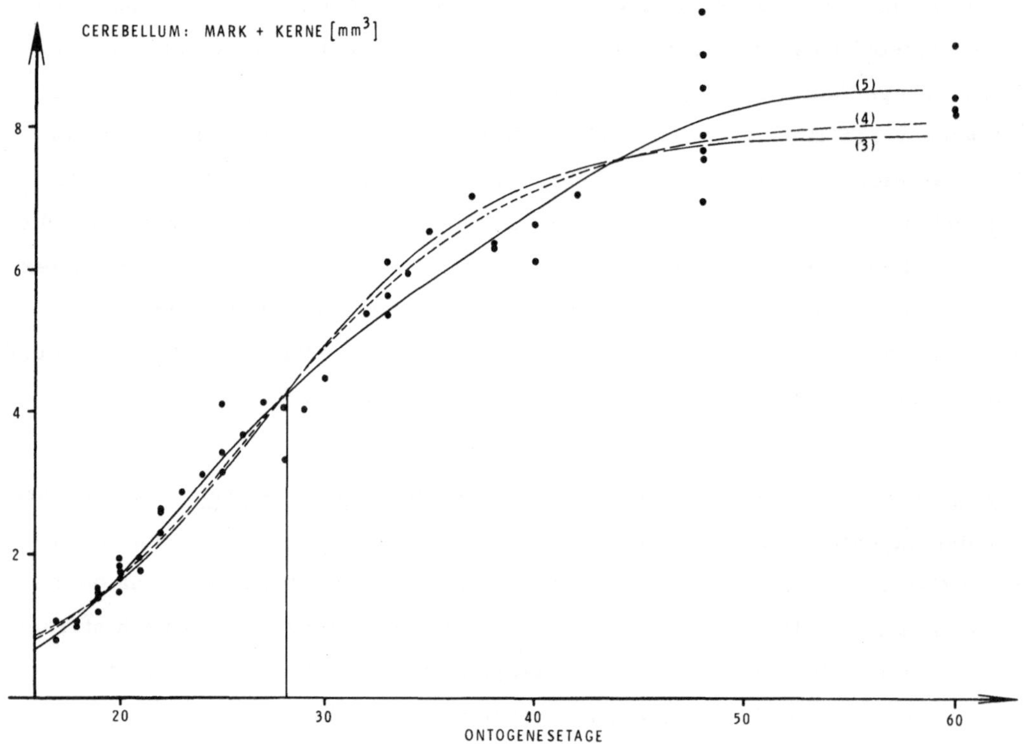

Bild 84: Wachstumskurven für das Cerebellum: Mark und Kerne der Albinomaus im Alter von 17 bis 60 Ontogenesetagen.

An der Halbwertzeit ist eine Ordinatenparallele eingezeichnet

6.3.2.4.2 Cerebellum: Mark und Kerne

Die 5-parametrige Wachstumsfunktion ist beim Cerebellum: Mark und Kerne signifikant (Bild 84, Tabelle 11). Die Kurve steigt sehr flach an. Das wird beim Vergleich mit dem Cortex cerebelli besonders deutlich: Zwischen dem 19. und dem 33. bzw. 21. und 31. Ontogenesetag nimmt der Cortex cerebelli 90 % bzw. 80 % und Cerebellum: Mark und Kerne 45 % bzw. 35 % an Frischvolumen zu. Die Varianz des Reifegrads ist mit 111 für Cerebellum: Mark und Kerne viel größer als die Varianz von 24 für Cortex cerebelli.

Die erwähnte Durchdringungsstruktur erklärt dieses unterschiedliche Entwicklungstempo. Nimmt man die 153 Ontogenesetage alten Tiere noch hinzu (Tabelle 12), dann findet man für Cerebellum: Mark und Kerne eine weitere Zunahme des Frischvolumens (Bild 85). Auch hier sind zusätzliche Meßdaten wünschenswert.

In der Wachstumsrate des Reifegrads gibt es einen Hinweis darauf, daß die Entwicklung inhomogen ist. Mittels des Programms MOMT finden wir einen angedeuteten zweiten Gipfel der Dichte (Bild 86 oben). Die Mehrkomponentenanalyse (Bild 87, Tabelle 9) ergibt eine erste Komponente mit dem Idealwert von 1.4 [mm^3], einer Halbwertzeit von 21 Ontogenesetagen und einem Vermehrungsfaktor von etwa 3 und eine zweite ausgesprochen langsam wachsende Komponente mit den entsprechenden Werten 7.3 [mm^3], 32 Ontogenesetage und 6. Die Sekundärparameter der Summen-

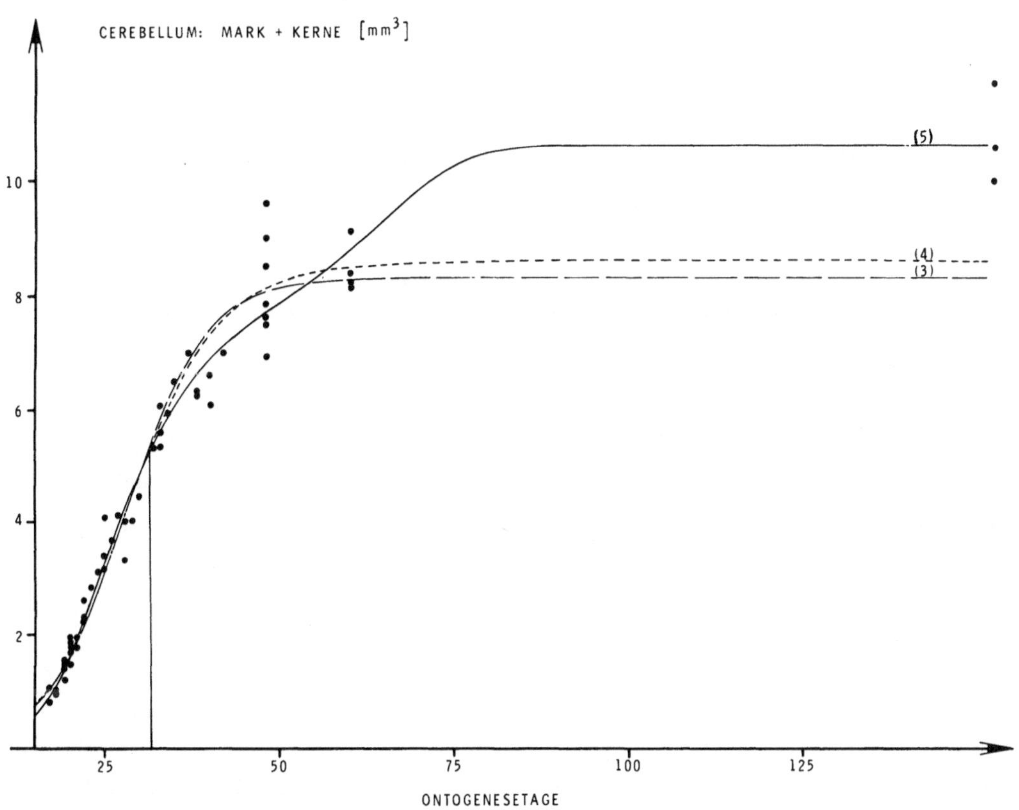

Bild 85: Wachstumskurven für das Cerebellum: Mark und Kerne der Albinomaus.

An der Halbwertzeit ist eine Ordinatenparallele eingezeichnet. In die Ausgleichung wurden die drei 153 Ontogenesetage alten Tiere aufgenommen

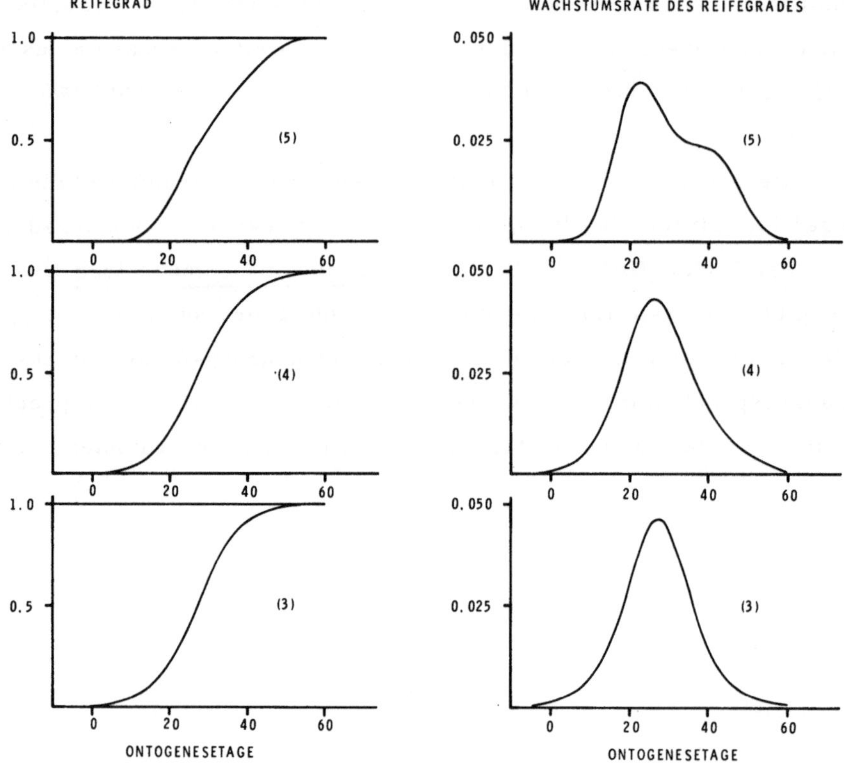

Bild 86: Reifegrad und Dichte (Wachstumsrate des Reifegrads) von Cerebellum: Mark und Kerne der Albinomaus

funktion entsprechen denen der 5-parametrigen Wachstumsfunktion (33). Merkliche Unterschiede treten nur bei den sehr empfindlichen Parametern Schiefe und Exzeß auf. Der Zwei-Komponenten-Ansatz ist bei einer Irrtumswahrscheinlichkeit von 0.1 % signifikant.

6.3.2.4.3 Cerebellum (gesamt)

Die 4-parametrige Wachstumsfunktion ist beim Cerebellum signifikant (Bild 88, Tabelle 11, 12).

Weder Cortex cerebelli noch Cerebellum: Mark und Kerne noch das Cerebellum (gesamt) haben in ihren Wachstumskurven im untersuchten Altersbereich ein Maximum. Die Gerade $y = P_1$ ist jeweils Asymptote. Die Halbwertzeiten der drei Hirnregionen liegen praktisch beim gleichen Wert von 28 Ontogenesetagen. Also entwickelt sich das Cerebellum (gesamt) auch spät wie der Cortex cerebelli und das Cerebellum: Mark und Kerne (Tabelle 11).

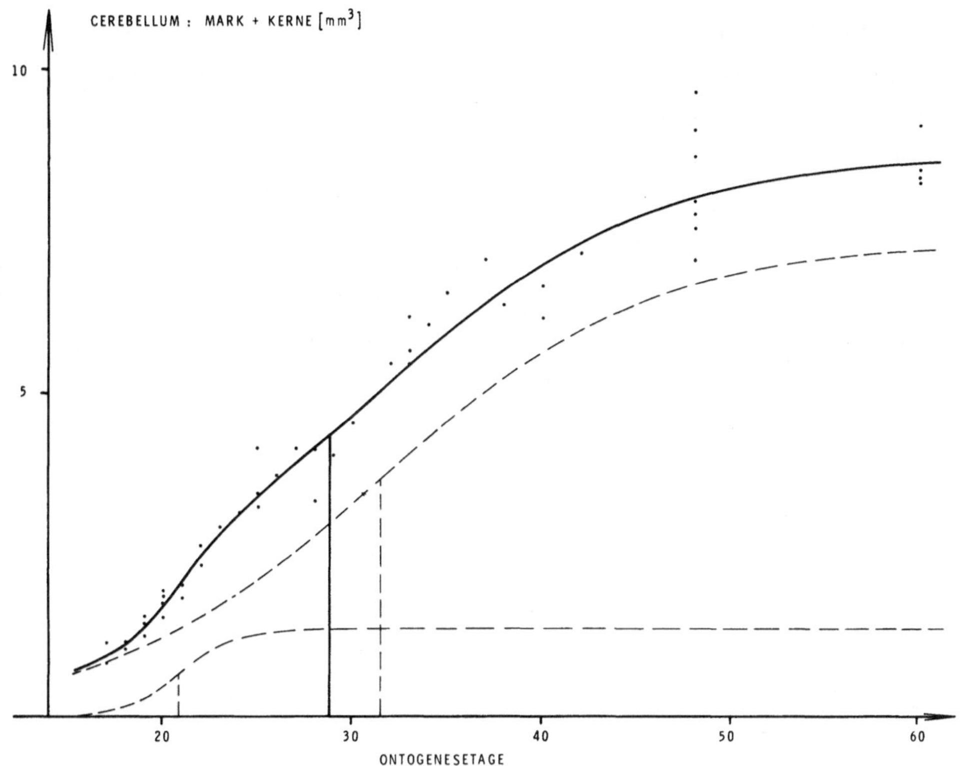

Bild 87: Wachstumskurven der Mehrkomponentenanalyse von Cerebellum: Mark und Kerne der Albinomaus.

An den Halbwertzeiten der Komponenten und an der Halbwertzeit der Summe beider Komponenten ist eine Ordinatenparallele eingezeichnet

6.3.2.4.4 Regressionsergebnisse

Die willkürliche Unterteilung in verschiedene Altersabschnitte ergibt bei der Regressionsanalyse (Bild 89, 90, 91, Tabelle 20) entsprechend dem oben dargelegten völlig unterschiedliche Resultate. So sind, bis auf zwei Ausnahmen, alle Teilgeraden signifikant, und signifikant sind alle drei Gesamtregressionen. Beim Cerebellum (gesamt) und beim Cortex cerebelli ist im Linearitätstest eine kubische Parabel, beim

Cerebellum: Mark und Kerne ist eine Parabel 2. Grades die signifikant beste Approximation der Abhängigkeit: Hirnregion / Hirnfrischvolumen.

Die Regressionsgeraden des Cerebellum (gesamt) und des Cortex cerebelli steigen bei den Embryonen entsprechend dem späten Beginn des deutlichen Volumenwachstums schwach an. Die Anstiege in der Gruppe 2 (20 bis 30 Ontogenesetage) und in der Gruppe 3 (31 bis 60 Ontogenesetage) sind nahezu gleich bei allerdings deutlichen Unterschieden in den absoluten Konstanten. In der 3. Gruppe kann in Übereinstimmung mit den meisten bisher untersuchten Hirnregionen eine Proportionalität angenommen werden. Diese rührt im wesentlichen wohl von den Streuungen her, die sich dem auslaufenden Wachstum überlagern. Die Meßdaten der drei 153 Ontogenesetage alten Tiere sind in den Bildern 89 bis 91 gesondert durch einen Kreis gekennzeichnet worden. Man erkennt an ihrer Lage in Bild 90 wie in Bild 85 das protrahierte Wachstum von Cerebellum: Mark und Kerne.

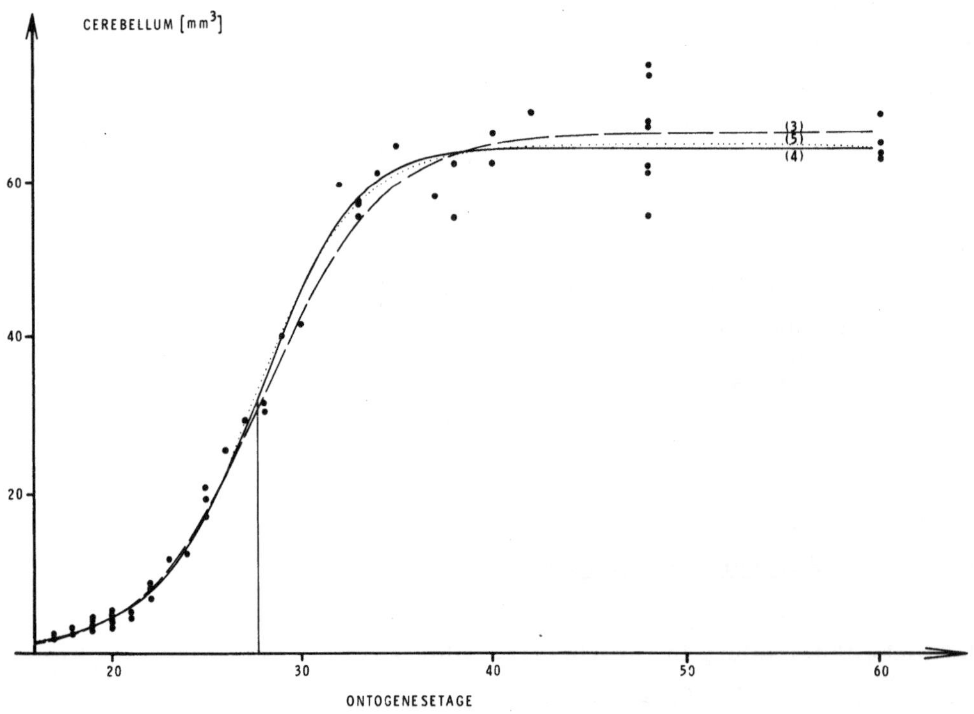

Bild 88: Wachstumskurven des Cerebellum (gesamt) der Albinomaus. An der Halbwertzeit ist eine Ordinatenparallele eingezeichnet

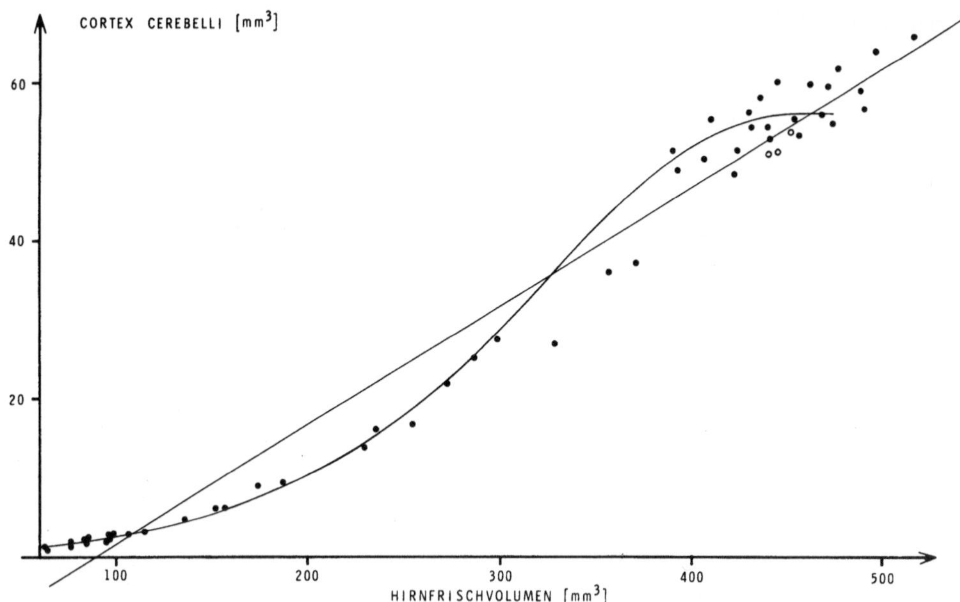

Bild 89: Daten, Regressionsgerade und die aus den Wachstumsfunktionen ermittelte Abhängigkeit des Cortex cerebelli vom Hirnfrischvolumen der Albinomaus. Die drei 153 Ontogenesetage alten Tiere sind durch Kreise gekennzeichnet

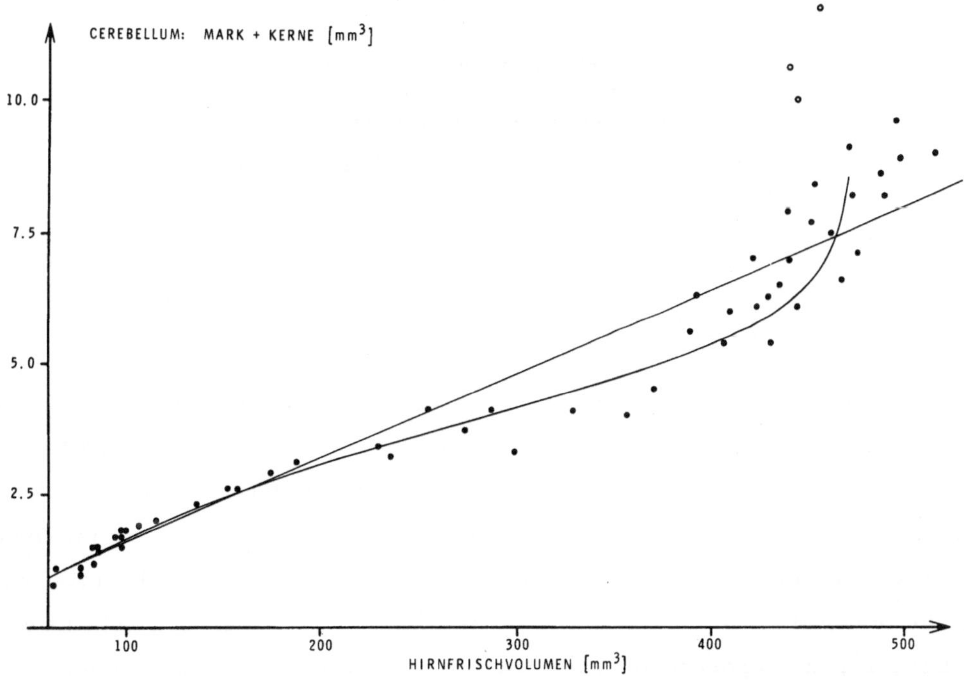

Bild 90: Daten, Regressionsgerade und die aus den Wachstumsfunktionen ermittelte Abhängigkeit von Cerebellum: Mark und Kerne vom Hirnfrischvolumen der Albinomaus.

Die drei 153 Ontogenesetage alten Tiere sind durch Kreise gekennzeichnet

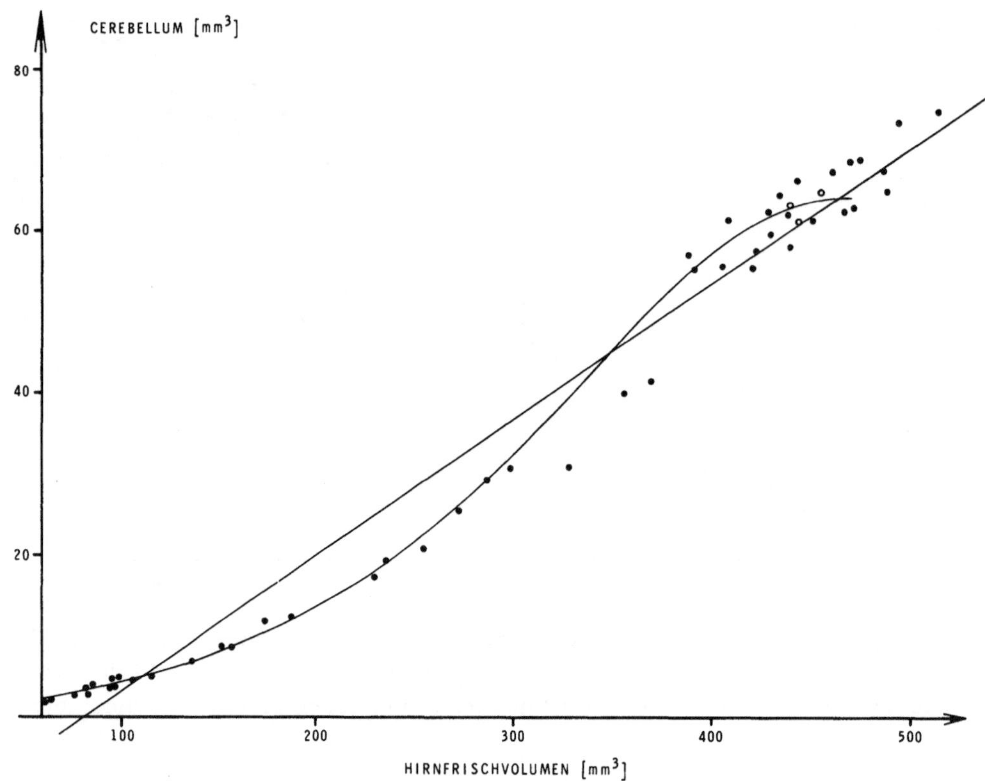

Bild 91: Daten, Regressionsgerade und die aus den Wachstumsfunktionen ermittelte Abhängigkeit des Cerebellum (gesamt) vom Hirnfrischvolumen der Albinomaus.

Die drei 153 Ontogenesetage alten Tiere sind durch Kreise gekennzeichnet

6.3.2.5 Prosencephalon

Das Prosencephalon enthält vor allem die Integrationsgebiete der rostralen Sinnesorgane (Nase und Auge). Es liegt rostral von Rhombencephalon, Tectum und Cerebellum (Bild 42 bis 46). Im Prosencephalon liegen unter anderem die Kerngebiete wie Striatum und Corpus amygdaloideum und die Rindenbezirke wie Cortex piriformis, Hippocampusformation und Neocortex, deren Entwicklung im einzelnen besprochen wird und die in den Bildern 63 bis 67 durch besondere Raster hervorgehoben wurden. Der restliche Teil des Prosencephalon wurde als "Restprosencephalon" in den Bildern 63a bis f, 64a bis f, 65a bis f, 66a bis h und 67a bis i fein punktiert.

Die Wachstumskurven des Prosencephalon (Bild 92) sind deutlich S-förmig. Die 3-parametrige Wachstumsfunktion ist signifikant. Ihre Halbwertzeit liegt bei 25 Ontogenesetagen, ihr Vermehrungsfaktor bei 4.6. Damit sind sich die Wachstumskurven des Prosencephalon und des Gesamthirns recht ähnlich. Das Prosencephalon wächst steiler, was sich in der kleineren Varianz der 5-parametrigen Wachstumsfunktion gegenüber dem Gesamthirn (38 gegen 48) und dem größeren Betrag des Parameters P_3 der 3-parametrigen Wachstumsfunktion äußert (Tabelle 11).

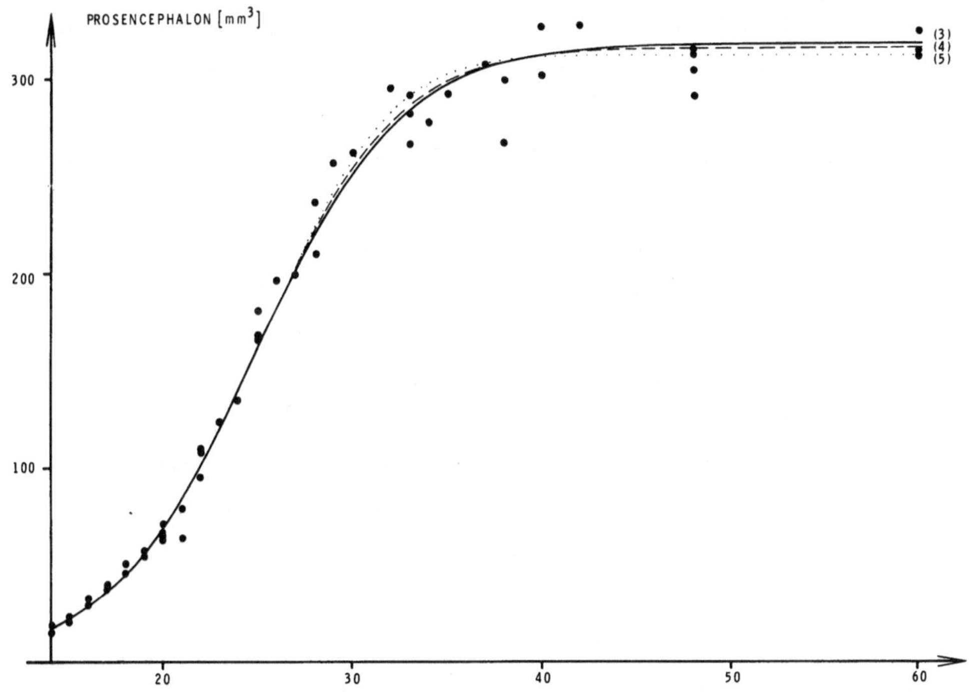

Bild 92: Wachstumskurven des Prosencephalon der Albinomaus

Das Prosencephalon erreicht etwa 2/3 des Hirnfrischvolumens, ein Anteil, der entsprechend den gleichen Vermehrungsfaktoren auch zum Zeitpunkt der Geburt schon vorhanden ist (Tabelle 19).

Die Hinzunahme der 153 Ontogenesetage alten Tiere bringt für die Parameter der 3-parametrigen Form praktisch keine Änderung, macht sich jedoch in der 5-parametrigen Form schon bemerkbar (Tabelle 12).

Die <u>Regressionsanalyse</u> gegen das Hirnfrischvolumen (Tabelle 20) ergibt eine Proportionalität mit dem Faktor 0.69 und eine hohe Korrelation. Dennoch zeigen die Tests, daß der lineare Ansatz für den gesamten Altersbereich nicht zulässig ist.

6.3.2.5.1 Striatum

Das Striatum ist ein Kerngebiet, das in der Nähe der Seitenventrikel liegt und sich cytoarchitektonisch durch ein charakteristisches Überwiegen der kleinen Nervenzellen im Vergleich mit den großen Nervenzellen auszeichnet (Verhältnis 20 : 1). Die drei Unterkerngebiete sind Caudatum, Putamen und Nc. accumbens (Bild 64 c, 65 c, 66 d, 67 d). Während beim Menschen zwischen Caudatum und Putamen die Capsula interna (Neuhirnbahnen) als breites Bündel hindurchzieht, verlaufen im Striatum der Albinomaus diese Bahnen verstreut. So ist das von uns vermessene Striatum eine Mischstruktur, bestehend aus der eigentlichen grauen Substanz des Striatum und aus Nervenfasern, die zum Neuhirn hin- oder vom Neuhirn wegführen.

Bei den jungen Gehirnen liegt zwischen dem Striatum und dem Seitenventrikel das Matrixepithel (Bild 63 c bis e, 64 c und d, 65 d) als kleiner Teil des "Restprosencephalon", das nicht gemeinsam mit dem Striatum vermessen wurde. Leitstrukturen für das Striatum sind die Commissura anterior (Bild 64 c, 65 c, 66 d, 67 e), die laterale und die dorsolaterale Topographie zu den Seitenventrikeln (Bild 63 c bis e, 64 c und d, 65 c und d, 66 d bis f, 67 e bis g) und die laterale Grenze zur Capsula externa. Weitere Einzelheiten der Arealbegrenzungen finden sich in der Literatur [34, 35, 61, 65, 83, 84, 88, 96, 99, 100, 125, 126, 141, 149, 158].

In Bild 93 sind die Frischvolumina des Striatum gegen das Alter dargestellt. Die 5-parametrige Wachstumsfunktion ist signifikant. Die Kurve steigt flach an, die Varianz der Dichte ist mit 90 entsprechend groß. Die Halbwertzeit liegt spät bei 27.5 Ontogenesetagen. Der Vermehrungsfaktor ist mit 6 relativ groß. Die Primärparameter der 5-parametrigen Wachstumsfunktion werden durch die Hereinnahme der 153 Ontogenesetage alten Tiere, im Gegensatz zu den meisten Sekundärparametern, stark beeinflußt. Es tritt sogar ein Maximum bei etwa 55 Ontogenesetagen und ein tiefes Minimum bei 120 Ontogenesetagen auf. Infolge der schon mehrfach erwähnten Datenlücke ist dieses Ergebnis biologisch nicht relevant (Tabelle 11 und 12).

Die Wachstumsrate des Reifegrads ist – bezogen auf den Wendepunkt – sehr unsymmetrisch, und die <u>Mehrkomponentenanalyse</u> (Bild 94, Tabelle 9) läßt erkennen, daß es sich beim Striatum um eine Überlagerung einer Komponente mit einem Idealwert von etwa 11 [mm^3] bei einem Vermehrungsfaktor von knapp 3 und einer Halbwertzeit von 22 Ontogenesetagen und einer zweiten Komponente handelt, die bei einem Idealwert von etwa 17 [mm^3] ihren Wendepunkt erst bei 32 Ontogenesetagen besitzt.

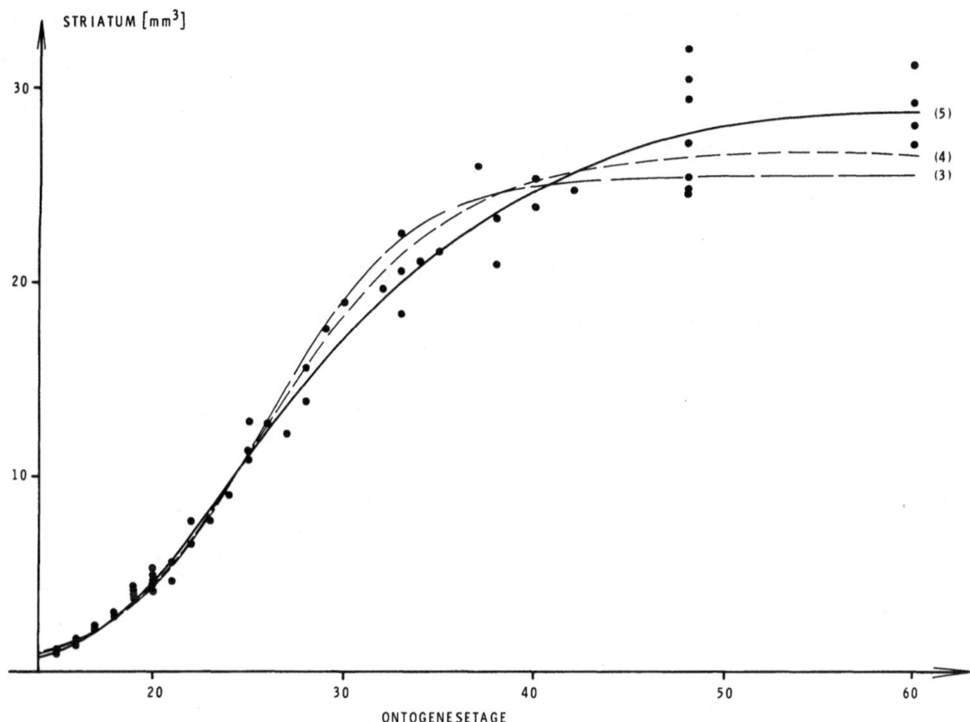

Bild 93: Wachstumskurven des Striatum der Albinomaus

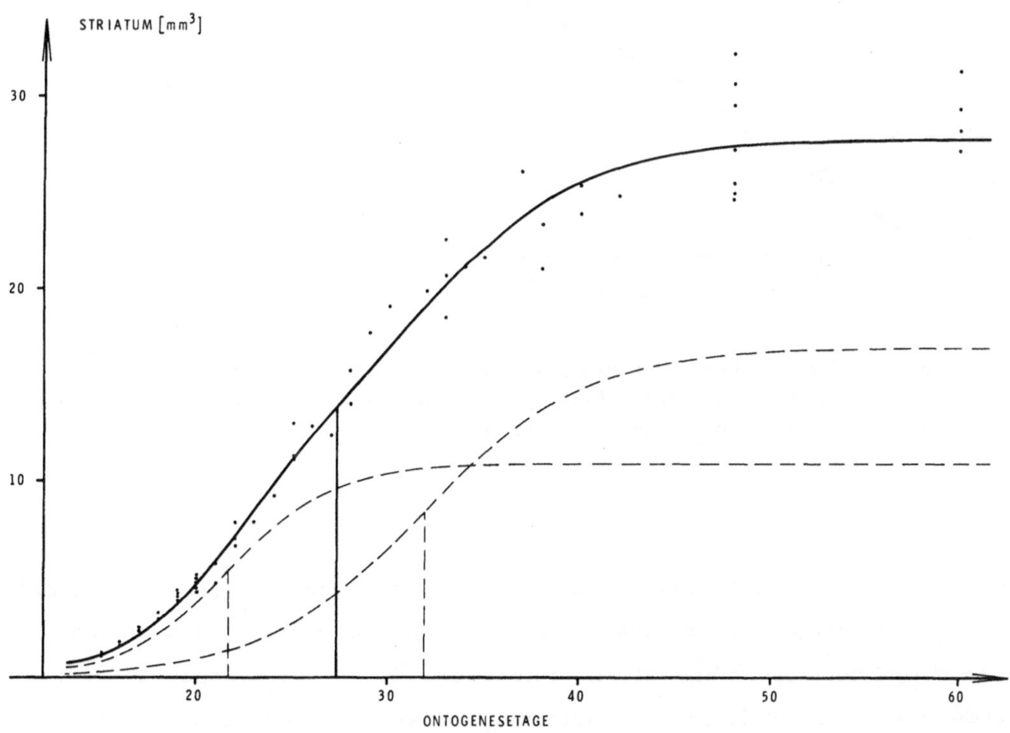

Bild 94: Wachstumskurven der Mehrkomponentenanalyse des Striatum der Albinomaus

Entsprechend der sich nur in einer deutlichen Unsymmetrie der Dichte (Programm MOMT) äußernden Überlagerung sind die Standardabweichungen der Kurvenparameter der einzelnen Komponenten sehr groß. Es handelt sich also bei dem durch die Iteration erreichten Minimum der Fehlerfläche um ein sehr flaches Tal, kein scharfes Minimum.

In der Regressionsanalyse (Bild 95, Tabelle 20) sind fast alle Teilgeraden signifikant, es besteht eine Signifikanz gegen die Gesamtgerade. Im Linearitätstest ist eine kubische Parabel signifikant.

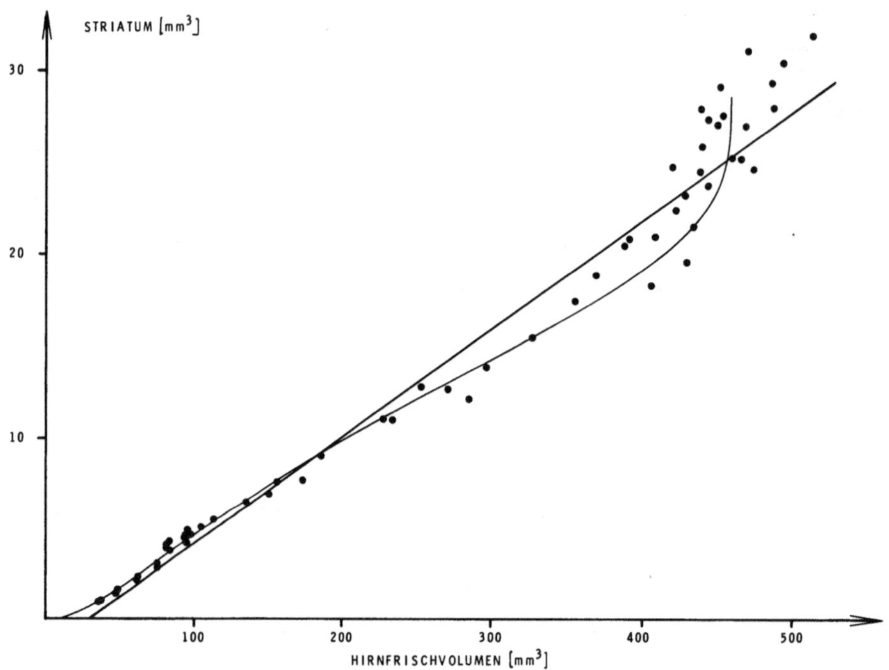

Bild 95: Daten, Regressionsgerade und die aus den Wachstumskurven ermittelte Abhängigkeit des Striatum vom Hirnfrischvolumen der Albinomaus

Das Striatum gehört zu den Hirnregionen, die spät reifen. Sicher wird dabei die Entwicklung des Frischvolumens von den durch das Striatum hindurchziehenden neocorticalen Projektionsfasern beeinflußt, die erst am 30. bis 32. Ontogenesetag ihre Markscheiden erhalten [93]. Die Mischstruktur erklärt auch den flachen Anstieg und die nachgewiesene zweite Komponente.

Die Befunde über die Reifung der Succinodehydrogenase [53, 110, 111] korrespondieren mit der Wachstumsfunktion des Striatum. Grob vereinfacht beschrieben, entsteht die Succinodehydrogenase in den einzelnen Hirnregionen während der Ontogenese in caudorostraler Richtung. Die Rhombencephalonkerne, deren Aktivität schon bei der neugeborenen Ratte entwickelt ist, wurden im Abschnitt 6.3.2.2 bereits erwähnt. Im Putamen findet man am 2. postnatalen Tag eine schwache Aktivität, am 7. postnatalen Tag die volle Aktivität. Die Acetylcholinesterase - um ein weiteres Beispiel zu nennen - erreicht im extrapyramidalen System eine besonders hohe Aktivität (Stufe 5) [53], die erst nach drei postnatalen Monaten bei der Ratte erreicht wird. Im rhombencephalen Nc. ambiguus dagegen findet man schon am 14. postnatalen Tag die noch höhere Stufe 6. Bei diesem System ist eine allgemeine Deutung des Reifungsmusters besonders schwierig, weil hohe Differenzen im Prozentgehalt der Acetylcholinesterase zwischen den einzelnen Hirnzentren bestehen, die Schätzung der Stufen schwierig ist und der Vergleich untereinander, also die Relativierung auf den Reifegrad 1, noch problematischer ist. Wesentlich ist, daß nach Abschluß des Wachstums des Frischvolumens noch erhebliche Veränderungen des Fermentgehalts stattfinden.

6.3.2.5.2 Corpus amygdaloideum

Das Corpus amygdaloideum ist ein kleines Kerngebiet im basalen Teil des Endhirns (Bild 63d bis f, 64d bis f, 65e und f, 66f und g, 67f bis h). Die komplizierte Lage dieser Region ist im einzelnen beschrieben worden [22, 32 bis 34, 65, 76, 77, 83, 88 95, 99, 100, 125 bis 127, 146, 158]. Das Corpus amygdaloideum gehört zum limbischen System [2, 3, 69, 142, 143], das auch visceral brain genannt wurde.

Wutreaktionen und Lustempfindungen sind in diesem Gebiet durch implantierte Elektroden ausgelöst worden. Entsprechend den Angaben in der Literatur [32, 33] rechneten wir zum Corpus amygdaloideum:

1. die basolaterale Kerngruppe,
2. die corticomediale Kerngruppe,
3. den zentralen Kern,
4. den Nc. tractus olfactorii lateralis,
5. den Nc. amygdalae anterior (nur bis zur Höhe des Nc. tractus olfactorii lateralis).

Das rostrale Gebiet des Nc. amygdalae anterior wurde nicht vermessen, da es sich nicht scharf gegen die Regio diagonalis und gegen das Striatum absetzt und sichere cytoarchitektonische Grenzen für quantitative Untersuchungen erforderlich sind. Dorsal grenzt das Corpus amygdaloideum an das Striatum (Bild 63d rechts, 63e links, 64d links, 66f und 67f), medial an das Diencephalon und rostral lateral an den Cortex piriformis (Bild 63d rechts, 63e, 64d links, 65e, 66f und 67f).

In Bild 96 sind die Frischvolumina des Corpus amygdaloideum gegen ihr Alter dargestellt. Signifikant ist die 3-parametrige Wachstumsfunktion (10). Die Halbwertzeit und der Vermehrungsfaktor (Tabelle 11, 12) sind klein. Der Anstieg der Wachstumsfunktion ist steil, wie dies auch die kleine Varianz der 5-parametrigen Dichte mit etwa 30 bestätigt.

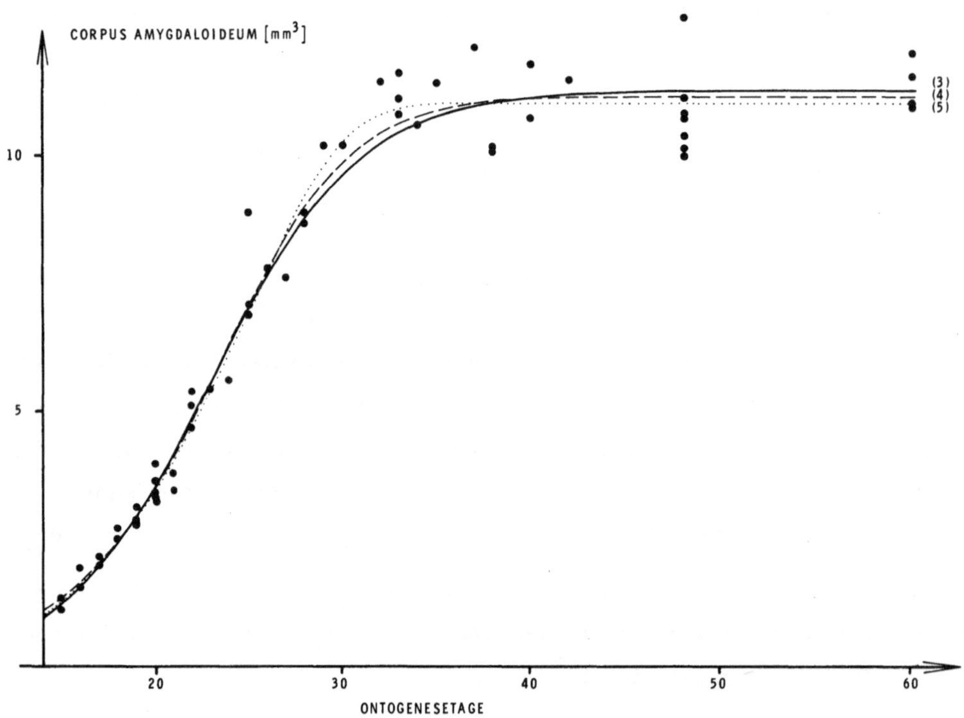

Bild 96: Wachstumskurven des Corpus amygdaloideum der Albinomaus

Bei 15 Ontogenesetagen ist ein zweiter Gipfel der Dichte angedeutet. Bei der Mehrkomponentenanalyse (Bild 97, Tabelle 9) ist die Fehlerquadratsumme jedoch gegenüber dem 3-parametrigen Ansatz nicht signifikant. Das ist auch bei der Lage der ersten Komponente, die bei 15 Ontogenesetagen, wo die ersten Daten liegen, schon ihren Wendepunkt hat und sehr steil ansteigt, kaum anders zu erwarten. Eine Klärung ist hier durch zusätzliche Meßdaten möglich. Das Corpus amygdaloideum gehört also zu den früh sich entwickelnden Hirnregionen, wobei sich ontogenetische und phylogenetische Entwicklung entsprechen.

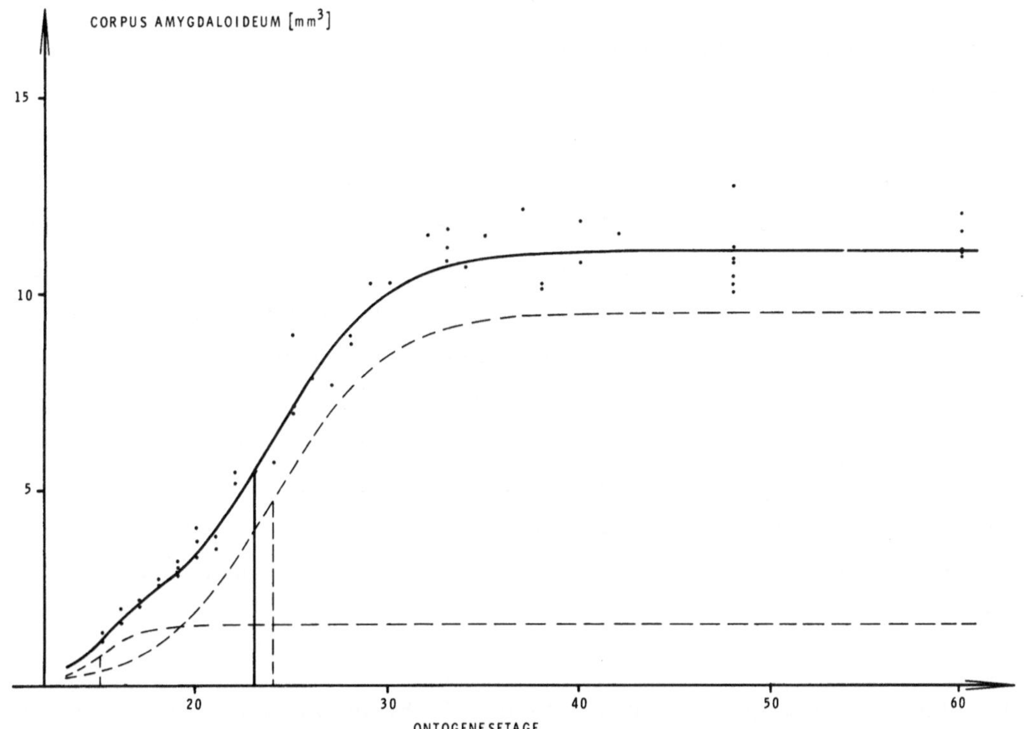

Bild 97: Wachstumskurven der Mehrkomponentenanalyse des Corpus amygdaloideum der Albinomaus.
An den Halbwertzeiten der Komponenten und an der Halbwertzeit der Summe der Komponenten sind Ordinatenparallelen eingezeichnet

6.3.2.5.3 Cortex piriformis

Der Cortex piriformis ist eine stammesgeschichtlich alte, dem Palaeocortex zugerechnete Rinde des Endhirns, die einen einfacheren Schichtenbau als die Neuhirnrinde aufweist [56, 62, 138]. Bei der Albinomaus liegt der Cortex piriformis im rostralen und basalen Teil des Endhirns (Bild 63b bis e, 64b bis d, 65c bis e, 66d bis f, 67d bis f). Er ist dem olfaktorischen Integrationsapparat zuzuordnen und deshalb kein Teil des limbischen Systems [2, 3, 69, 142, 143, 145].

Der Begriff "Cortex piriformis" wird als Zusammenfassung zweier basaler, allocorticaler Rindenbezirke, der Area piriformis anterior und der Area piriformis medialis, verstanden [56, 61, 62, 145]. Nicht einbezogen wird jedoch die Rinde des Lobus piriformis im Sinne von [64], wo zum Cortex piriformis auch die Area piriformis posterior gerechnet wurde, die der Area entorhinalis entspricht [61]. Cytoarchitektonische, myeloarchitektonische und vergleichend-anatomische Gründe sprechen aber dagegen, die Area entorhinalis mit unter den Begriff Cortex piriformis zu subsumieren [34, 103, 140].

Die cytoarchitektonischen Unterschiede zwischen der Regio praepiriformis und der Regio periamygdalaris sind im Kresylechtviolett-Präparat gering. Deshalb wurden diese beiden Gebiete nicht getrennt vermessen. Zwischen der Regio periamygdalaris und der Regio entorhinalis erscheint in den Transversalschnitten eine Übergangsrinde, die schwer zu beurteilen ist. Wir haben deshalb den Cortex piriformis nur dort vermessen, wo die Charakteristika sicher zu erkennen waren. Wesentliche histologische Merkmale sind: der Dreischichtenbau; die Molekularschicht ist sehr breit; in der 2. Schicht sind die Pyramidenzellen und die polymorphen Zellen von unterschiedlicher Größe und liegen dicht gepackt, so daß sie ein deutlich sichtbares Zellband bilden; in der 3. Schicht befinden sich kleine und polymorphe Nervenzellen, deren Anzahl relativ gering ist.

Bild 98 zeigt den S-förmigen Datenverlauf der Frischvolumina des Cortex piriformis gegen das Alter. Die 3-parametrige Wachstumsfunktion ist signifikant. Die Halbwertzeit beträgt 24 Ontogenesetage und liegt damit wie der Vermehrungsfaktor 4 an der Grenze zwischen den kleinen bis mittleren Werten. Die Kurve verläuft steil, was durch die kleine Varianz der Dichte mit 29 ausgedrückt wird. Daher kann man den Cortex piriformis mehr in die Gruppe der Rindenbezirke einordnen, die sich früh entwickeln (Tabelle 11).

6.3.2.5.4 Hippocampusformation

Zur Hippocampusformation gehören Rindenregionen, die ähnlich wie der Cortex piriformis einfacher als der Neocortex gebaut sind. Sie liegen aber nicht basal, sondern sind durch die starke Entfaltung des Neocortex im Laufe der Stammesgeschichte nach medial fast in den Ventrikel "hineingekrempelt" worden. Vier Unterregionen werden zur Hippocampusformation gerechnet [34, 44 bis 46, 63, 126]:

1. Cornu ammonis,

2. Gyrus (= Fascia) dentatus,

3. Subiculum,

4. Taenia tecta (caudal vom Corpus callosum).

Eine detaillierte cytologische Beschreibung findet sich in [94]. In embryonalen Gehirnen ragt die Hippocampusformation von medial in den Ventrikel hinein (Bild 63 d bis f). Zwischen ihr und dem Neocortex befindet sich die Regio praesubicularis (Bild 63 und 64 e). Fornix und Alveus wurden nicht zur Hippocampusformation gerechnet. Infolge der widderhornförmigen Bogenstruktur der Hippocampusformation kann eine schmale Stelle (Bild 65 e) oder eine breite Fläche (Bild 67 h) in der Serie getroffen werden. Man ersieht daraus, wie unsicher es ist, mit bloßem Auge die Größe der Frischvolumina bestimmter Hirnregionen zu schätzen.

Bei der Hippocampusformation ist sowohl mit als auch ohne (Bild 99) die 153 Ontogenesetage alten Tiere die 4-parametrige Wachstumsfunktion signifikant, ohne die

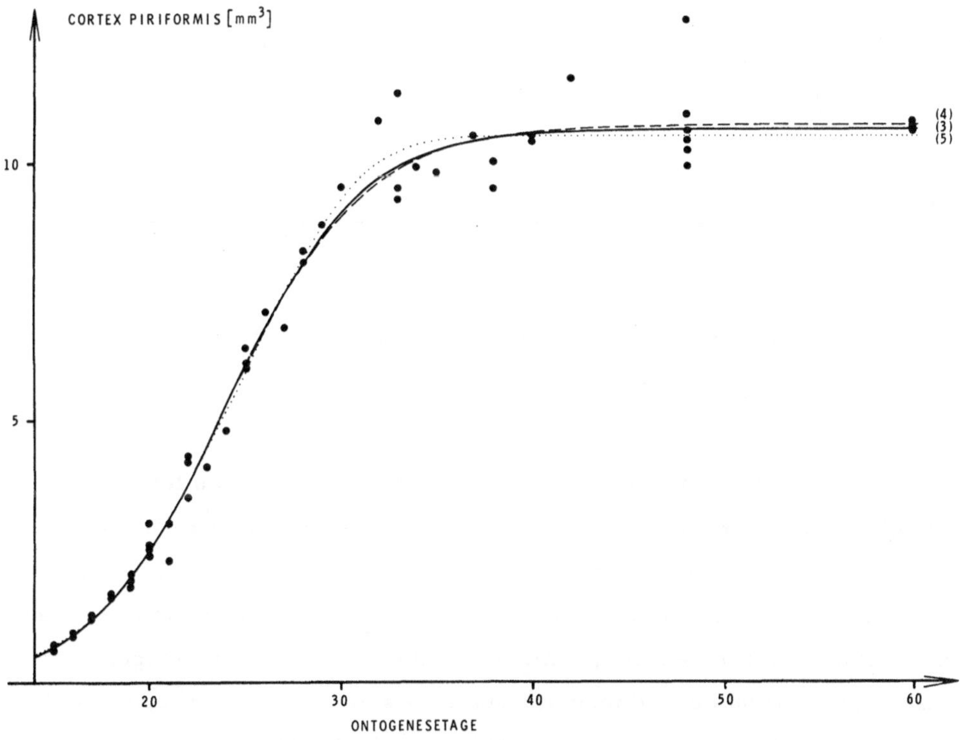

Bild 98: Wachstumskurven des Cortex piriformis der Albinomaus

153 Ontogenesetage alten Tiere sogar mit einer Irrtumswahrscheinlichkeit von 0.1 %. Der Kurvenverlauf wird trotz der deutlichen Änderungen der Primärparameter wenig beeinflußt, wie man aus den Sekundärparametern erkennen kann (Tabelle 11, 12). Ein Hinweis auf eine Überlagerung mehrerer Komponenten hat sich nicht ergeben. Die Existenz und unsichere Lage des flachen Maximums hat keine biologische Bedeutung, solange nicht die große Datenlücke ausgefüllt wird, an deren Rand bzw. in der das Extremum liegt.

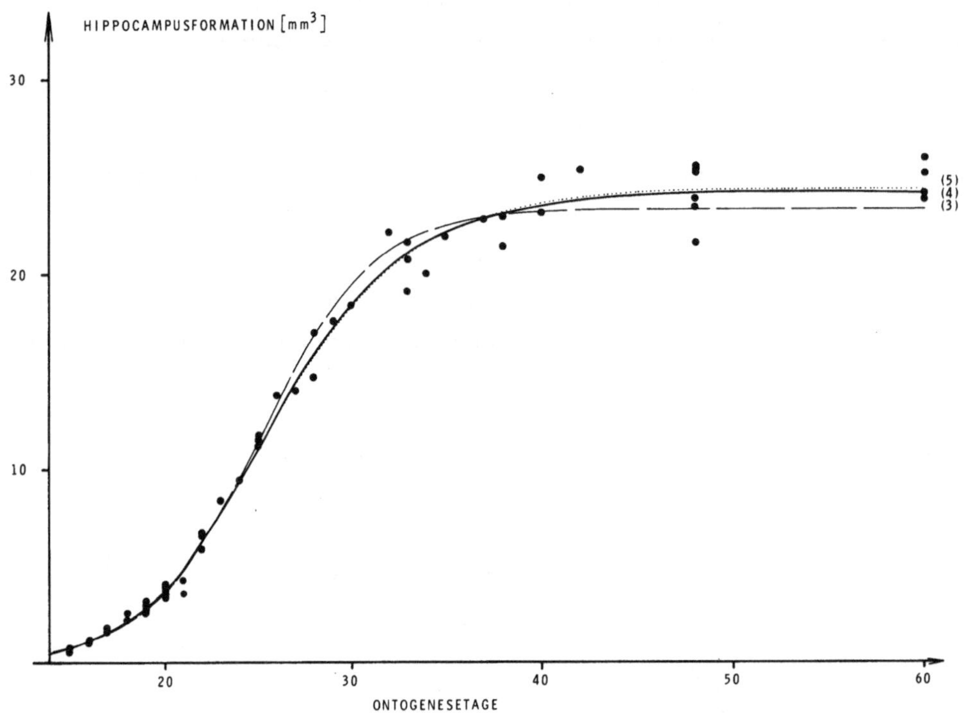

Bild 99: Wachstumskurven der Hippocampusformation der Albinomaus

Die ontogenetische Entwicklung der Hippocampusformation wurde an teilweise noch jüngeren Stadien mit dem Ergebnis untersucht, daß sie sich früh aus dem lateromedialen Teil der Rindenplatte differenziert [44 bis 46]. Mit dem gleichen Entwicklungstempo soll die praepiriforme Rinde früh aus dem laterobasalen Teil der Rindenplatte entstehen. Die genaue quantitative Untersuchung zeigt dagegen, daß sich die Hippocampusformation der Albinomaus später als der Cortex piriformis entwickelt. Wenn sich eine Struktur cytoarchitektonisch in der Ontogenese früh abhebt, dann ist also über ihr quantitatives Verhalten noch keine sichere Aussage möglich.

Die Regressionsanalyse ergibt keine Signifikanz, weder der Teilgeraden untereinander, noch aller Teilgeraden gegen die Gesamtgerade. Auch der Linearitätstest zeigt keine signifikanten Abweichungen von der Linearität. Die Hippocampusformation ist damit im untersuchten Altersintervall die einzige Hirnregion mit einem gültigen linearen Modell für die Abhängigkeit vom Hirnfrischvolumen.

6.3.2.5.5 Neopallium

Etwas abweichend von den gültigenAnsichten soll in dieser Studie unter Neopallium die Summe von Neocortex und subneocorticalem Mark verstanden werden. Tatsächlich müßten alle Faserbahnen des Neuhirns hinzugerechnet werden. Unterhalb der Stammgangliengrenze verlaufen diese Bahnen im Diencephalon, im Rhombencephalon und im Rückenmark in komplizierten und teilweise nicht isolierten Faserbündeln, die von nicht-neencephalen Fasern meist unscharf abgehoben und daher auch nicht ohne weiteres meßbar sind.

Der Neocortex besitzt mit einer 6-Schichtenstruktur von den bisher erwähnten Rindenregionen den kompliziertesten Bau. Beim Menschen liegen im Neocortex die weiter evoluierten Sekundärgebiete, "das Neuhirn im Neuhirn" [128], zu denen die motorischen und sensorischen Sprachzentren gehören.

Bei der Albinomaus wird vor allem der dorsomediale, dorsale und dorsolaterale Bereich des Endhirns vom Neocortex eingenommen (Bild 63b bis f, 64b bis f, 65b bis f, 66c bis h, 67c bis i). Vom Neocortex wurde bereits die Grenze zum Palaeocortex beschrieben (Abschnitt 6.3.2.5.3). Sie liegt im Transversalschnitt lateral und ist im rostralen Bereich zum Bulbus olfactorius (Bild 63b, 64b, 65b, 66c, 67c) und im mittleren Bereich zum Cortex piriformis morphologisch deutlich abgegrenzt (Bild 63b bis d, 64b bis d, 65c und d, 66d bis f, 67d bis f). Nach medial, zum Balken hin, hebt sich die Taenia tecta gut vom Neocortex ab. Nur caudal ist die Grenze zum Praesubiculum und zur Regio entorhinalis (Bild 63e und f, 64e und f, 65e und f, 66g und h, 67g bis i) unscharf. Die Unterregionen des Neocortex sind bei [125, 126, 151] genauer beschrieben worden.

Das subneocorticale Mark ist die Schicht, die unmittelbar unter dem Neocortex zwischen Neocortex einerseits und Seitenventrikel, Striatum und Insel andererseits liegt (Bild 63b bis f, 64b bis e, 65c bis e, 66d bis g, 67d bis i). Es handelt sich um eine Substanz, die bei embryonalen und neugeborenen Tieren vornehmlich aus Neuroblasten besteht. Diese wandern aus dem Matrixepithel aus und bauen den Neocortex auf. Außerdem verlaufen in diesem Gebiet Nervenfasern, die im Laufe der Ontogenese Markscheiden erhalten und dann die weiße Substanz bilden. Dazu gehört vor allem der Balken, der als Kommissurensystem den Neocortex beider Hemisphären miteinander verbindet. Das subneocorticale Mark besitzt also eine Mischstruktur.

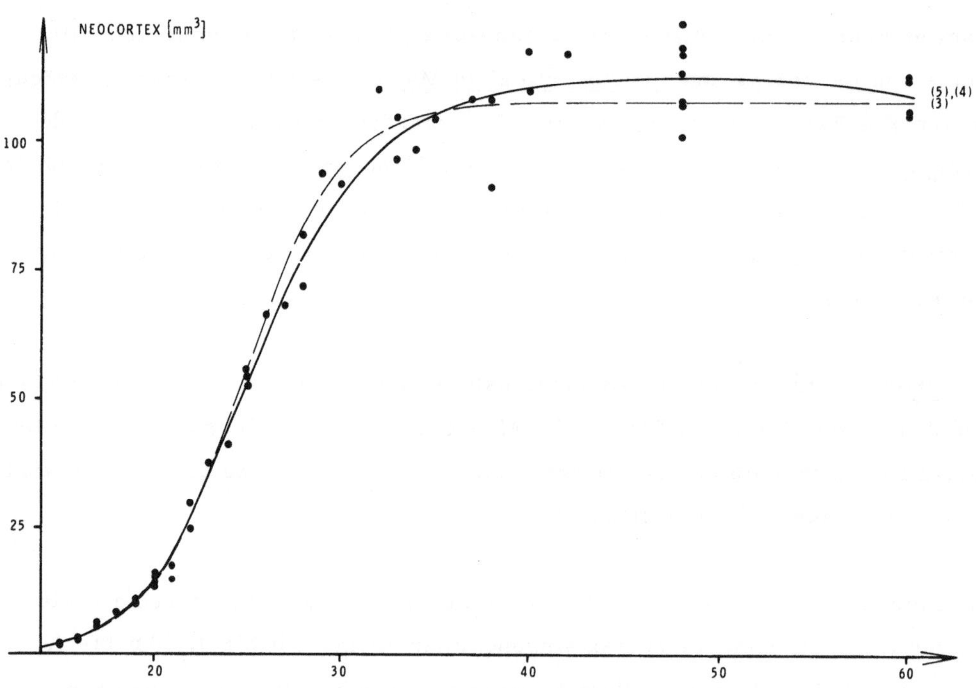

Bild 100: Wachstumskurven des Neocortex der Albinomaus

6.3.2.5.5.1 Neocortex

In Bild. 100 sind die Meßdaten und die Wachstumskurven des Frischvolumens des Neocortex dargestellt. Die 4-parametrige logistische Wachstumsfunktion ist unabhängig von den 153 Ontogenesetage alten Tieren signifikant. Die Halbwertzeit liegt bei 25 Ontogenesetagen, der Vermehrungsfaktor beträgt etwa 8. Der Anstieg ist steil, kenntlich an der kleinen Varianz der Dichte (Bild 101, Tabelle 11, 12). Die Primärparameter werden durch die 153 Ontogenesetage alten Tiere merklich beeinflußt, während die Änderung der Sekundärparameter geringer ist. Beide Wachstumsfunktionen besitzen ein Maximum, dessen zeitliche Lage jedoch – bedingt durch das Fehlen von Meßdaten zwischen 60 und 153 Ontogenesetagen – unsicher ist. Da zwischen 60 und 153 Ontogenesetagen keine Meßpunkte liegen, wird die Fehlerquadratsumme durch beliebige Änderungen des Verlaufs in diesem Intervall nicht beeinflußt. Dieses Phänomen ist auch bei der Hippocampusformation aufgetreten (Abschnitt 6. 3. 2. 5. 4). Die Existenz eines Maximums ist jedoch wahrscheinlich. Der Neocortex gehört damit zu den sich spät entwickelnden Hirnrinden. Signifikant noch später entwickelt sich der Cortex cerebelli (Abschnitt 6. 3. 2. 4. 1).

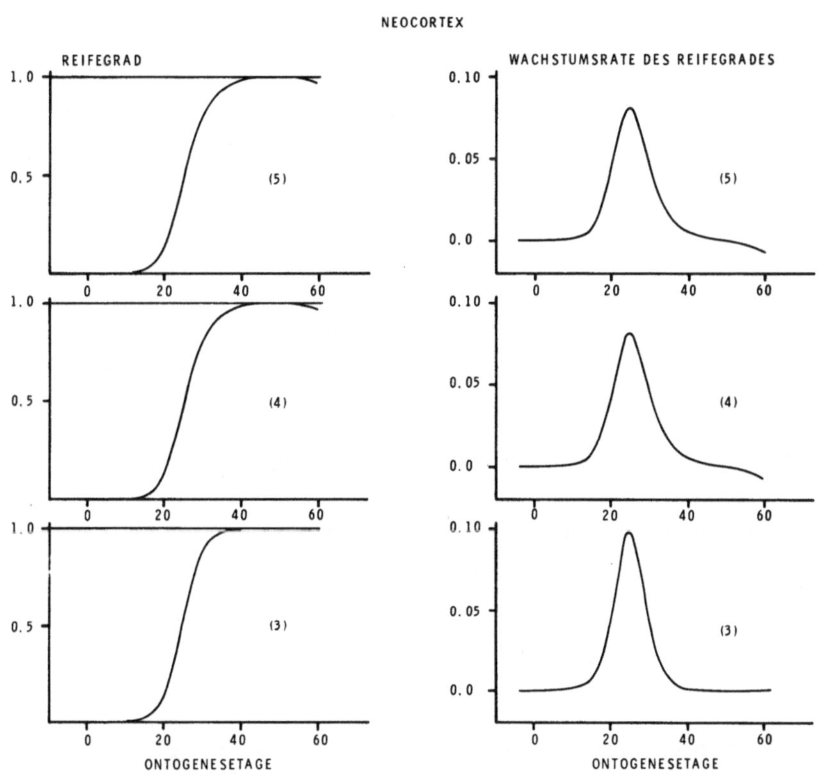

Bild 101: Reifegrad und Dichte (Wachstumsrate des Reifegrads) des Neocortex der Albinomaus

Autoradiographische, licht- und elektronenmikroskopische Untersuchungen geben uns ein genaues Bild über die zellulären Veränderungen während des Volumenwachstums. Diese Studien wurden an Ratten durchgeführt, so daß man von den Zeitangaben etwa 2 Tage abziehen muß, um die Resultate auf die Albinomaus übertragen zu können.

Am 16. und 17. Ontogenesetag bauen autoradiographisch markierte Neuroblasten die 6. und die 5. Schicht des Neocortex auf. In der Reihenfolge 4. Schicht (18. Ontogenesetag), 3. und 2. Schicht (19. bis 21. Ontogenesetag) erfolgt die weitere Entwicklung [14]. Die Zellemigration aus dem Matrixepithel in die Rinde dauert etwa 6 bis 7 Tage, nach anderen Literaturangaben [73] 10 Tage, fällt also zeitlich mit dem steilsten Teil der Wachstumskurve zusammen.

Das Auswachsen der Nervenzellfortsätze korrespondiert ebenfalls damit. Dafür sprechen elektronenmikroskopische Befunde [25, 118]. Bei neugeborenen Ratten befinden sich in den tieferen, basalen Schichten des Neocortex Neuroblasten mit Zellfortsätzen, in den oberflächlichen Schichten große Extracellulärräume und undifferenzierte Neuroblasten ohne Zellfortsätze. Am Ende der ersten postnatalen Woche treten die ersten interneuronalen Kontaktstellen mit einigen Kennzeichen der Synapsen auf. Bei Ratten, die älter als 10 postnatale Tage sind, finden sich zahlreiche Synapsen. In den ersten 3 postnatalen Wochen nimmt die Anzahl der Zellorganellen der Nervenzellen zu, und die Rinde erhält das feinstrukturelle Bild eines adulten Cortex.

Die funktionelle Reifung geht mit diesen Befunden ebenfalls parallel. In der ersten postnatalen Woche ist das EEG der Albinoratte unregelmäßig und hat eine niedrige Spannung. Zwischen dem 7. und 10. postnatalen Tag tritt ein erster Rhythmus im EEG auf. Die ruhigen Perioden werden danach nicht mehr beobachtet [31].

In der Regressionsanalyse des Neocortex gegen das Hirnfrischvolumen (Bild 102, Tabelle 20) ergibt sich eine Signifikanz aller Teilgeraden untereinander und gegen die Gesamtgerade. Beim Linearitätstest ist eine quadratische Regression signifikant gegenüber einem linearen Ansatz.

Wie aus der Lage der in Bild 102 gesondert codierten 153 Ontogenesetage alten Tiere und aus Tabelle 7 zu ersehen ist, scheint bis zu diesem Alter bereits eine Reduktion des Neocortexfrischvolumens möglich.

6.3.2.5.5.2 Subneocorticales Mark

Die 5-parametrige Wachstumskurve des Frischvolumens des subneocorticalen Marks besitzt einen frühen, aber flach verlaufenden Anstieg (Bild 103). Bezieht man die 153 Ontogenesetage alten Tiere ein, dann ändern sich Parameter und signifikanter

Approximationsgrad praktisch nicht (Bild 104), obwohl das subneocorticale Mark zwischen dem 60. und dem 153. Ontogenesetag mit großer Wahrscheinlichkeit noch wächst (Bild 104 und 107). Die Ausgleichskurve deutet schon früh das protrahierte Wachstum an.

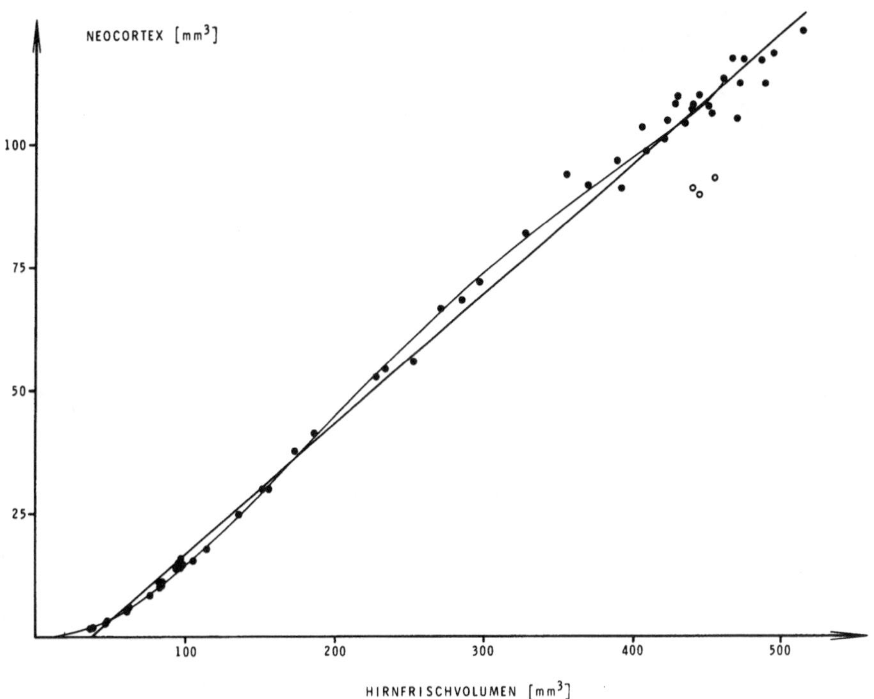

Bild 102: Daten, Regressionsgerade und die aus den Wachstumsfunktionen ermittelte Abhängigkeit des Neocortex vom Hirnfrischvolumen der Albinomaus.

Die Daten der drei 153 Ontogenesetage alten Tiere sind durch Kreise gekennzeichnet

Zum Geburtszeitpunkt hat das subneocorticale Mark bereits die Hälfte seines späteren Endwerts erreicht (Halbwertzeit 20 Ontogenesetage, Vermehrungsfaktor 2). Der flache Anstieg äußert sich in einer hohen Varianz der Dichte, die die Größenordnung der Varianz der Wachstumskurven des Körpergewichts besitzt (Tabelle 11).

Die Untersuchung durch das Programm MOMT klärt das Bild weiter. Das subneocorticale Mark besitzt eine zweigipflige Dichte mit einem ersten Gipfel bei 15 und einem zweiten Gipfel bei 40 Ontogenesetagen (Bild 105). Mit dem Programm KOMB lassen sich zwei Komponenten deutlich voneinander trennen (Tabelle 9). Die erste

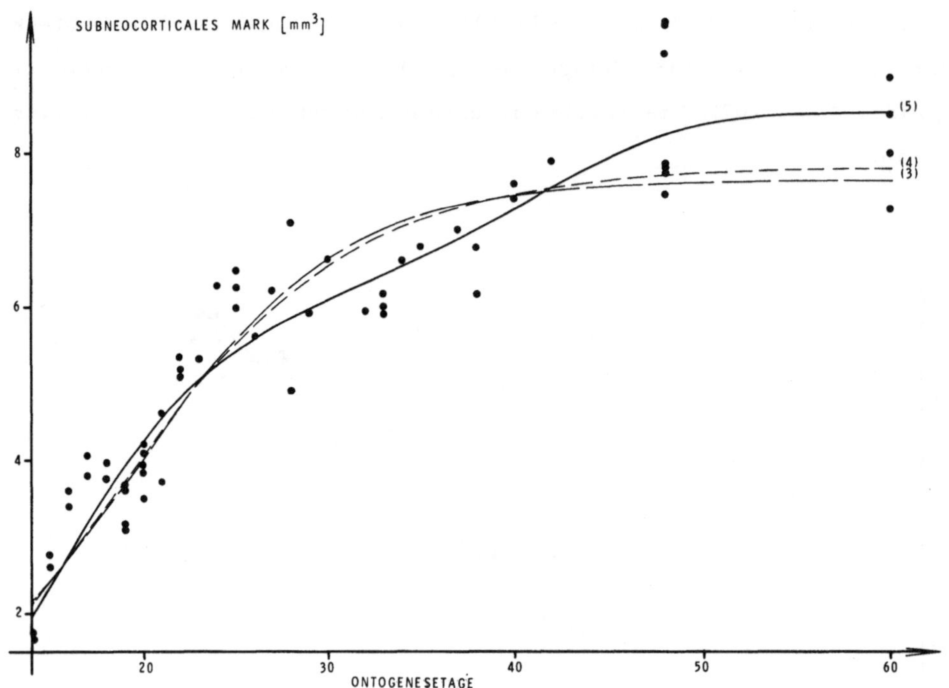

Bild 103: Wachstumskurven des subneocorticalen Marks der Albinomaus im Alter von 14 bis 60 Ontogenesetagen

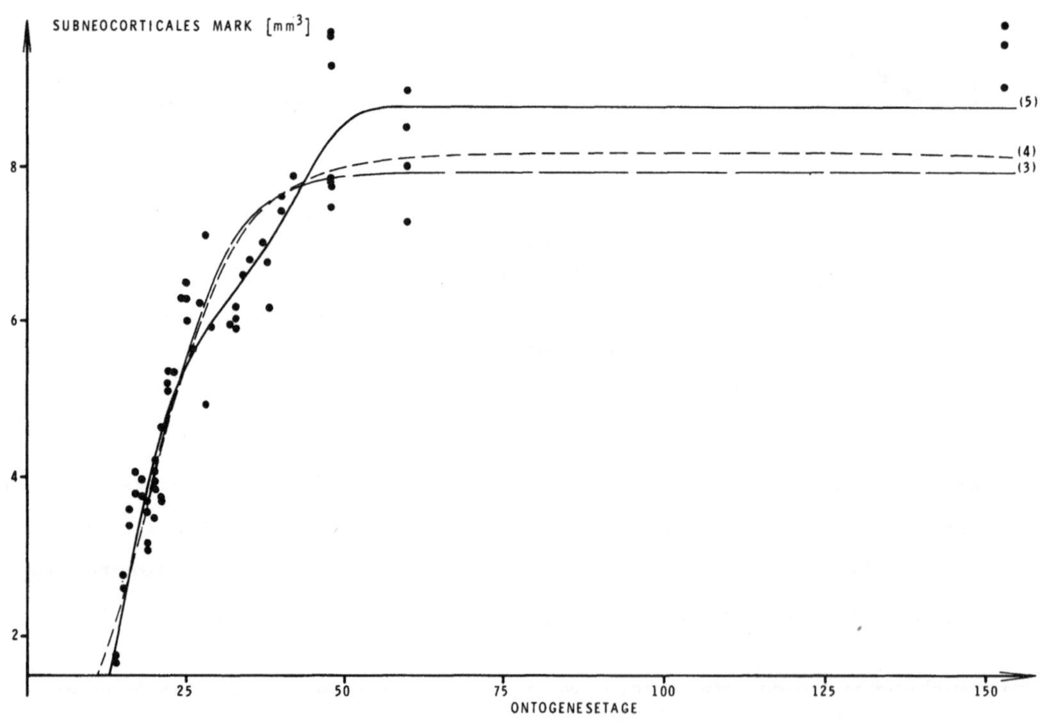

Bild 104: Wachstumskurven des subneocorticalen Marks der Albinomaus. In die Ausgleichung wurden die drei 153 Ontogenesetage alten Tiere aufgenommen

Komponente hat den Idealwert 6.5 [mm^3] und den sehr kleinen Vermehrungsfaktor 1.6 bei einer Halbwertzeit von 17.5 Ontogenesetagen. Von der zweiten Komponente sind nur P_1 und die Halbwertzeit sicher, während die anderen Parameter eine zu hohe Varianz besitzen (Bild 106). Hier ist eine stärkere Sicherung durch Vergrößerung der Anzahl der Meßdaten erreichbar. Dementsprechend ist die Zwei-Komponenten-Approximation nur mit einer Irrtumswahrscheinlichkeit von 1 % signifikant. Für die Summenfunktion ergeben sich die gleichen Sekundärparameter wie bei der 5-parametrigen Wachstumsfunktion. Die gewichtete Fehlerquadratsumme ist noch etwas kleiner.

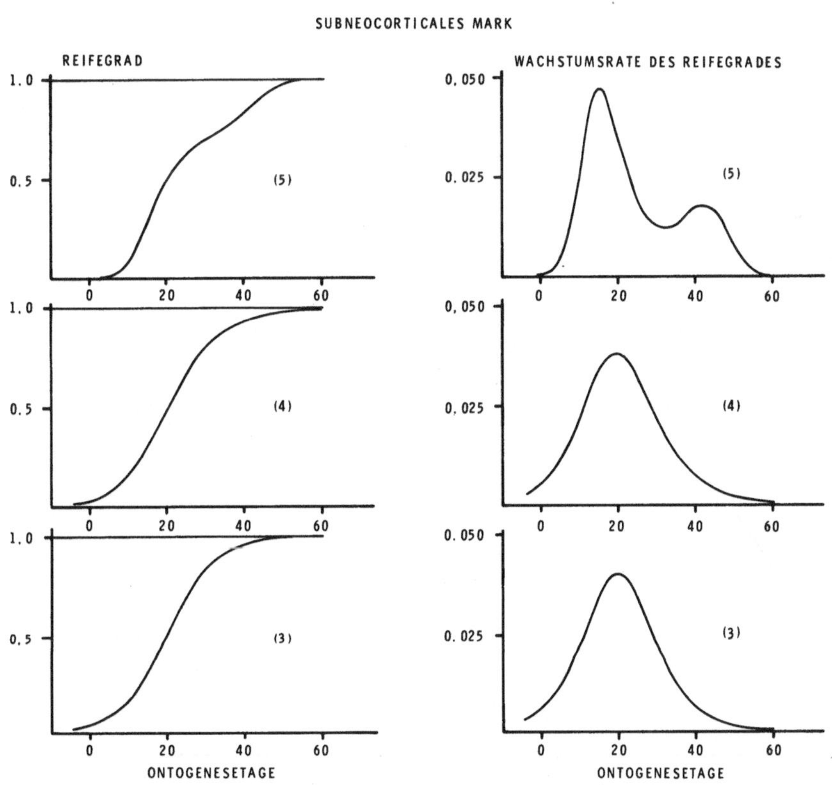

Bild 105: Reifegrad und Dichte (Wachstumsrate des Reifegrads) des subneocorticalen Marks der Albinomaus

Die beiden Komponenten korrespondieren mit den oben beschriebenen Phasen der Emigration der Neuroblasten [4, 5, 7, 14, 73, 136, 144] und der Markscheidenbildung der Nervenfasern [93, 105, 133]. Im neocorticalen Teil des Corpus callosum der Albinomaus kann man am 17. Ontogenesetag lichtoptisch die ersten Markscheiden nachweisen. Bei der neugeborenen Ratte [133] bauen die Gliazellen der neencephalen

Nervenbahnen das H_3-Thymidin am stärksten ein, teilen sich also mitotisch. Am 29. und 30. Ontogenesetag weist die Zelldichte pro μ^3 einen Gipfel auf, dann nimmt sie bis zu den adulten Tieren wieder ab. Der Cholesterol-Gehalt nimmt vom pränatalen bis zum adulten Stadium zu. Die Aufnahme von H_3-markiertem Leucin hat zwischen dem 26. und dem 37. Ontogenesetag einen Gipfel und fällt dann auf einen niedrigeren Wert bei adulten Tieren ab. Diese Befunde zeigen, wieviele weitere Informationen zu erhalten sind, wenn die Bestandteile des Frischvolumens einzeln in ihrer Entwicklung untersucht werden. Es ist nicht nur notwendig, einzelne Punkte aus dem Wachstumsprozeß zu bestimmen, sondern es sollten auch für die zellulären Partikel die "Kennkurven des Wachstums" mit ihren Sekundärparametern ermittelt werden.

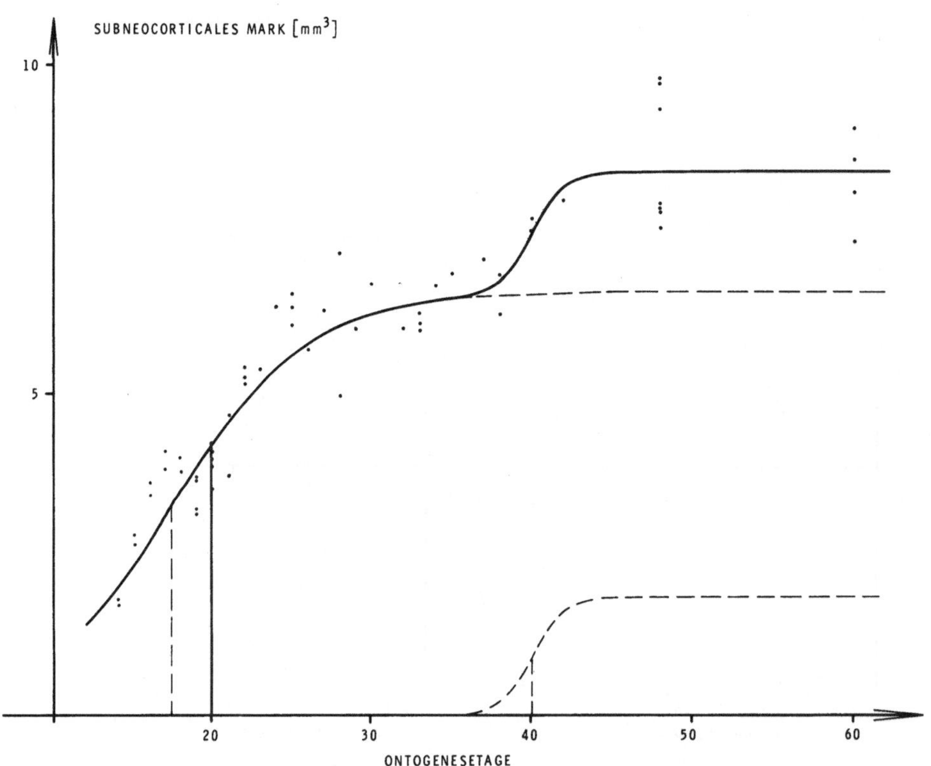

Bild 106: Wachstumskurven der Mehrkomponentenanalyse des subneocorticalen Marks der Albinomaus.

Bei der <u>Regressionsanalyse</u> des Frischvolumens des subneocorticalen Marks gegen das Hirnfrischvolumen (Bild 107, Tabelle 20) finden wir einen deutlich von der Linearität abweichenden Trend, während die aus der verallgemeinerten logistischen Wachstumsfunktion berechnete Abhängigkeit dem wahren Sachverhalt besser gerecht wird (Programm REGZ)

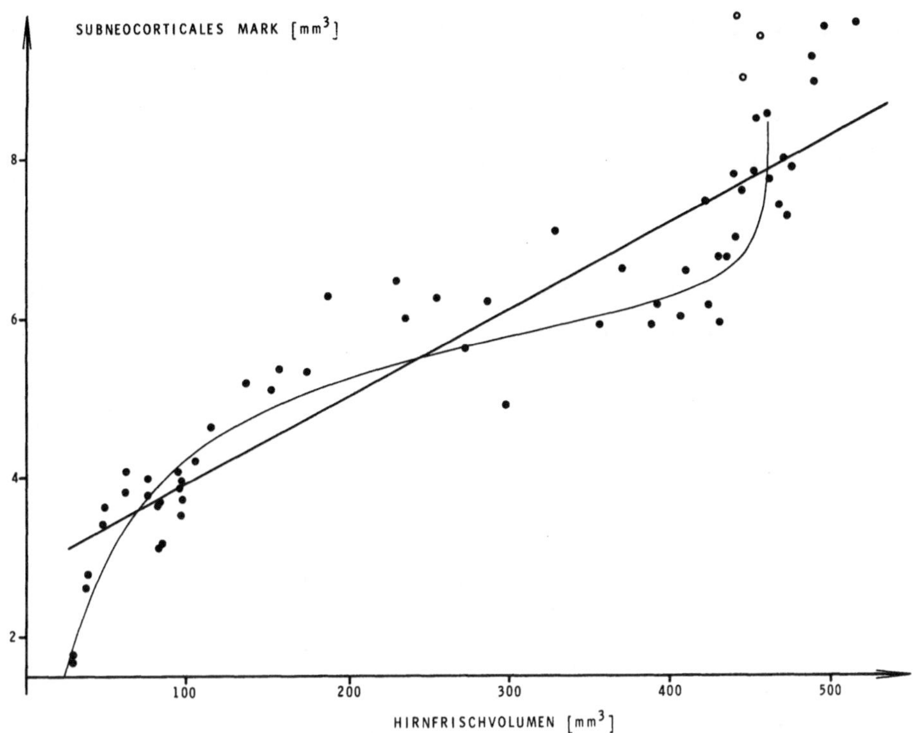

Bild 107: Daten, Regressionsgerade und die aus den Wachstumsfunktionen ermittelte Abhängigkeit des subneocorticalen Marks vom Hirnfrischvolumen der Albinomaus.

Die drei 153 Ontogenesetage alten Tiere sind durch Kreise gekennzeichnet

6.3.2.5.5.3 Neopallium (gesamt)

Die Frischvolumina des Neopallium wurden in Bild 108 gemeinsam mit den Ergebnissen der Wachstumsanalyse dargestellt. Die 5-parametrige Wachstumsfunktion ist bei den Tieren bis 60 Ontogenesetage signifikant (Tabelle 11). Die Halbwertzeit liegt bei 25 Ontogenesetagen bei einem insgesamt steilen Anstieg der Kurve. Die Varianz ist extrem klein. Schließt man die 153 Ontogenesetage alten Tiere ein, dann genügt der 4-parametrige Ansatz. Hier wird der Kurvenverlauf, und mit ihm Primär- und Sekundärparameter, jedoch recht stark verändert. P_1 wird größer (einschließlich der 153 Ontogenesetage alten Tiere), die Wachstumsfunktion hat jedoch ein Maximum ungefähr bei 92 Ontogenesetagen. Diesen Zahlen ist nicht sehr zu vertrauen, wichtiger ist der sich darin äußernde Trend, der bei Betrachtung der Frischvolumina des Neopallium der 153 Ontogenesetage alten Tiere (Tabelle 7) verständlich wird. Die 3-parametrigen Wachstumsfunktionen werden praktisch nicht beeinflußt.

Hier zeigt sich der Nachteil der größeren Empfindlichkeit von Kurvenfamilien mit einer höheren Anzahl von Freiheitsgraden. Sie sind zwar besser zur Ausgleichung komplexerer Wachstumsverläufe geeignet, sind aber andererseits auch wesentlich sensibler gegenüber Unsymmetrien der Stichprobe.

Bei der Regressionsanalyse des Frischvolumens des Neopallium gegen das Hirnfrischvolumen (Tabelle 20) sind alle Teilregressionen untereinander und gegen die Gesamtregression signifikant. Im Linearitätstest ist eine quadratische Regression signifikant.

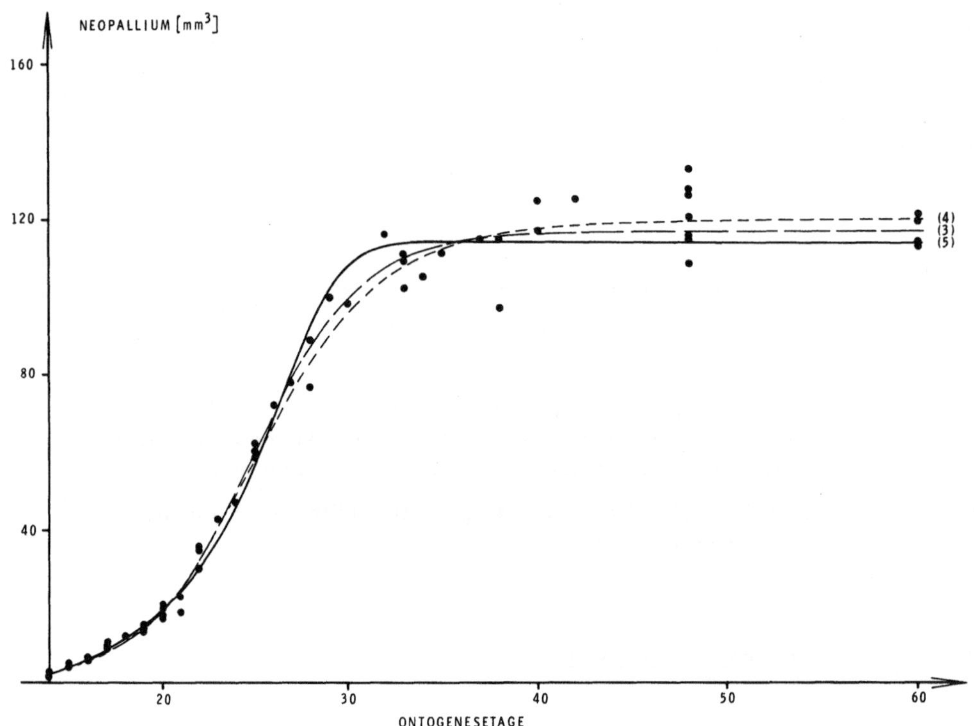

Bild 108: Wachstumskurven des Neopallium der Albinomaus

6.3.3 Hirnteile des Menschen

In Abschnitt 6.3.1.2 wurde bereits darauf hingewiesen, daß zuverlässige Daten über die Entwicklung der menschlichen Hirnregionen in der Literatur weitgehend fehlen. Daten anhand histologischer Präparate, die für eine Wachstumsanalyse geeignet wären, existieren nicht. Es gibt jedoch einige wenige Hirnteile, die beim Menschen einigermaßen sicher makroskopisch differenziert und vom Gehirn abgetrennt werden können, wie das Hemisphärenhirn und das Cerebellum. Die Hemisphären erhält man, indem man das Mittelhirn grob mit einem transversalen Schnitt vom Zwischenhirn abtrennt. Das Cerebellum kann an den Verbindungen zum Rhombencephalon, den Kleinhirnschenkeln, abgetrennt werden. Diese Hirnteile wurden sofort nach der Sektion gewonnen und gewogen [107, 115]. Die Daten werden erstmals biometrisch ausgewertet. In den Bildern 109 und 110 sind die Frischgewichte für das Cerebellum, in den Bildern 111 und 112 sind die Frischgewichte für die Hemisphären für das männliche und weibliche Geschlecht mit den Wachstumsfunktionen dargestellt.

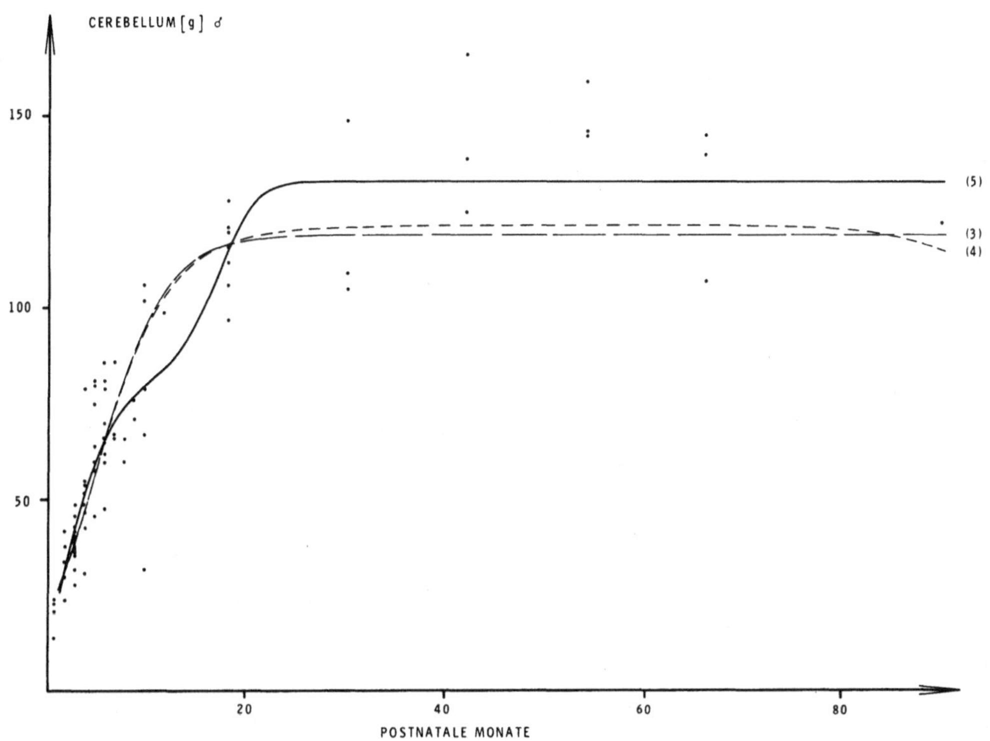

Bild 109: Wachstumskurven des Cerebellumfrischgewichts des Menschen im männlichen Geschlecht in Gramm.

Daten nach [107]

Wir finden als Ergebnisse, bei allen Vorbehalten, die durch die Unzuverlässigkeit der Altersangaben und die Nicht-Repräsentanz der Stichprobe (Abschnitt 2.1) bedingt sind: Grundsätzlich bestehen keine Wachstumsunterschiede zwischen den Ergebnissen für das Gesamthirn, Hemisphärengewicht, Hemisphärengewicht rechts und Hemisphärengewicht links, was bei dem großen Anteil von etwa 90 % Hemisphärengewicht am Gesamthirngewicht nicht überrascht. Daß keine Rechts-Links-Differenzen zu beobachten sind, deutet darauf hin, daß bei der makroskopischen Trennung der Hemisphären kein systematischer Fehler gemacht wurde. Das Cerebellum entwickelt sich übereinstimmend relativ spät, sowohl bei den Frauen wie bei den Männern (Tabelle 16, 17). Bis auf den Hirnrest (Tabelle 17) und das Cerebellum (Tabelle 16) liegt die Halbwertzeit bei den Frauen stets früher als bei den Männern, und die Vermehrungsfaktoren sind bei den Männern stets größer als bei den Frauen (außer Cerebellum, Tabelle 17). Die Unterschiede sind durch die großen Standardabweichungen nicht sicher.

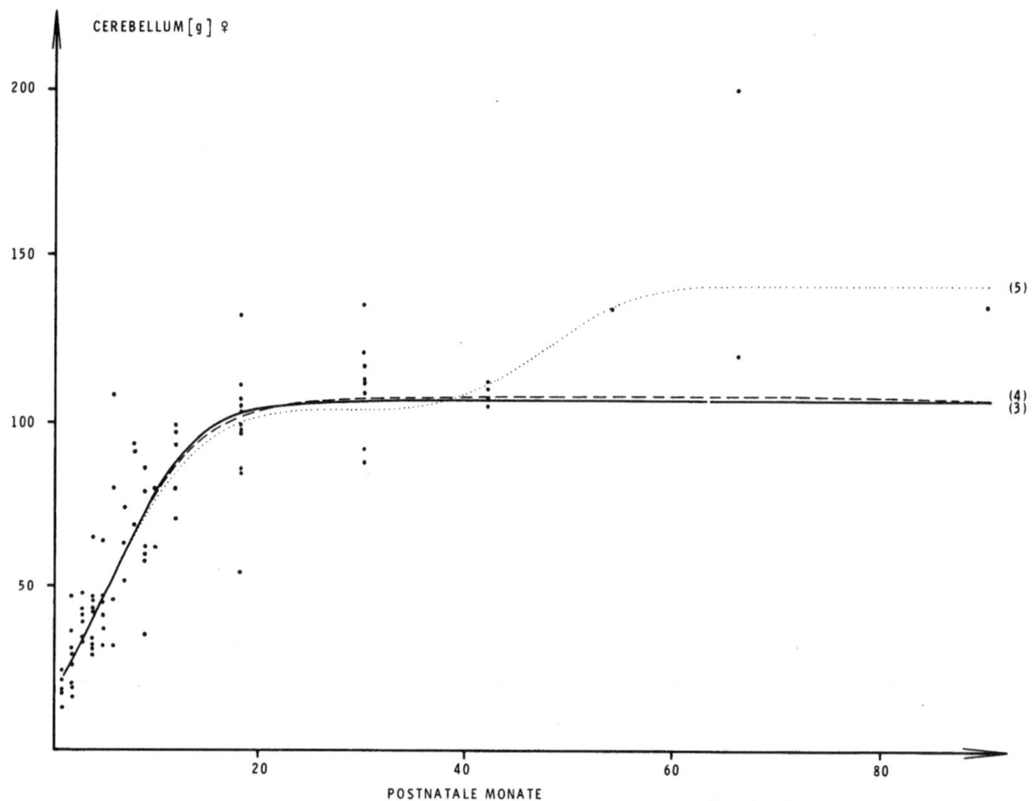

Bild 110: Wachstumskurven des Cerebellumfrischgewichts des Menschen im weiblichen Geschlecht in Gramm.
Daten nach [107]

Bei fast allen Hirnteilen [107, 115] sind die Dichten (Beispiele Bild 113, 114) zweigipflig. Da die Anzahl der Meßdaten vor allem bei größerem Alter gering ist, wurde aus den genannten Unsicherheiten heraus auf eine Mehrkomponentenanalyse verzichtet. Hier liegt noch ein interessantes Forschungsprojekt, das relativ leicht, wenigstens bei Beschränkung auf grob makroskopische Zerlegung der Gehirne, abgeklärt werden könnte.

6.3.4 Diskussion

Es ist einfach, nach den Berechnungen das Wachstum einer Hirnregion zu beschreiben, weit schwieriger ist es jedoch, das Wachstum verschiedener Hirnregionen zu vergleichen und Gemeinsamkeiten zu erkennen bzw. Klassifikationsmerkmale zu definieren. Grundsätzliche Unterschiede zwischen den Frischvolumina der Hirnregionen und den untersuchten Körpergewichtsgrößen haben sich bei den Albinomäusen nicht finden lassen, sieht man einmal von der Abhängigkeit des Körpergewichts von der Geschwisteranzahl ab. Alle Phänomene, die wir beim Wachstum des Körpergewichts beobachten konnten, treten auch beim Wachstum der Hirnregionen auf.

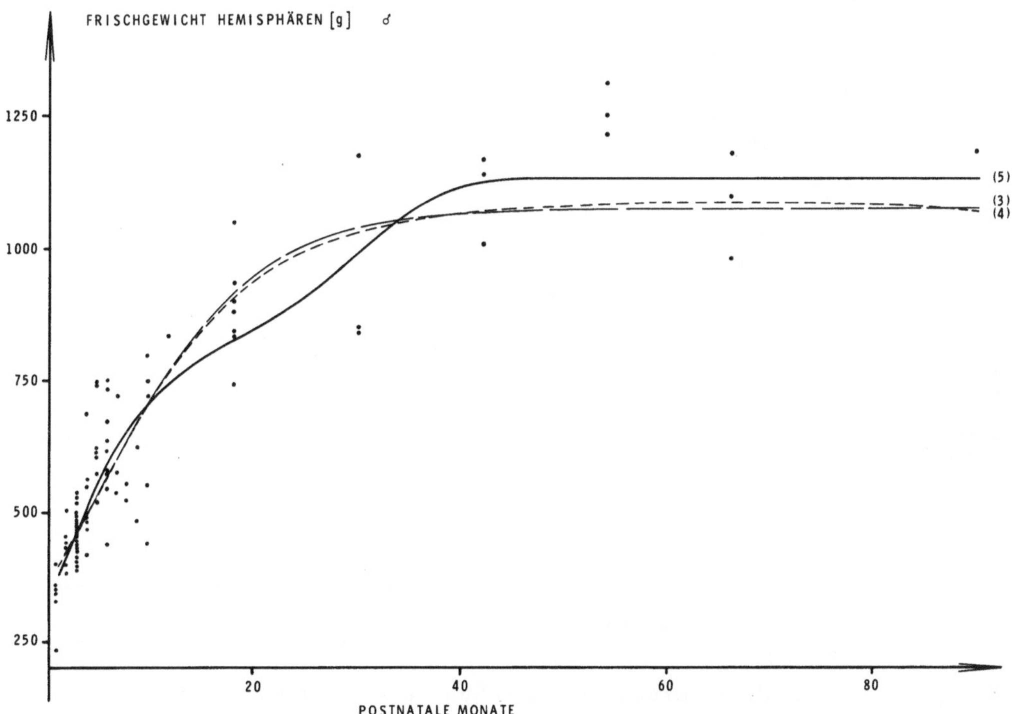

Bild 111: Wachstumskurven des Frischgewichts beider Hemisphären des Menschen im männlichen Geschlecht in Gramm.
Daten nach [107]

Für alle untersuchten Körpergewichts-Meßreihen ergibt sich eine signifikante 5-parametrige Approximation mit großen Varianzen und großen Vermehrungsfaktoren und sehr spät liegenden Halbwertzeiten. Sinnvolle Extrema gibt es nicht. Die Erklärung für diesen Tatbestand liegt in der Überlagerung zweier gut separierbarer Komponenten, die ihre Halbwertzeiten bei 25 bis 30 Ontogenesetagen für die erste Komponente und bei etwa 45 Ontogenesetagen - also ausgesprochen spät - für die zweite Komponente haben. Durch diese große Zeitdifferenz kommt der flache und wechselnde Anstieg der 5-parametrigen Wachstumsfunktion zustande. Im Gegensatz dazu ist die Überlagerung beim Hirngewicht so fließend, daß eine Mehrphasigkeit nicht zu beobachten ist. Das Hirngewicht wächst wesentlich schneller und hat seinen Idealwert praktisch erreicht, wenn die zweite Komponente des Körpergewichts gerade in Erscheinung tritt.

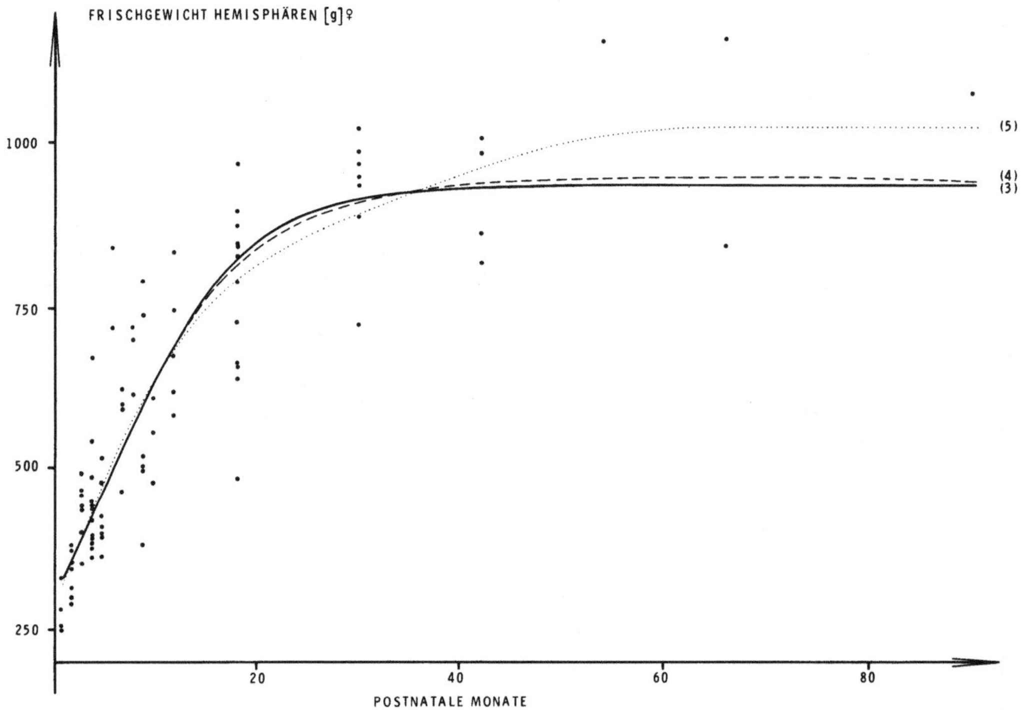

Bild 112: Wachstumskurven des Frischgewichts beider Hemisphären des Menschen im weiblichen Geschlecht in Gramm.

Daten nach [107]

Es hat sich gezeigt, daß bei einem sehr homogenen Substrat bzw. bei geringer Separierbarkeit der zeitlichen Einflüsse verschiedener Komponenten auf eine Hirnregion die 3-parametrige Wachstumsfunktion (10) häufig zur Ausgleichung genügt, so daß eine Erhöhung der Anzahl der Freiheitsgrade nicht notwendig ist. Der umgekehrte Schluß ist sicher falsch (siehe Hirnfrischvolumen, Prosencephalonfrischvolumen).

Weitgehend homogene Strukturen wachsen recht schnell, worauf schon die kleinen Varianzen hindeuten. Inhomogenität des Substrats bedingt eine Verbreiterung der Wachstumsrate des Reifegrads. Diese entspricht einer Verlängerung der meist flacheren Anstiegsphase. Mit zunehmendem Auseinanderweichen der Zeitpunkte der stärksten Aktivität tritt ein zweiter Gipfel in der Dichte auf. Dann ist die Möglichkeit einer rechnerischen Trennung verschiedener Komponenten gegeben.

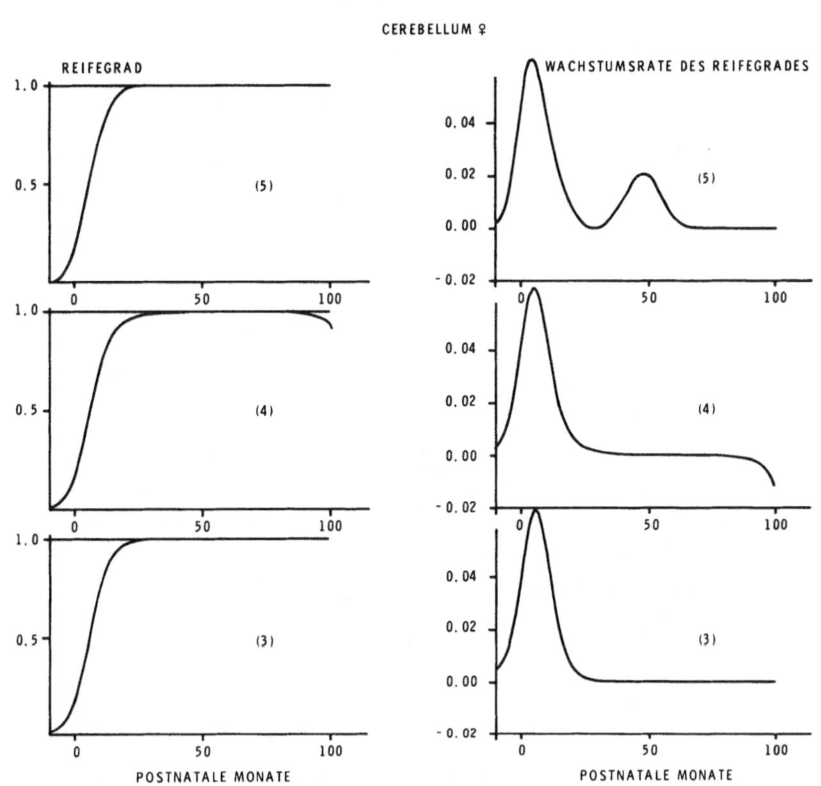

Bild 113: Reifegrad und Dichte (Wachstumsrate des Reifegrads) des Cerebellum des Menschen im weiblichen Geschlecht.

Daten nach [107]

Bei Ausdehnung des Zeitintervalls, bei Vermehrung der Anzahl der Daten und bei zunehmender Separierbarkeit verschiedener Komponenten wächst die Tendenz zur signifikanten Approximation mittels höherparametriger Formen der Wachstumsfunktion (33). So ist beim Hirngewicht mit der Vermehrung der Anzahl der Daten auf über das Dreifache gegenüber dem Hirnfrischvolumen und einer Verlängerung des untersuchten Altersintervalls die 5-parametrige Approximation signifikant.

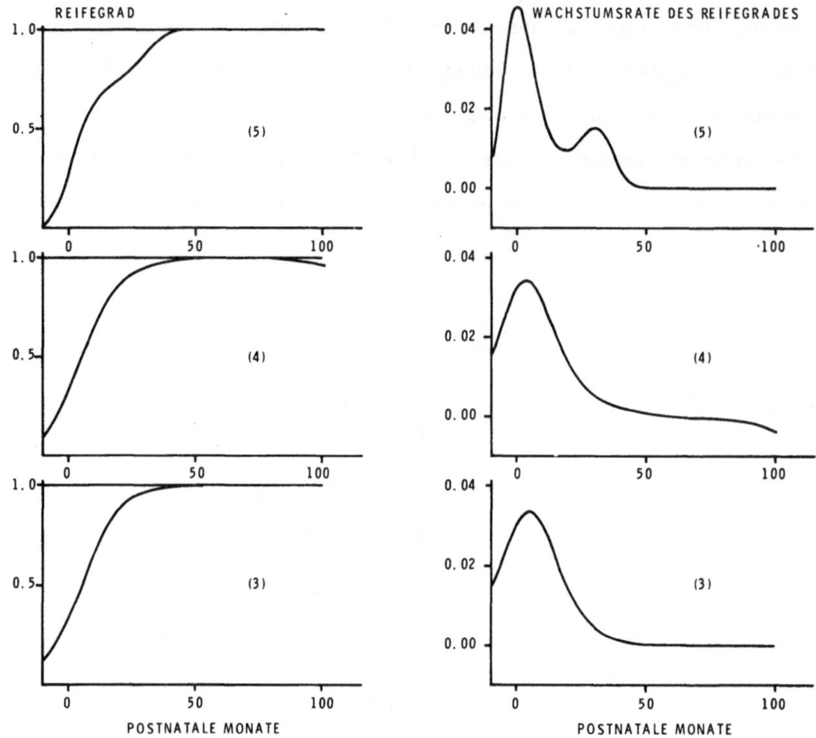

Bild 114: Reifegrad und Dichte (Wachstumsrate des Reifegrads) des Frischgewichts beider Hemisphären des Menschen im männlichen Geschlecht.

Daten nach [107]

Grundsätzlich könnte man den Standpunkt vertreten, daß eine fest gewählte Anzahl von Parametern in einer Wachstumsfunktion für Vergleiche dem von uns gewählten Weg vorzuziehen sei. Es bietet jedoch der Test auf Signifikanz der Wachstumsfunktionen mit verschiedener Anzahl von Parametern einen ersten wichtigen Hinweis auf die Art des Substrats. Zudem ist die Interpretation der Ergebnisse von den primären Kurvenparametern her sehr schwierig, wenn mehrere Hirnregionen zu vergleichen sind und wenn man sich nicht auf einfachere Wachstumsfunktionen mit geringerem Informationsgehalt beschränken will. Da man sowieso gezwungen ist, auf von den Primärparametern abgeleitete Sekundärparameter auszuweichen, sollte die Information, die in der Signifikanz einer höherparametrigen Wachstumsfunktion gelegen ist, mit zu der Beurteilung herangezogen werden. Das Wachstum der verschiedenen von uns untersuchten Hirnregionen ist so vielgestaltig, daß eine Klassifikation nach wenigen Merkmalen nicht möglich ist.

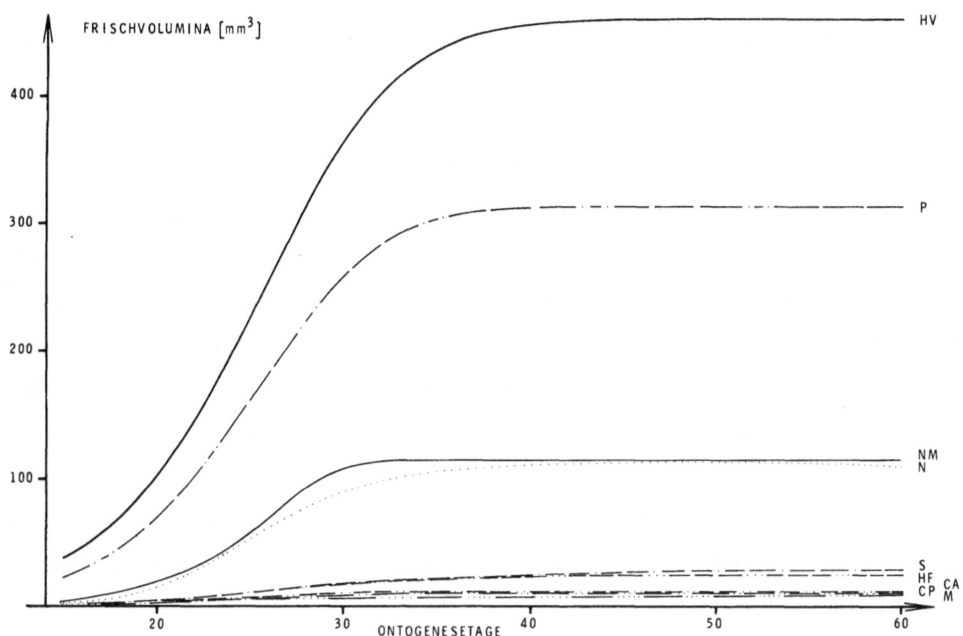

Bild 115: 5-parametrige Wachstumskurven des Hirnfrischvolumens (HV) und des Frischvolumens verschiedener Hirnregionen der Albinomaus.

Prosencephalon (P), Neopallium (NM), Neocortex (N), Striatum (S), Hippocampusformation (HF), Corpus amygdaloideum (CA), Cortex piriformis (CP), subneocorticales Mark (M)

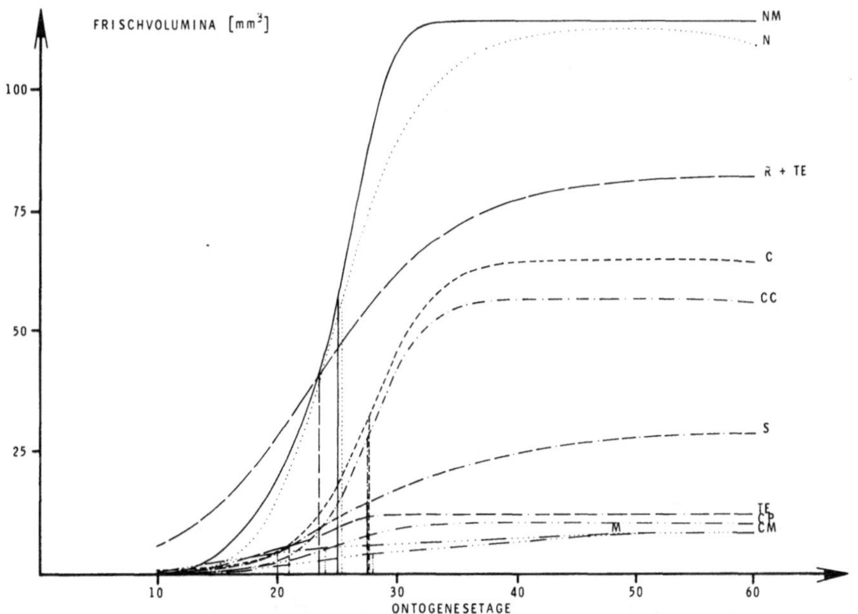

Bild 116: 5-parametrige Wachstumskurven des Frischvolumens verschiedener Hirnregionen der Albinomaus.

Neopallium (NM), Neocortex (N), Rhombencephalon und Tectum (R+TE), Cerebellum (C), Cortex cerebelli (CC), Striatum (S), Tectum (TE), Cortex piriformis (CP), Cerebellum: Mark und Kerne (CM), subneocorticales Mark (M)

Die 5-parametrigen Wachstumsfunktionen (33) der Hirnregionen sind in einer gemeinsamen Darstellung in den Bildern 115 bis 117 noch einmal wiedergegeben. Der Überblick über die Unterschiede im Wachstumsverhalten wird jedoch in diesen Bildern durch die verschiedene absolute Größe der Hirnregionen sehr erschwert. Normiert man die Wachstumskurven auf den späteren Idealwert, dann treten die wesentlichen Unterschiede deutlich hervor (Bild 118). Wir haben diese normierte Funktion als Reifegrad bezeichnet, weil sie zu einem bestimmten Zeitpunkt die relativ zum End- bzw. Maximalwert erreichte Größe des Substrats angibt. Jede ordinatenparallele Gerade in Bild 118 entspricht einem Querschnitt durch den Entwicklungsstand des Gehirns bzw. seiner Regionen, und man erkennt, daß bis zum Alter von etwa 50 Ontogenesetagen teilweise große Unterschiede in diesem Entwicklungsstand bestehen. Durch die Normierung wird nicht das ausgewachsene Gehirn zur Basis unserer Überlegungen, sondern eine fiktive Größe. Die Bezugsgröße besitzt eine hohe Substratspezifizität. Das ausgewachsene Gehirn als stationären Zustand gibt es nicht.

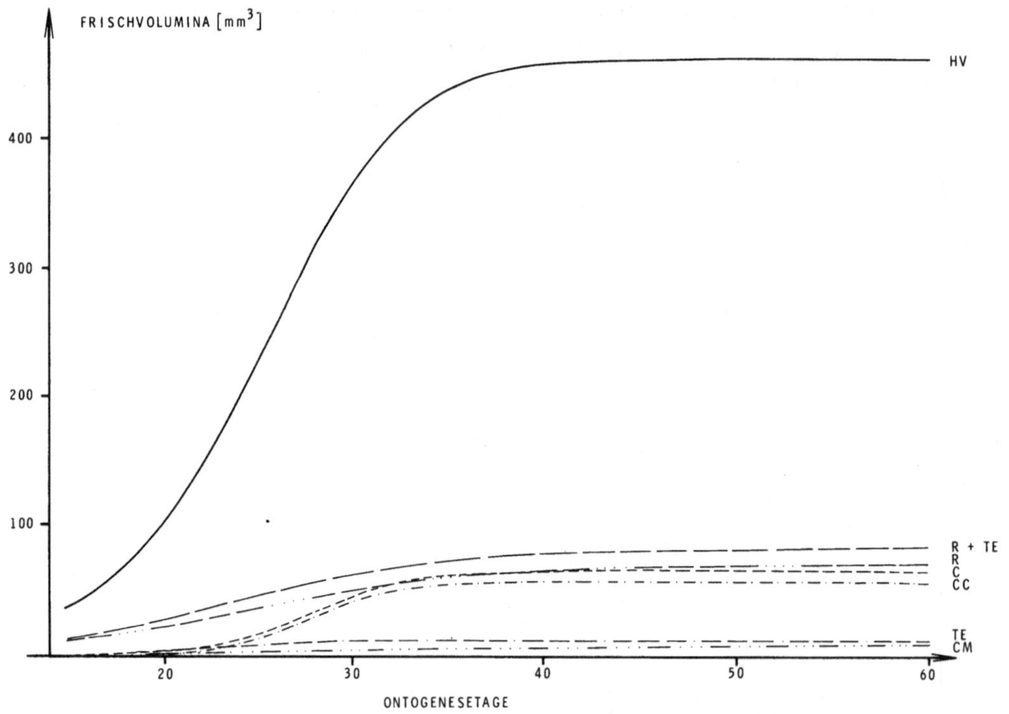

Bild 117: 5-parametrige Wachstumskurven des Hirnfrischvolumens (HV) und des Frischvolumens verschiedener Hirnregionen der Albinomaus.

Rhombencephalon und Tectum (R+TE), Rhombencephalon (R), Cerebellum (C), Cortex cerebelli (CC), Tectum (TE), Cerebellum: Mark und Kerne (CM)

Einen Hinweis auf die Richtungen, die die Veränderungen nehmen, haben wir einmal beim Neocortex, der eine deutliche Abnahme nach Erreichen eines Maximums zeigt, während das subneocorticale Mark und das Cerebellum: Mark und Kerne zwischen 60 und 153 Ontogenesetagen wahrscheinlich noch wachsen. Dennoch kann der Standpunkt eines statischen adulten Zustands des Frischvolumens vorerst als Arbeitshypothese brauchbar sein.

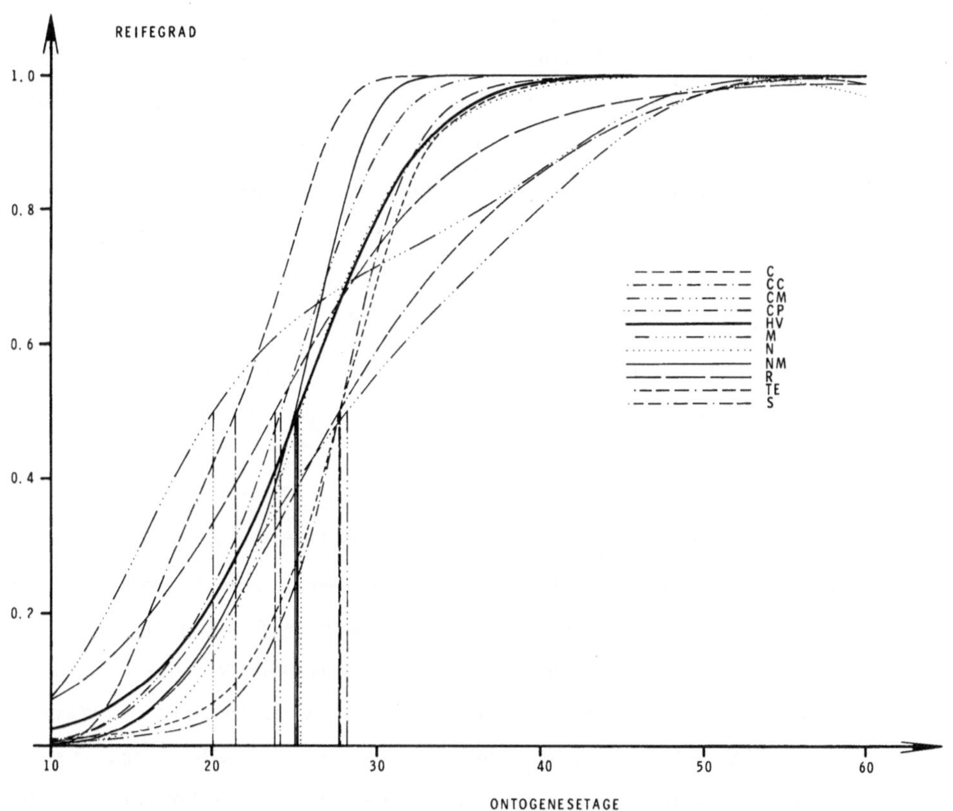

Bild 118: 5-parametrige Reifegrade des Hirnfrischvolumens und des Frischvolumens verschiedener Hirnregionen der Albinomaus.

Cerebellum (C), Cortex cerebelli (CC), Cerebellum: Mark und Kerne (CM), Cortex piriformis (CP), Hirnfrischvolumen (HV), subneocorticales Mark (M), Neocortex (N), Neopallium (NM), Rhombencephalon (R), Tectum (TE), Striatum (S)

Die Unterschiede in den Reifegraden sind teilweise beträchtlich. Sie liegen bei 20 Ontogenesetagen zwischen etwa 0.05 (5 %) für den Cortex cerebelli und 0.5 (50 %) für das subneocorticale Mark. Zwei Querschnitte durch das Gehirn im neugeborenen und im adulten "Zustand" enthält die Tabelle 19. Hier spiegeln sich schlaglichtartig zu zwei "Zeitpunkten" die dauernden relativen Verschiebungen der Größen der Hirnregionen während des Wachstums wieder. Diese relativen Werte sind in Bild 119 und 120 kontinuierlich dargestellt. Bei Neocortex, Hippocampusformation, Cerebellum und Cortex cerebelli ist für die bis 60 Ontogenesetage alten Tiere die 4-parametrige Wachstumsfunktion signifikant. Für diese Hirnregionen geht also die Symmetrie ihrer Wachstumskurven verloren (Tabelle 11).

Der Neocortex besitzt bei 49 Ontogenesetagen ein deutliches Maximum, das in der 5-parametrigen Wachstumsfunktion wieder auftritt – im Gegensatz zur Hippocampusformation, deren 4-parametrige Wachstumsfunktion bei 54 Ontogenesetagen ein Extremum besitzt, deren 5-parametrige Wachstumsfunktion im Gegensatz dazu jedoch monoton gegen P_1 steigt. Solche Unterschiede treten leicht bei Änderung des Stichprobenumfangs auf. Die Annahme spezieller Kurvencharakteristika sollte daher abgesichert werden. Beim Neocortex ist diese Sicherung weitgehend gegeben, das Extremum ist offensichtlich und wird durch die drei 153 Ontogenesetage alten Tiere bestätigt. Es wäre interessant, das Verhalten des Neocortex und einiger anderer Hirnregionen zwischen 60 und 150 Ontogenesetagen bzw. bei noch älteren Tieren genauer zu untersuchen.

Die <u>5-parametrige Wachstumsfunktion</u> ist für die bis 60 Ontogenesetage alten Tiere bei Neopallium, subneocorticalem Mark, Striatum und Cerebellum: Mark und Kerne signifikant. In der 5-parametrigen Form der Wachstumsrate des Reifegrads (Dichte) können Komponenten mit zeitlich verschiedenem Einfluß erkannt werden. Ob die Mehrphasigkeit im Wachstum auf ein inhomogenes Substrat allein oder auf Wachstumsschübe eines homogenen Substrats zurückzuführen ist, läßt sich allerdings erst nachweisen, wenn die Untersuchung feinerer Bausteine des Gehirns im Anschluß an die Analyse des Frischvolumens mit ähnlichen mathematischen Methoden vorgenommen wird.

Die <u>Mehrkomponentenanalyse</u> verschiedener Hirnregionen und der Körpergewichte weist auf einige interessante Besonderheiten hin. So sind die teilweise großen Unterschiede in den Vermehrungsfaktoren, die zwischen 2 (subneocorticales Mark) und etwa 20 (Cortex cerebelli) bzw. sogar über 30 (Körpergewicht Wurf 'Q') liegen, näher aufzuschlüsseln. Wir finden hier auch die Erklärung für die großen Differenzen der Varianzen und der Halbwertzeiten der Dichten der 5-parametrigen Wachstumsfunktionen. Große Varianzen, bedingt durch flache Anstiege bzw. Wechsel im Anstiegstempo, legen den Verdacht auf die Überlagerung mehrerer Komponenten nahe. Die

Trennung der Einflüsse der Komponenten versetzt uns in die Lage, von der mathematischen Analyse her eine genauere Differenzierung der Hirnregionen vorzunehmen und unter Umständen Gemeinsamkeiten zwischen verschiedenen Hirnregionen aufzudecken.

Das Körpergewicht der Albinomaus wächst deutlich mehrphasig. Die erste Komponente besitzt ihre höchste Aktivität etwa an der Halbwertzeit der meisten Hirnregionen in der 5-parametrigen Approximation. Die hier nicht weiter diskutierte zweite Komponente folgt zeitlich wesentlich später. Eine frühe erste Komponente haben die Hirnregionen, bei denen die Neuroblasten einen wesentlichen Teil des Volumens der Frühphase bilden. Das gilt vor allem für das subneocorticale Mark. Noch früher liegt die erste Komponente des Tectum und die erste Komponente des Corpus amygdaloideum, bei denen allerdings die Separation nicht streng gesichert ist. Gerade für die Hirn-

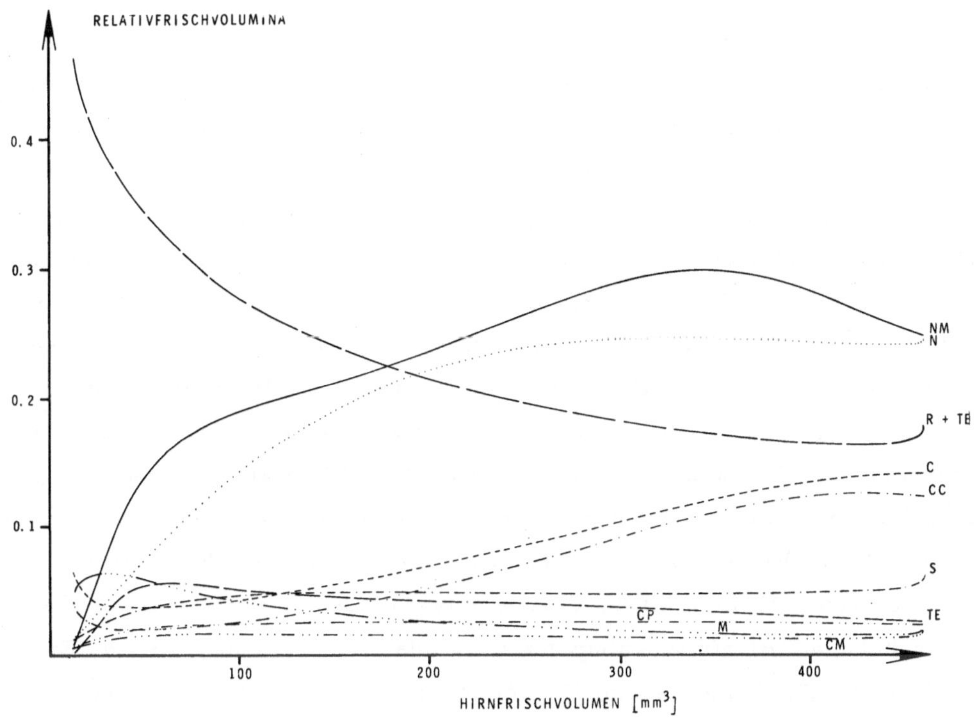

Bild 119: Verlauf des Quotienten aus Frischvolumen einer Hirnregion und Hirnfrischvolumen in Abhängigkeit vom Hirnfrischvolumen der Albinomaus.

Neopallium (NM), Neocortex (N), Rhombencephalon und Tectum (R+TE), Cerebellum (C), Cortex cerebelli (CC), Striatum (S), Tectum (TE), Cortex piriformis (CP), subneocorticales Mark (M), Cerebellum: Mark und Kerne (CM)

regionen mit einer sehr frühen ersten Komponente müßten zusätzliche Meßdaten zur Sicherung der Ergebnisse gefordert werden. Außerdem sollten mit anderen histologischen Techniken jüngere Stadien mit genügend hoher Genauigkeit differenziert werden. Der Vergleich mit der Fehlerquadratsumme der 5-parametrigen Approximation zeigt, daß beide Approximationen für die Ausgleichung im allgemeinen äquivalent sind. Der Vorteil der Ausdehnung der Analyse liegt also vor allem auf der biologischen Seite.

Ausgesprochen früh entwickeln sich das subneocorticale Mark, das Rhombencephalon, das Tectum und das Corpus amygdaloideum, ausgesprochen spät entwickelt sich das Cerebellum mit seinen Teilen und darunter besonders der Cortex cerebelli, sofern die genannten Hirnregionen als Ganzes betrachtet werden. Die Halbwertzeiten drängen sich trotz der großen Unterschiede im Gesamtverlauf auf den kurzen Zeitraum etwa zwischen dem 20. und dem 28. Ontogenesetag zusammen. Tabelle 19 vermittelt einen Eindruck von den Verschiebungen der Größenverhältnisse im Gehirn während des Wachstums. Die Tabelle enthält die Volumenverhältnisse der Hirnregionen bei der Geburt und zum "Zeitpunkt" des Erreichens des Maximalwerts. Das Cerebellum vergrößert sich - bezogen auf das Hirnfrischvolumen - auf über das Dreifache, während der Anteil von Cerebellum: Mark und Kerne gleich bleibt und der Cortex cerebelli fast auf das Fünffache anwächst. Die Verspätung des Wachstums des Cerebellum zeigt sich auch daran, daß die Vermehrungsfaktoren größer sind als bei Regionen im Prosencephalon. So sinkt der Anteil des subneocorticalen Marks sogar auf weniger als die Hälfte, während der Anteil des Neocortex etwa um den Faktor 2 anwächst. Diese Entwicklung ist anhand der Bilder 119 und 120 zu sehen, in denen der relative Anteil am Hirnfrischvolumen gegen das Hirnfrischvolumen kontinuierlich dargestellt ist. Dem Zeitpunkt der Geburt entsprechen 100 [mm^3] Hirnfrischvolumen, 350 [mm^3] entsprechen etwa dem 10. postembryonalen Tag. Bezogen auf das Neopallium wächst das Cerebellum um mehr als den Faktor 2, der Cortex cerebelli wächst - bezogen auf den Neocortex - um fast den Faktor 3. Die Anteile von subneocorticalem Mark, Corpus amygdaloideum, Cortex piriformis und Rhombencephalon am Hirnfrischvolumen sind bei der Geburt größer als im "Endzustand" (Tabelle 19). Etwa bis zum 10. postembryonalen Tag finden starke Verschiebungen der Größenverhältnisse statt. Am eindrucksvollsten ist das gegenläufige Verhalten von Rhombencephalon einerseits, Neopallium, Neocortex, Cerebellum und Cortex cerebelli andererseits.

Die Parallelitätsuntersuchung der Wachstumsfunktionen der verschiedenen Hirnregionen (Programm KUVG) hat folgende Ergebnisse:

In der 3-parametrigen Form finden wir vier Gruppen, innerhalb denen die Wachstumsfunktionen annähernd parallel sind:

- Neocortex, Cortex cerebelli,
- Neopallium, Hippocampusformation, Cerebellum,
- Prosencephalon, Striatum, Corpus amygdaloideum,
- subneocorticales Mark, Rhombencephalon und Tectum (gemeinsam), Cerebellum: Mark und Kerne .

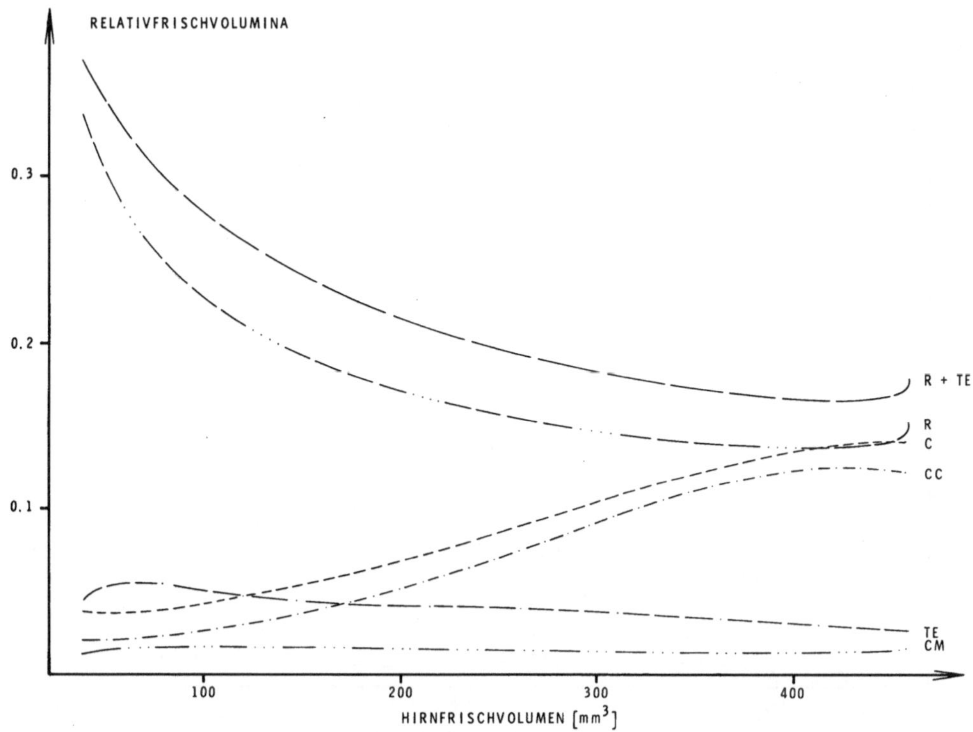

Bild 120: Verlauf des Quotienten aus Frischvolumen einer Hirnregion und Hirnfrischvolumen in Abhängigkeit vom Hirnfrischvolumen der Albinomaus.

Rhombencephalon und Tectum (R+TE), Rhombencephalon (R), Cerebellum (C), Cortex cerebelli (CC), Tectum (TE), Cerebellum: Mark und Kerne (CM)

In der 5-parametrigen Form finden wir die Gruppen:

- Neocortex, Cortex cerebelli,
- Neopallium, Hippocampusformation,
- subneocorticales Mark, Rhombencephalon und Tectum (gemeinsam), Cerebellum: Mark und Kerne.

Während neuronenreiche Teile schnell innerhalb kurzer Zeit ihre Hauptmasse bilden, ist dieser Prozeß beim Mark verlängert.

Die linearen <u>Regressionsergebnisse</u> der Frischvolumina der Hirnregionen gegen das Hirnfrischvolumen sind in Bild 121 und in Tabelle 20 zusammengestellt und zu einem großen Teil ausführlicher früher veröffentlicht worden [41, 94 bis 97, 151].

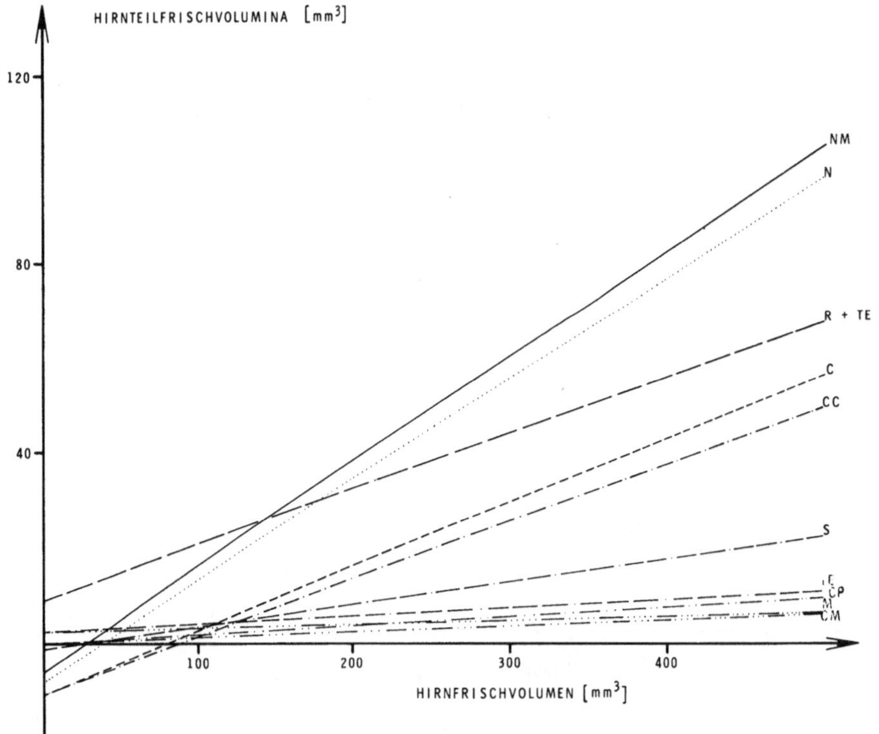

Bild 121: Regressionsgeraden des Frischvolumens verschiedener Hirnregionen gegen das Hirnfrischvolumen der Albinomaus.

Neopallium (NM), Neocortex (N), Rhombencephalon und Tectum (R+TE), Cerebellum (C), Cortex cerebelli (CC), Striatum (S), Tectum (TE), Cortex piriformis (CP), subneocorticales Mark (M), Cerebellum: Mark und Kerne (CM)

Im wesentlichen gelten für die Regressionsanalysen die für die Allometrierechnung geltenden Einschränkungen (Abschnitt 7.1), da die meist subjektive Abgrenzung der Intervalle, die bei unserer Wahl praktisch alle signifikante Unterschiede ergaben, die Größe der Parameter stark beeinflussen muß. Die Parametergröße läßt meist nur vage Interpretationen zu, und die Ergebnisse sind im übrigen nur dort von Wert, wo verschiedene Strukturen der gleichen Population mit gleicher bzw. gleichwertiger Intervallbegrenzung untersucht werden. Es lassen sich von der Regressionsanalyse in dieser Form keine allgemeinen Aussagen über die Unterteilung in sinnvolle Abschnitte machen. Zuerst müßte das Wachstumsverhalten der einzelnen Hirnregionen - bezogen auf das Alter - untersucht werden. Diese Analyse macht letztlich eine Regressionsanalyse überflüssig, da eine Wachstumsanalyse wesentlich mehr an Informationen enthält. Selbst bei gleichen Abschnitten für alle Regressionen sind viele Überlagerungen in den Ergebnissen vorhanden, die den Vergleich bis auf einige grobe Aussagenwenig lohnen. In einem Intervall, in dem eine Hirnregion noch wächst, kann eine andere Hirnregion entweder noch kaum oder schon nicht mehr wachsen oder sich im Tal zwischen den höchsten Aktivitäten zweier Komponenten befinden.

Aus der Gesamtheit der Ergebnisse lassen sich einige allgemeine Schlüsse ziehen:

(a) Die Wachstumsstudien an den Hirnregionen bestätigen die Neuronentheorie. Nach modernen Vorstellungen über das Wachstum der Neurone [26, 74, 79, 150 u.a.] geht die Eiweißsynthese vom Perikaryon aus und wird vom Zellkern gesteuert. Ein Strom von synthetisiertem Eiweiß ist im Axon nach peripher gerichtet. Besonders die Mehrkomponentenanalyse brachte Indizien dafür, daß die weiße Substanz sich später als die zugehörige graue Substanz entwickelt.

(b) Am Gehirn eines Kleinsäugers wird bewiesen, daß sich die Hirnregionen heterochron entwickeln. Viele "innere Uhren" scheinen diese Prozesse zu steuern. Mit der beschriebenen Ausgleichsrechnung sind für die weiteren Untersuchungen Perspektiven aufgezeigt, wie über Kennlinien mit ihren Parametern (Wachstumsfunktionen) auch die Faktoren analysiert werden können, die die "Uhrwerke" verstellen. Damit werden die ersten Schritte für Experimente getan, die die Einflüsse auf die Entwicklung des Gehirns der Primaten beschreiben. Die Ergebnisse werden wahrscheinlich für die Neuro-Wissenschaften des Menschen bedeutungsvoll sein.

(c) Die von uns untersuchten Variablen der Hirnentwicklung - die Frischvolumina - sind unspezifisch. Sie enthalten in unterschiedlichem Maß Perikarya, Zellfortsätze, Gliazellen, Kapillaren, Synapsen, Transmittersubstanzen, Enzyme und viele andere Teile. Diese Bausteine selbst sind mit den gleichen Programmen der Analyse zugänglich. Die Meßdaten müssen nur nach definierten Regeln (Abschnitt 2.1 und 2.2) in einer ontogenetischen Reihe ausgewählt werden. Der Vorzug der Variablen "Frischvolumen" liegt darin, daß methodisch schnell und genau in größerer Anzahl Stichproben gewonnen werden können, die einen ersten Überblick erlauben.

(d) Für die Beurteilung der Evolutionshöhe des menschlichen Gehirns und seiner Regionen werden ähnliche Wachstumsstudien Basiswerte liefern. Die Ontogenese geht meist der Phylogenese parallel [106, 139]. Wahrscheinlich wird dies auch für die Hirnregionen gelten. Im Abschnitt 6.3.3 haben wir darauf hingewiesen, daß hier noch ein weites Forschungsgebiet vor uns liegt.

6.4 Beispiel aus der Bakteriologie

Wachstumskurven in der Bakteriologie haben eine zentrale Bedeutung unter anderem bei der Beurteilung der Wirksamkeit antibakterieller Substanzen. Das Beispiel soll daher als Hinweis auf die Möglichkeiten der mathematischen Analyse angesehen werden, da wichtige Schlüsse nur aus dem Vergleich verschiedener Kurven gezogen werden können. Folgende Probleme erscheinen uns nach den bisherigen Ergebnissen lösbar:

(a) Welcher Art ist der Einfluß einer antibakteriellen Substanz ?
In welcher Phase des Wachstums wirkt sie ?
Wirkt die Substanz nur allgemein verzögernd (bei gleicher Asymptote P_1) oder/und wird auch die Asymptote beeinflußt ?
Findet eine Reduktion der Keimanzahl statt und wie verläuft diese ?
Gibt es Schwellenkonzentrationen der Substanz und wie groß sind diese ?

(b) Gibt es Interferenzen zwischen Keimen und wie sehen diese aus ?

(c) Wie unterscheiden sich verschiedene Stämme in ihrem Wachstum ?

(d) Welche exogenen Faktoren beeinflussen das Keimwachstum und wie macht sich ihr Einfluß bemerkbar ?

Bisher wurden diese Fragen nur punktuell untersucht, oder es wurden Frei-Hand-Kurven verwendet, an denen mehrere willkürlich abgegrenzte Phasen unterschieden wurden [39 a] (die Zahlenangaben beziehen sich auf Bild 122):

- Anlaufphase (lag-phase), unterhalb von etwa 2 Stunden,
- exponentielle Wachstumsphase (log-phase), zwischen etwa 2 und 8 Stunden,
- Phase des verzögerten Wachstums (retardation phase), zwischen etwa 8 und 11 Stunden,
- stationäre Phase, oberhalb von etwa 11 Stunden,
- Absterbephase, im Beispiel nicht erreicht.

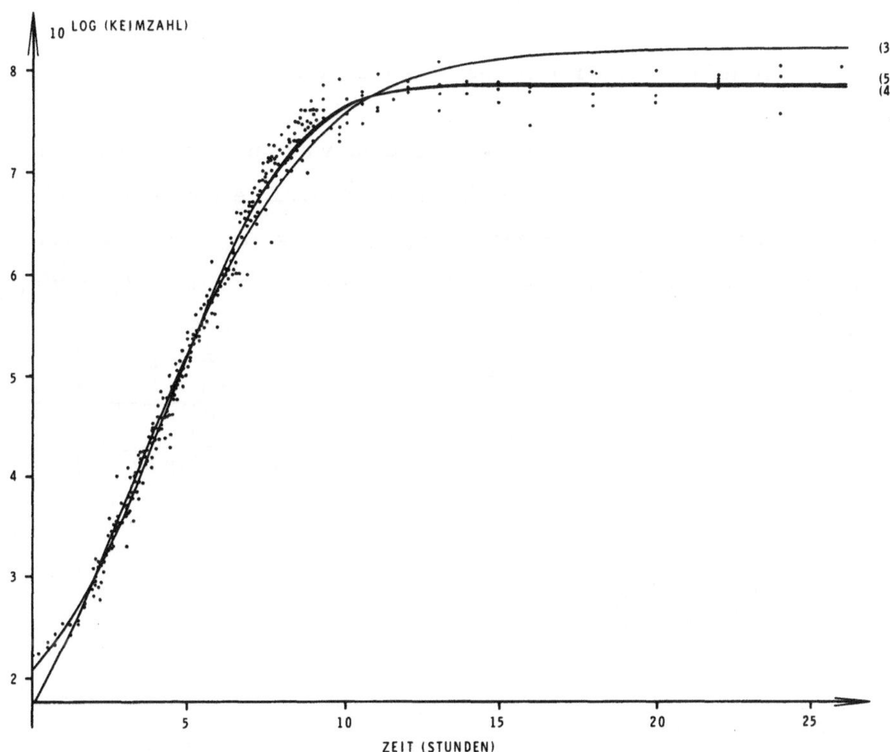

Bild 122: Wachstumsfunktionen des dekadischen Logarithmus der Keimanzahl einer Kultur von E. coli.

Die Daten [152, 153] sind Mittelwerte aus 4 Parallelmeßreihen in 2 Verdünnungen aus dem Hygiene-Institut der Universität Frankfurt/M.

Zur Darstellung von Wachstumsvorgängen wird in der Bakteriologie routinemäßig der dekadische Logarithmus der Bakterienanzahl – und nicht die Bakterienanzahl selbst – verwendet, da die Ergebnisse übersichtlicher werden und wegen der Unterschiede um mehrere Zehnerpotenzen auch besser darstellbar sind.

Die Generationszeit g ist definiert als Länge des Intervalls zwischen zwei Teilungen. In der exponentiellen Wachstumsphase, die dem nahezu linear ansteigenden Teil der logarithmischen Wachstumskurve entspricht, ist g annähernd konstant:

$$g \approx (t_1 - t_0)/n \quad .$$

Die Anzahl n der Generationen zwischen t_0 (N_0 Keime) und t_1 (N_1 Keime) ist

$$n = \frac{y_1 - y_0}{\log 2} = \frac{\log N_1 - \log N_0}{\log 2} = \frac{\log (N_1/N_0)}{\log 2} \quad , \; y_i = y(t_i) \quad (i = 0,\ 1) \; .$$

Dieser Ansatz beruht auf der Linearität des Datenverlaufs.

Allgemein kann die Generationszeit definiert werden, wenn man z. B. von der Darstellung des Logarithmus der Keimanzahl durch die 3-parametrige logistische Wachstumsfunktion (10) ausgeht. Gemäß (19) ist $\ln(P_1/y - 1) = P_2 + P_3 \cdot t$. Hat sich zwischen t_0 und t_1 die Keimanzahl verdoppelt ($g = t_1 - t_0$), dann ist $y(t_1) = y(t_0) + \log 2$, und es gilt

$$P_3 \cdot g = \ln\left[\frac{P_1}{y_0 + \log 2} - 1\right] - \ln\left[\frac{P_1}{y_0} - 1\right] = -\ln\left[\frac{\dfrac{P_1}{y_0} - 1}{\dfrac{P_1}{y_0 + \log 2} - 1}\right] \approx$$

$$\approx -\ln\left[\frac{1 + \dfrac{0.3}{y_0}}{1 - \dfrac{0.3}{P_1 - y_0}}\right] \quad .$$

Daher folgt für die Generationszeit g

$$g \approx -\frac{1}{P_3} \cdot \ln\left[\frac{1 + \dfrac{0.3}{y_0}}{1 - \dfrac{0.3}{P_1 - y_0}}\right] \quad .$$

Je steiler die Wachstumskurve verläuft, desto größer ist der Betrag des Parameters P_3 und desto kürzer ist die Generationszeit.

Als Beispiel wurde das Wachstum einer Kultur von E. coli auf einem Nährboden Pepton aus Casein gemessen (Daten aus dem Hygiene-Institut der Universität Frankfurt/Main). Der Datensatz ist sehr umfangreich gehalten, um möglichst weitgehend die teilweise großen Unterschiede in den Parallelmeßreihen auszugleichen [152, 153]. Diese Unterschiede lassen sich bei genauerem Arbeiten sicher verkleinern. Gemessen wurde in 2 Verdünnungen, die sich um den Faktor 10 unterschieden, in jeweils 2 Meßreihen. Gewichtet wurde mit dem Quadrat des zeitlichen Mittelwerts. Die Änderungen der Parameter bei Unterdrückung der Gewichtung (alle Gewichte gleich 1) sind minimal.

Berechnet wurden die Wachstumsfunktionen aller vier Meßreihen einzeln, jeweils die Kombination der beiden Meßreihen bei der gleichen Verdünnung sowie die Kombination aller vier Meßreihen (Bild 122, Tabelle 21). Übereinstimmend ist die 4-parametrige logistische Wachstumsfunktion (33) signifikant. Ein Vergleich der Parameterergebnisse der verschiedenen Ansätze mit den Meßdaten selbst zeigt, daß das Verfahren stabil gegenüber den teilweise großen Unterschieden einzelner Parallelmessungen ist.

6.5 Beispiel aus der Pharmakologie

Die Schätzung einer Dosis-Wirkungskurve

Es handelt sich um einen Versuch mit zwei Insulin-Präparaten, bei dem das Auftreten von Konvulsionen bei Mäusen beobachtet wurde. Die Meßdaten sind [50, Seite 477] entnommen.

Bei diesem Beispiel würde die Logitregression (21) das Gleiche leisten wie die nicht-lineare Regression, da die Maximalwirkung durch die Anlage des Versuchs und die Definition der abhängigen Variablen festliegt. Daneben gibt es jedoch Experimente, wo weder die Probitanalyse (Abschnitt 3. 1. 7. 3) noch die Logitregression brauchbar ist (z. B. beim Vorliegen absoluter und relativer Resistenzen). Gerechnet wurde mit den ungewichteten dekadischen Logarithmen der Dosen, ausgeglichen wurde mit der 3-parametrigen logistischen Wachstumsfunktion (10) mit fixiertem Parameter $P_1 = 1$. Die für die Steilheit der Wachstumskurve verantwortlichen Parameter P_3 (Bild 123, Tabelle 22) sind nicht signifikant verschieden. Beide Präparate enthalten die gleiche Wirksubstanz in verschiedener Konzentration. Die Differenz der beiden "Halbwertzeiten", die den Logarithmen der 50 %-Dosen entsprechen, beträgt 0.177 und ist signifikant. Dabei liegt im Standardpräparat die höhere Konzentration vor. In [50] wird ein mit der Probitanalyse errechneter Wert von 0.175 angegeben. Das Konzentrationsverhältnis der Wirksubstanzen selbst beträgt $10^{0.177} \simeq 1.5$.

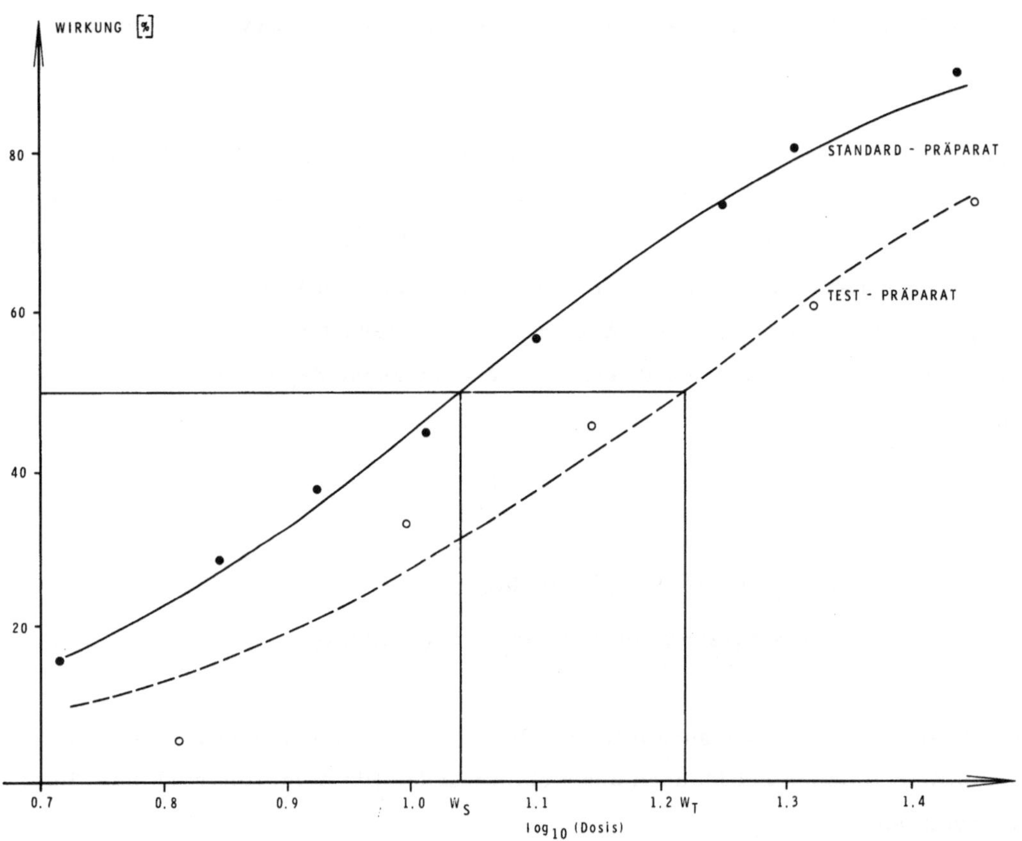

Bild 123: Dosis-Wirkungs-Kurven (3-parametrige logistische Wachstumsfunktion) zweier Insulin-Präparate. Daten nach [50, Seite 477]

6.6 Güte der Ausgleichung

Für die 60 Ontogenesetage alten Albinomäuse wurde die Güte der Ausgleichung durch die 5-parametrige Wachstumsfunktion (33) beim Gesamthirn und allen untersuchten Hirnregionen getestet (Abschnitt 3.3). In keinem Fall ist die Ausgleichung der gewichteten Fehler durch eine Parabel zweiten oder dritten Grades signifikant gegen den linearen Regressionsansatz. Die lineare Regression ergibt durchweg keine Signifikanz der Parameter gegen 0. Meist ist die Standardabweichung wesentlich größer als der Parameterwert selbst. Die logistische Korrelation ist groß (beim subneocorticalen Mark 0.95, beim Gesamthirn und bei allen anderen Hirnregionen über 0.98). Diese Resultate sind als deutlicher Hinweis auf eine gute Anpassung und auf das Fehlen einer systematischen Fehlschätzung zu werten.

6.7 Tabellen 7 bis 22

Abkürzungen

A	Steigung der Regressionsgeraden (Regressionskoeffizient)
Alter	Alter in Ontogenesetagen
B	Absolute Konstante der Regressionsgeraden
BKG	Körpergewicht
C	Frischvolumen des Cerebellum (gesamt)
CA	Frischvolumen des Corpus amygdaloideum
CC	Frischvolumen des Cortex cerebelli
CM	Frischvolumen des Cerebellum: Mark und Kerne
CP	Frischvolumen des Cortex piriformis
EK	Exenteriertes Körpergewicht
EXTR.	Lage eines biologisch sinnvollen Maximums
EXZ.	Exzeß
F	Testquotient des Varianzquotienten-Tests auf Signifikanz einer 2-Komponentenapproximation gegenüber einer 1-Komponentenapproximation mit der 3-parametrigen logistischen Wachstumsfunktion
F(4)	Testquotient des Varianzquotienten-Tests auf Signifikanz einer getrennten Regression in den drei Altersbereichen gegenüber einer gemeinsamen Regression
F(34)	Testquotient des Varianzquotienten-Tests auf Signifikanz der 4-parametrigen gegen die 3-parametrige logistische Wachstumsfunktion
F(35)	Testquotient des Varianzquotienten-Tests auf Signifikanz der 5-parametrigen gegen die 3-parametrige logistische Wachstumsfunktion
F(45)	Testquotient des Varianzquotienten-Tests auf Signifikanz der 5-parametrigen gegen die 4-parametrige logistische Wachstumsfunktion
F(I, J)	Testquotient des Varianzquotienten-Tests auf Signifikanz einer getrennten Regression der Gruppen I und J gegen eine gemeinsame Regression für beide Gruppen: I, J = 1 : Embryonen, I, J = 2 : 20 bis 30 Ontogenesetage alte Tiere, I, J = 3 : 31 bis 60 Ontogenesetage alte Tiere
HE	Frischgewicht beider Hemisphären
HF	Frischvolumen der Hippocampusformation
HG	Hirnfrischgewicht
HL	Frischgewicht der linken Hemisphäre
HR	Frischgewicht der rechten Hemisphäre

HV	Hirnfrischvolumen
M	Frischvolumen des subneocorticalen Marks
M.	Männlich
MAX.	Maximalwert
MITTEL	Mittelwert (erstes Moment der Wachstumsrate des Reifegrads)
N	Frischvolumen des Neocortex
NN	Anzahl der Meßdaten
NM	Frischvolumen des Neopallium (gesamt)
'O'	Wurf 'O'
P	Frischvolumen des Prosencephalon
'P'	Wurf 'P'
P(I)	Parameter Nr. I (I = 1, 2, 3, 4, 5) der logistischen Wachstumsfunktion
'Q'	Wurf 'Q'
R	Frischvolumen des Rhombencephalon, in Tabelle 20: Korrelationskoeffizient
RE	Frischgewicht des Hirnrests
RM	Frischgewicht des Rückenmarks
R + TE	Frischvolumen des Rhombencephalon und Tectum (gemeinsam)
S	Frischvolumen des Striatum
SCH.	Schiefe der Dichte der logistischen Wachstumsfunktion
T	Alter in Ontogenesetagen
TE	Frischvolumen des Tectum
V	Vermehrungsfaktor
VAR.	Varianz (zweites zentrales Moment der Wachstumsrate des Reifegrads)
V-3	Varianz der Dichte der 3-parametrigen logistischen Wachstumsfunktion
W	Halbwertzeit in Ontogenesetagen (Tabelle 8 bis 12, 18), in postnatalen Jahren (Tabelle 13) und in postnatalen Monaten (Tabelle 15 bis 17)
W.	Weiblich
* bzw. **	Der angegebene Approximationsgrad ist der signifikant beste bei einer Irrtumswahrscheinlichkeit von 1 % bzw. 0.1 %. Ausnahme: In Tabelle 20 bedeutet der * eine Signifikanz des Testquotienten beim Signifikanzniveau 0.05.

Tabelle 7: Urliste der Hirnfrischvolumina und der Frischvolumina der Hirnregionen männlicher Albinomäuse in mm^3.

NUMMER	ALTER	HV	P	NM	M	N	R+TE	TE	R	C	CM	CC	HF	CA	CP	S
W 119	14.	29.	16.6	2.3	1.8		11.7									
W 122	14.	29.	16.4	2.2	1.7		11.9									
W 134	15.	37.	22.7	4.5	2.6	1.9	13.1						0.6	1.1	0.7	1.0
W 136	15.	38.	22.8	4.6	2.8	1.9	14.0						0.7	1.3	0.6	1.1
W 114	16.	49.	32.0	6.7	3.6	3.2	15.3	2.0	13.3				1.2	1.5	0.9	1.6
W 115	16.	48.	30.5	6.2	3.4	2.8	16.1	2.6	13.5				1.1	1.9	0.9	1.5
W 88	17.	63.	39.8	9.9	4.1	5.8	21.0	3.3	17.7	2.2	1.1	1.1	1.6	2.1	1.2	2.4
W 92	17.	62.	39.0	9.3	3.8	5.5	21.1	3.2	17.9	2.0	0.8	1.2	1.7	2.0	1.3	2.2
W 105	18.	76.	49.0	12.1	3.8	8.3	24.3	3.9	20.4	2.8	1.0	1.8	2.5	2.5	1.7	3.1
W 109	18.	76.	47.5	12.1	4.0	8.2	25.8	4.9	20.9	2.8	1.1	1.7	2.2	2.7	1.6	2.8
W 146	19.	83.	55.2	13.9	3.6	10.2	24.6	4.5	20.1	3.3	1.2	2.1	2.7	2.8	2.0	4.1
W 149	19.	84.	56.5	14.5	3.7	10.8	24.4	4.3	20.1	3.2	1.5	1.8	3.0	3.1	1.8	4.2
W 20	19.	83.	56.6	14.1	3.1	11.0	23.0	4.5	18.5	3.3	1.5	1.9	3.0	2.9	2.0	4.0
W 22	19.	85.	55.4	14.2	3.2	11.0	25.7	4.0	21.7	3.7	1.4	2.3	2.8	2.8	1.8	3.8
W 21	20.	95.	64.8	18.0	4.1	13.9	25.9	5.1	20.8	4.0	1.7	2.2	3.7	3.3	2.4	4.5
W 23	20.	106.	71.4	19.7	4.2	15.5	29.9	5.2	24.7	4.7	1.9	2.8	4.0	4.3	3.0	5.0
W 24	20.	96.	66.0	18.7	3.8	14.9	25.5	4.6	20.9	4.4	1.7	2.7	3.6	3.3	2.5	4.2
W 26	20.	97.	65.8	17.7	3.9	13.8	27.1	5.0	22.1	4.2	1.8	2.4	3.6	3.6	2.6	4.7
W 35	20.	97.	67.4	18.7	3.5	15.2	25.6	4.8	20.8	4.6	1.5	2.5	3.8	3.3	3.0	4.9
W 61	21.	98.	64.5	18.5	3.7	14.8	29.0	4.9	24.1	4.5	1.8	2.7	3.6	3.4	2.3	4.7
W 64	21.	115.	79.0	22.3	4.6	17.7	30.8	5.5	25.3	5.1	2.0	3.2	4.3	3.8	3.0	5.6
W 25	22.	136.	95.3	30.0	5.2	24.8	33.8	7.0	26.8	6.9	2.3	4.6	5.9	4.7	3.5	6.6
W 31	22.	152.	108.2	35.0	5.1	29.9	34.8	7.0	27.8	8.7	2.6	6.1	6.6	5.1	4.3	6.9
W 32	22.	157.	110.4	35.3	5.3	29.9	38.0	7.4	30.6	8.7	2.6	6.1	6.8	5.4	4.2	7.7
W 41	23.	174.	123.8	42.8	5.3	37.5	38.2	8.4	29.8	11.8	2.9	8.9	8.4	5.4	4.1	7.7
W 37	24.	187.	134.9	47.3	6.3	41.1	39.7	8.3	31.4	12.5	3.1	9.4	9.4	5.6	4.8	9.0
W 33	25.	235.	169.0	60.3	6.0	54.3	46.3	8.3	38.0	19.3	3.2	16.1	11.6	7.1	6.1	11.3
W 34	25.	254.	181.3	62.3	6.2	55.9	51.2	9.3	41.9	20.8	4.1	16.7	11.7	8.9	6.4	12.8
W 38	25.	229.	166.4	59.1	6.5	52.6	45.2	9.4	35.8	17.3	3.4	13.8	11.2	6.9	6.0	11.1
W 42	26.	272.	197.1	72.2	5.6	66.5	48.9	9.4	39.5	25.4	3.7	21.8	13.8	7.8	7.1	12.7
W 36	27.	286.	199.3	77.9	6.2	68.2	56.4	11.6	45.4	29.3	4.1	25.1	14.0	7.6	6.8	12.2
W 40	28.	298.	210.2	76.9	4.9	71.9	56.7	11.2	45.5	30.8	3.3	27.4	14.7	8.7	8.1	13.9
W 71	28.	328.	236.6	88.8	7.1	81.8	60.3	11.6	48.7	31.0	4.1	26.9	17.0	8.9	8.3	15.5
W 47	29.	356.	257.5	99.6	5.9	93.7	59.0	12.8	46.2	40.1	4.0	36.1	17.6	10.2	8.8	17.5
W 44	30.	370.	261.9	98.3	6.6	91.6	66.3	13.3	53.0	41.7	4.5	37.2	18.4	10.2	9.5	18.9
W 43	32.	430.	294.6	115.8	5.9	109.8	75.2	13.6	61.6	59.6	5.4	54.3	22.1	11.4	10.8	19.7
W 45	33.	389.	267.1	102.4	5.9	96.5	64.2	11.7	52.5	57.1	5.6	51.4	19.1	10.8	9.3	20.5
W 46	33.	423.	291.7	110.7	6.2	104.6	72.4	12.1	60.3	57.6	6.1	51.5	21.6	11.6	11.3	22.4
W 48	33.	406.	282.9	139.1	6.0	103.2	67.2	12.1	55.1	55.7	5.4	50.3	20.7	11.1	9.5	18.3
W 55	34.	409.	277.8	105.0	6.6	98.5	68.9	12.1	56.8	61.3	6.0	55.3	20.0	10.6	9.9	21.0
W 53	35.	435.	292.4	111.0	6.8	104.1	77.3	13.0	64.3	64.7	6.5	58.1	21.9	11.4	9.8	21.5
W 52	37.	440.	307.2	114.9	7.0	108.0	75.1	13.4	61.7	58.1	7.0	51.1	22.8	12.1	10.5	25.9
W 54	38.	392.	266.9	97.1	6.2	91.0	69.6	10.4	59.2	55.3	6.3	48.9	21.4	10.1	9.5	20.9
W 59	38.	429.	298.9	114.7	6.8	108.0	69.6	11.8	57.8	62.5	6.3	56.2	22.9	10.1	10.0	23.2
W 56	40.	467.	327.0	124.7	7.4	117.3	77.1	11.6	65.5	62.5	6.6	55.8	24.9	11.7	10.4	25.2
W 58	40.	444.	302.0	117.2	7.6	109.7	76.1	12.2	63.9	66.3	6.1	60.2	23.1	10.7	10.5	23.8
W 57	42.	475.	328.0	125.0	7.9	117.1	77.6	12.8	64.8	68.9	7.1	61.8	25.3	11.4	11.6	24.7
W 9	48.	495.	333.9	127.9	9.7	118.2	89.3	13.1	76.2	73.6	9.6	64.3	25.4	10.7	10.6	30.4
W 10	48.	515.	347.0	132.7	9.7	122.9	91.3	13.4	77.9	74.9	9.0	65.9	25.3	12.7	12.7	31.9
W 11	48.	487.	334.9	126.1	9.3	116.9	84.0	11.4	72.6	67.5	8.6	58.9	25.4	11.1	10.9	29.3
W 12	48.	451.	313.1	115.6	7.8	107.6	75.9	11.0	64.9	61.4	7.7	53.8	23.8	10.4	10.4	27.1
W 13	48.	439.	304.2	114.8	7.8	106.9	72.2	10.3	61.9	62.2	7.9	54.3	23.4	10.8	10.2	24.5
W 14	48.	461.	314.2	120.7	7.7	113.1	80.2	10.4	69.8	67.4	7.5	59.8	24.1	10.1	13.2	25.3
W 15	48.	421.	291.8	108.4	7.5	100.9	72.4	10.9	61.5	55.5	7.0	48.5	21.6	10.0	9.9	24.8
W 16	60.	453.	315.0	114.3	8.5	105.9	78.3	13.0	65.3	63.8	8.4	55.4	25.1	11.0	10.7	29.1
W 17	60.	470.	312.7	113.1	8.0	105.1	88.4	13.2	75.2	68.7	9.1	59.5	24.1	10.9	10.6	27.0
W 18	60.	489.	336.3	121.3	9.0	112.3	87.7	13.3	74.4	65.0	8.2	56.7	25.9	12.0	10.8	28.0
W 19	60.	472.	325.2	119.7	7.3	112.3	84.7	13.0	71.7	63.0	8.2	54.8	23.8	11.5	10.8	31.1
W 155	153.	455.	297.7	102.4	9.5	92.9	92.3	12.4	79.9	65.0	11.7	53.3	26.4	9.7	10.6	27.6
W 156	153.	444.	290.1	98.5	9.0	89.6	92.7	12.2	80.5	61.3	10.0	51.3	22.7	10.7	11.6	27.4
W 158	153.	440.	290.6	100.9	9.8	91.1	86.7	12.1	74.6	63.4	10.6	52.8	24.3	10.0	10.3	28.0

Tabelle 8: Parameterergebnisse der Wachstumsfunktionen des Hirnfrischgewichts (HG) in Milligramm und des Körpergewichts der getöteten Albinomäuse (BKG), der Tagesmittelwerte der Körpergewichte der Würfe 'O', 'P', 'Q' und des exenterierten Körpergewichts (EK) männlicher Albinomäuse in Gramm.

	P(1)	P(2)	P(3)	P(4)	P(5)	V	W	EXTR.	MAX.	NN	F(34)	F(35)	F(45)	MITTEL	VARIANZ	SCHIEFE	EXZESS	V-3
HG **	466.7 3.5	9.0 0.8	-0.721 0.124	0.025 0.006	-0.00041 0.00010	4.4 0.05	25.1 0.03			199	2.55 1,195	9.1 2,194	15.47 1,194	24.4	39.7	-0.5	0.1	57
BKG**	32.5 1.0	17.0 0.4	-1.240 0.045	0.033 0.002	-0.00030 0.00002	18.4 0.7	43.3 0.1			199	25.20 1,195	83.51 2,194	57.04 1,194	40.1	141.7	-0.4	-1.0	30
'O'**	32.4 1.8	15.0 1.5	-0.995 0.149	0.025 0.005	-0.00023 0.00005	26.7 1.6	41.3 0.9			27	9.43 1, 23	35.53 2, 22	55.40 1, 22	39.6	108.1	-0.4	-0.6	158
'P'**	26.5 0.8	19.0 0.7	-1.464 0.074	0.041 0.002	-0.00041 0.00002	20.0 0.6	43.2 0.4			25	1.47 1, 21	343.1 2, 20	641.2 1, 20	39.7	111.6	-0.7	-0.7	315
'Q'**	31.1 0.8	24.4 1.5	-1.886 0.139	0.052 0.004	-0.00049 0.00004	33.3 2.0	43.0 0.4			28	2.40 1, 24	130.3 2, 23	235.5 1, 23	39.8	105.9	-0.6	-0.9	224
EK **	15.6 0.4	15.6 0.7	-0.593 0.064	0.012 0.002	-0.00010 0.00002	20.4 0.7	44.3 0.1			139	28.44 1,135	58.72 2,134	73.69 1,134	43.2	191.9	-0.2	-0.8	170

Tabelle 9: Parameterergebnisse der Mehrkomponentenanalyse des Körpergewichts der getöteten Albinomäuse (BKG), der Tagesmittelwerte der Körpergewichte der Würfe 'O', 'P', 'Q' und des exenterierten Körpergewichts (EK) in Gramm sowie des Frischvolumens des subneocorticalen Marks (M), des Tectum (TE), des Cerebellum: Mark und Kerne (CM), des Corpus amygdaloideum (CA) und des Striatum (S) männlicher Albinomäuse in mm^3.

	1. KOMPONENTE						2. KOMPONENTE						SUMMENKURVE						
	P(1)	P(2)	P(3)	V	W	VAR.	P(1)	P(2)	P(3)	V	h	VAR.	V	W	MITTEL	VAR.	SCH.	EXZ.	F
BKG **	8.2 0.9	9.9 0.3	- 0.422 0.022	5.1 0.5	23.3 0.4	18.5	24.1 1.9	11.1 2.5	- 0.240 0.054	548 790	46.2 1.0	56.9	19.6	43.3	40.4	146	-0.3	-3.7	110.0 3,193
BKG'O'**	13.5 1.3	6.7 0.2	- 0.225 0.012	10.1 3.8	29.8 0.8	64.8	17.4 2.1	15.7 2.7	- 0.344 0.060	6751 10292	45.6 0.5	27.8	23.2	41.0	38.7	106	-0.5	-0.2	46.0 3,21
BKG'P'**	7.1 0.4	7.2 0.3	- 0.287 0.015	5.2 0.2	25.0 0.4	39.9	23.9 2.9	11.8 1.1	- 0.248 0.027	898 499	47.4 0.9	53.5	22.0	45.0	42.3	140	-0.6	-0.2	230.1 3,19
BKG'Q'**	9.2 0.7	8.7 0.6	- 0.333 0.028	8.7 0.5	26.1 0.5	29.6	24.3 2.3	12.3 1.7	- 0.263 0.038	1140 1034	46.8 0.6	47.6	30.9	43.8	41.1	128	-0.4	-0.5	67.9 3,22
EK **	2.6 1.2	8.1 2.5	- 0.307 0.101	8.5 3.4	26.6 1.0	35.0	13.3 1.2	5.7 0.7	- 0.120 0.011	29.1 13.5	47.9 1.8	236.1	20.8	44.6	44.4	260	0.2	0.4	40.3 3,131
M *	6.5 0.3	4.1 0.4	- 0.234 0.027	1.6 0.10	17.5 0.5	60.3	1.8 0.5	40.0 51.9	- 0.998 1.300	5.E8 6.E9	40.1 1.5	3.3	2.0	20.0	22.4	135	0.3	-0.7	5.6 3,52
TE *	3.5 0.8	21.9 13.1	- 1.388 0.833	1.0 0.01	15.8 0.2	1.7	8.7 0.9	11.0 2.5	- 0.471 0.100	5.7 2.5	23.3 0.6	14.8	2.4	21.5	21.2	23	0.2	-0.5	4.5 3,48
CM **	1.4 0.6	15.0 6.9	- 0.716 0.337	2.9 0.8	20.9 0.6	6.4	7.3 0.6	4.4 0.3	- 0.139 0.013	6.0 0.9	31.6 1.8	169.5	5.2	28.9	29.9	159	0.3	1.2	9.1 3,46
CA	1.6 0.8	13.5 9.2	- 0.964 0.633	1.0 0.03	14.9 0.4	4.0	9.5 0.9	6.4 1.5	- 0.349 0.056	5.1 1.6	24.1 0.6	27.0	3.2	23.1	22.8	34	0.05	0.2	2.8 3,50
S **	10.8 12.8	8.0 2.6	- 0.367 0.158	2.9 1.0	21.7 2.2	24.4	16.9 13.3	7.6 5.4	- 0.237 0.130	18.2 49.5	32.[illegible] 5.7	58.4	5.9	27.4	28.0	70	0.3	0.3	12.2 3,50

Tabelle 10: Parameterergebnisse der Wachstumsfunktion der Anzahl der Knochenkerne bei Albinomaus und Meerschweinchen.

Daten nach [82] und [113].

	P(1)	P(2)	P(3)	P(4)	V	W	NN
ALBINOMAUS	50	5.94 0.18	-0.257 0.008		3.23 0.10	23.1 0.1	14
MEERSCHW. **	52	-0.60 1.26	0.196 0.055	-0.0037 0.0006	1.11 0.01	49.4 0.2	20

Tabelle 11: Parameterergebnisse der Wachstumsfunktionen des Hirnfrischvolumens (HV) und des Frischvolumens verschiedener Hirnregionen bei 14 bis 60 Ontogenesetage alten männlichen Albinomäusen in mm^3.

	P(1)	P(2)	P(3)	P(4)	P(5)	V	W	EXTR.	MAX.	NN	F(34)	F(35)	F(45)	MITTEL	VARIANZ	SCHIEFE	EXZESS	V-3
HV	470.8 7.3	6.0 0.1	-0.237 0.005			4.6 0.1	25.4 0.2			58	3.63 1, 54	1.54 2, 53	3.09 1, 53	24.7	47.5	-0.5	1.0	59
P	319.3 5.0	6.5 0.1	-0.260 0.005			4.6 6.1	24.9 0.2			58	6.47 1, 54	0.37 2, 53	0.28 1, 53	24.4	37.6	-0.4	0.4	49
NM **	114.1 2.2	23.7 3.6	-2.699 3.562	0.118 0.029	-0.00192 0.00048	6.0 0.2	25.1 0.2			58	3.64 1, 54	8.80 2, 53	13.14 1, 53	24.3	18.6	-0.7	0.2	28
M *	8.5 0.4	8.2 1.6	-0.776 0.219	0.024 0.039	-0.00026 0.00012	2.0 0.1	20.0 0.8			58	3.44 1, 54	7.59 2, 53	11.09 1, 53	23.7	141.7	0.7	-0.6	108
N **	115.3 3.8	12.3 0.3	-0.651 0.027	0.007 0.001		7.7 0.3	25.4 0.1	48.9 3.0	112.3 3.7	56	12.28 1, 52	6.04 2, 51	0.03 1, 51	25.9	32.1	0.5	0.7	21
R+TE	81.6 1.4	4.3 0.1	-0.184 0.006			2.9 0.1	23.6 0.3			58	0.30 1, 54	0.21 2, 53	0.12 1, 53	23.9	105.0	0.1	1.1	97
TE	12.3 0.3	5.8 0.3	-0.273 0.016			2.4 0.1	21.2 0.2			54	3.09 1, 50	4.93 2, 49	6.43 1, 49	20.9	22.9	-0.2	-1.0	44
R	70.5 1.5	4.0 0.1	-0.164 0.007			3.1 0.1	24.5 0.4			54	0.03 1, 50	0.26 2, 49	0.49 1, 49	24.1	117.8	-0.1	0.3	123
C *	64.3 1.4	5.7 1.0	-0.024 0.090	-0.007 0.002		14.7 0.4	27.7 0.2			52	10.78 1, 48	6.94 2, 47	2.72 1, 47	27.3	32.9	-1.3	6.0	32
CM **	8.5 0.4	11.4 1.8	-3.867 0.212	0.023 0.038	-0.00023 0.00010	5.0 0.3	28.1 0.7			52	8.44 1, 48	11.46 2, 47	12.47 1, 47	29.6	111.3	0.3	-0.7	97
CC *	56.2 1.5	5.8 1.3	0.042 0.119	-0.009 0.003		21.0 0.8	27.6 0.2			52	11.60 1, 48	7.48 2, 47	2.90 1, 47	27.3	24.2	-1.6	8.4	25
HF **	24.8 1.4	10.2 0.7	-0.521 0.063	0.005 0.002		6.5 0.3	25.6 0.2	53.9 11.9	24.3 1.4	56	12.60 1, 52	6.65 2, 51	0.76 1, 51	26.3	43.3	0.5	1.0	30
CA	11.3 0.2	5.9 0.2	-0.257 0.009			3.2 0.1	23.1 0.2			56	1.85 1, 52	3.27 2, 51	4.56 1, 51	22.5	30.9	-0.4	-0.4	50
CP	10.7 0.2	7.1 0.1	-0.294 0.008			4.3 0.1	24.1 0.2			56	0.42 1, 52	1.06 2, 51	1.71 1, 51	23.7	28.5	-0.3	-0.1	38
S **	28.7 1.2	12.0 1.0	-0.835 0.129	0.020 0.005	-0.00018 0.00007	6.1 0.3	27.5 0.5			56	23.76 1, 52	26.27 2, 51	20.07 1, 51	29.0	89.6	0.6	-3.1	45

Tabelle 12: Parameterergebnisse der Wachstumsfunktionen des Hirnfrischvolumens (HV) und des Frischvolumens verschiedener Hirnregionen bei 14 bis 153 Ontogenesetage alten männlichen Albinomäusen in mm^3.

	P(1)	P(2)	P(3)	P(4)	P(5)	V	W	EXTR.	MAX.	NN	F(34)	F(35)	F(45)	MITTEL	VARIANZ	SCHIEFE	EXZESS	V-3
HV	467.1 6.6	6.0 3.1	-0.238 0.005			4.5 0.1	25.3 0.2			61	4.21 1, 57	2.33 2, 56	0.48 1, 56	24.5	43.1	-0.5	0.6	58
P	315.3 4.6	6.5 0.1	-0.262 0.005			4.5 0.1	24.8 3.2			61	1.34 1, 57	1.63 2, 56	1.90 1, 56	24.0	32.2	-0.5	0.2	48
NM *	119.1 2.6	9.3 0.2	-0.428 0.009	0.002 0.0001		6.2 0.2	25.1 0.2	91.9 0.7	119.1 2.6	61	10.08 1, 57	5.15 2, 56	0.34 1, 56	25.6	39.6	0.7	2.7	28
M **	8.7 0.4	8.0 1.4	-0.749 0.177	0.022 0.007	-0.00024 0.00009	2.1 0.1	20.4 0.8			61	2.57 1, 57	10.11 2, 56	16.94 1, 56	24.4	157.3	0.6	-0.7	126
N **	109.4 2.1	10.8 0.2	-0.500 0.010	0.003 0.0001		7.6 0.2	25.0 0.1	91.3 0.5	109.4 2.1	59	17.87 1, 55	11.46 2, 54	3.97 1, 54	25.9	34.8	0.8	2.2	21
R+TE	82.9 1.4	4.3 0.1	-0.181 0.006			3.0 0.1	23.8 0.3			61	1.91 1, 57	0.96 2, 56	0.04 1, 56	24.5	116.4	0.6	2.1	130
TE	12.3 0.2	5.8 0.3	-0.273 0.015			2.4 0.1	21.2 0.2			57	3.28 1, 53	5.21 2, 52	6.78 1, 52	20.9	23.0	-0.2	-1.0	44
R	71.9 1.4	4.0 0.1	-0.159 0.007			3.1 0.1	24.8 0.4			57	0.96 1, 53	0.47 2, 52	0.00 1, 52	25.6	145.9	0.6	1.9	129
C *	64.1 1.3	5.7 1.0	-0.021 0.087	-0.007 0.002		14.6 0.4	27.7 0.2			55	12.07 1, 51	6.41 2, 50	0.80 1, 50	27.3	26.9	-1.2	4.7	32
CM **	10.7 0.6	8.5 0.7	-0.504 0.071	0.010 0.002	-0.00007 0.00002	6.4 0.4	31.7 1.3			55	5.38 1, 51	16.79 2, 50	25.61 1, 50	37.6	355.1	0.7	-0.6	109
CC **	55.6 1.3	5.6 1.3	0.058 0.117	-0.010 0.003		20.8 0.7	27.6 0.2			55	13.43 1, 51	7.65 2, 50	1.69 1, 50	27.3	19.8	-1.4	6.8	24
HF *	23.9 0.5	9.1 0.2	-0.414 0.017	0.002 0.0004		6.5 0.2	25.4 0.1	98.2 15.1	23.9 0.5	59	7.69 1, 55	7.22 2, 54	6.04 1, 54	26.3	43.9	0.6	1.1	30
CA	11.1 0.2	6.0 0.2	-0.263 0.009			3.1 0.1	22.9 0.2			59	2.79 1, 55	4.15 2, 54	5.29 1, 54	22.3	30.1	-0.4	-0.4	49
CP	10.7 0.2	7.1 0.1	-0.294 0.008			4.3 0.1	24.1 0.2			59	0.50 1, 55	1.00 2, 54	1.49 1, 54	23.8	29.1	-0.3	-0.1	38
S **	29.2 3.5	9.3 0.6	-0.501 0.059	0.007 0.002	-0.00003 0.00001	6.0 0.7	26.7 0.2	55.6 13.5	27.0 3.2	59	11.50 1, 55	17.39 2, 54	19.42 1, 54	27.3	63.2	0.4	0.3	46

Tabelle 13: Parameterergebnisse der Wachstumsfunktionen des Hirnfrischgewichts beim Menschen im männlichen (M.) und weiblichen (W.) Geschlecht in Gramm.

Daten nach [104].

	P(1)	P(2)	P(3)	P(4)	P(5)	V	W	EXTR.	MAX.	NN	F(34)	F(45)	F(35)	MITTEL	VARIANZ	SCHIEFE	EXZESS
M. *	1380 7	0.939 0.020	-1.41 0.05	0.034 0.002	-0.00021 0.00002	3.56 0.05	0.68 0.03	27.9 0.04	1380 7	714	2.80 1,710	5.84 2,709	8.84 1,709	0.72	1.82	0.3	1.7
W. **	1246 7	0.895 0.025	-1.72 0.07	0.043 0.002	-0.00028 0.00002	3.45 0.06	0.53 0.03	27.0 0.03	1246 7	448	3.20 1,444	9.62 2,443	15.93 1,443	0.56	1.19	0.3	1.5

Tabelle 14: Signifikanztabelle der Mittelwerte der Hirnfrischgewichte von Männern und Frauen in jeweils 7 Gruppen nach Dekaden des Lebensalters.

Steht in der Zeile i und der Spalte k das Zeichen +, dann ist der Mittelwert des Hirngewichts in der Gruppe k größer als der Mittelwert des Hirngewichts in der Gruppe i.

Näheres siehe Abschnitt 6.3.1.2.

Daten nach [104].

		MAENNER								FRAUEN						
		1	2	3	4	5	6	7		1	2	3	4	5	6	7
NN		61	111	65	86	97	64	26		34	49	58	58	52	33	24
M	1															
A	2	+														
E	3		+													
N	4															
N	5		+													
E	6		+													
R	7	+	+	+	+											
F	1	+	+	+	+	+	+	+								
R	2	+	+	+	+	+	+									
A	3	+	+	+	+	+	+	+								
U	4	+	+	+	+	+	+	+								
E	5	+	+	+	+	+	+	+								
N	6	+	+	+	+	+	+	+		+	+	+	+	+		
	7	+	+	+	+	+	+	+		+	+	+	+	+	+	

Tabelle 15: Parameterergebnisse der Wachstumsfunktionen des Hirnfrischgewichts (HG) beim Menschen im männlichen (M.) und weiblichen (W.) Geschlecht in Gramm.

Daten aus dem Pathologischen Institut der Universität Frankfurt/M.

	P(1)	P(2)	P(3)	P(4)	P(5)	V	W	MITTEL	VARIANZ	NN
HG M. *	1368 71	0.889 0.078	-0.217 0.022	0.0066 0.0015	-0.000074 0.000029	3.4 0.2	4.7 0.7	10.8	326	166
HG F.	1148 34	0.744 0.066	-0.182 0.016			3.1 0.1	4.1 0.4	5.4	122	126

Tabelle 16: Parameterergebnisse der Wachstumsfunktionen des Hirnfrischgewichts (HG) und des Frischgewichts verschiedener Hirnteile beim Menschen im männlichen (M.) und weiblichen (W.) Geschlecht in Gramm.

Beide Hemisphären (HE), rechte Hemisphäre (HR), linke Hemisphäre (HL), Cerebellum (C), Hirnrest (RE).

Daten nach [107].

	P(1)	P(2)	P(3)	P(4)	P(5)	V	W	MITTEL	VARIANZ	NN
HG M. *	1286 62	0.976 0.097	-0.244 0.038	0.0113 0.0043	-0.00022 0.00013	3.7 0.3	5.1 0.7	9.4	167	95
HE M. *	1133 56	0.890 0.099	-0.224 0.038	0.0100 0.0041	-0.00019 0.00011	3.4 0.2	5.0 0.8	9.6	188	95
HR M. *	566 27	0.904 0.097	-0.230 0.038	0.0105 0.0041	-0.00020 0.00012	3.5 0.2	5.0 0.3	9.5	183	95
HL M. *	562 27	0.902 0.099	-0.233 0.039	0.0110 0.0044	-0.00022 0.00013	3.5 0.2	4.9 0.8	9.3	175	95
C M. **	133 7	1.982 0.121	-0.573 0.072	0.0495 0.0119	-0.00163 0.00050	8.3 0.9	5.8 0.7	8.2	57	95
RE M.	21 2	0.744 0.146	-0.118 0.026			3.1 0.3	6.3 1.9	7.6	216	95
HG W.	1062 51	0.784 0.084	-0.158 0.020			3.2 0.2	4.9 0.8	11.6	303	96
HE W.	937 46	0.717 0.085	-0.150 0.019			3.0 0.2	4.8 0.8	9.9	245	96
HR W.	468 23	0.719 0.085	-0.151 0.020			3.1 0.2	4.8 0.8	10.0	250	96
HL W.	469 23	0.717 0.085	-0.150 0.020			3.0 0.2	4.8 0.8	9.8	240	96
C W.	106 6	1.537 0.099	-0.265 0.028			5.6 0.5	5.8 0.6	6.0	41	96
RE W.	16 1	0.468 0.144	-0.144 0.036			2.6 0.2	3.2 1.2	4.3	164	96

Tabelle 17: Parameterergebnisse der Wachstumsfunktionen des Hirnfrischgewichts (HG) und des Frischgewichts verschiedener Hirnteile beim Menschen im männlichen (M.) und weiblichen (W.) Geschlecht in Gramm.

Beide Hemisphären (HE), rechte Hemisphäre (HR), linke Hemisphäre (HL), Cerebellum (C), Hirnrest (RE).

Daten nach [115].

	P(1)	P(2)	P(3)	P(4)	P(5)	V	W	MITTEL	VARIANZ	NN
HG M. **	1282 75	0.846 0.090	-0.208 0.024	0.0067 0.0016	-0.000073 0.000025	3.3 0.2	4.8 0.9	12.9	449	32
HE M. **	1126 70	0.788 0.097	-0.200 0.025	0.0064 0.0016	-0.000069 0.000024	3.2 0.2	4.6 1.0	13.4	496	32
HR M. **	561 35	0.774 0.099	-0.189 0.024	0.0057 0.0016	-0.000066 0.000025	3.2 0.2	4.7 1.0	13.2	492	32
HL M. **	567 37	0.794 0.102	-0.186 0.024	0.0058 0.0016	-0.000061 0.000024	3.2 0.2	5.0 1.1	14.1	521	32
C M.	127 7	1.339 0.082	-0.218 0.023			4.8 0.3	6.1 0.7	11.2	210	32
RE M. **	23 1	0.775 0.089	-0.276 0.049	0.0166 0.0057	-0.000319 0.000142	3.2 0.2	3.5 0.6	4.2 4-PAR.APPROX.	148	32
HG W.	1060 38	0.552 0.069	-0.134 0.015			2.7 0.1	4.1 0.7	5.3	88	38
HE W.	931 36	0.473 0.073	-0.122 0.016			2.6 0.1	3.9 0.8	4.9	118	38
HR W.	465 18	0.473 0.074	-0.121 0.016			2.6 0.1	3.9 0.8	5.0	118	38
HL W.	466 18	0.474 0.073	-0.122 0.016			2.6 0.1	3.9 0.8	4.8	119	38
C W. **	114 37	1.661 0.081	-0.594 0.079	0.0685 0.0178	-0.00305 0.00107	6.3 0.4	5.2 0.6	6.7	39	38
RE W. **	20 1	3.767 0.124	-0.254 0.053	0.0136 0.0061	-0.00028 0.00017	3.2 0.3	3.7 1.0	8.8	177	38

Tabelle 18: Parameterergebnisse der Wachstumsfunktionen des Körpergewichts (BKG), des Hirnfrischgewichts (HG), des Rückenmarksgewichts (RM) männlicher (M.) und weiblicher (W.) Albinoratten in Gramm.

Daten nach [39].

	P(1)	P(2)	P(3)	P(4)	P(5)	V	W	EXTR.	MAX.	NN	F(34)	F(45)	F(35)
BKG** M.	145 7	7.5 0.3	-0.25 0.02	0.0030 0.0003	-0.000012 0.000001	32.0 2.3	122 3			358	12.73 1,354	28.76 2,353	36.33 1,353
HG ** M.	1.75 0.02	9.2 0.2	-0.45 0.02	0.0060 0.0003	-0.000026 0.000002	8.1 0.2	33 0.3			358	5.31 1,354	83.06 2,353	58.45 1,353
RM ** M.	0.50 0.01	7.1 0.2	-0.26 0.01	0.0030 0.0002	-0.000012 0.000001	17.1 0.7	59 2			358	16.02 1,346	35.80 2,345	44.33 1,345
BKG** W.	197 13	5.0 0.2	-0.07 0.01	0.0004 0.0001	-0.000001 0.0003303	36.8 3.6	169 11			179	14.69 1,175	24.49 2,174	31.72 1,174
HG ** W.	1.68 0.02	10.7 0.5	-0.54 0.03	0.0078 0.0006	-0.000036 0.000383	9.4 0.4	33 0.5			179	6.95 1,175	62.76 2,174	23.91 1,174
RM ** W.	0.55 0.02	5.3 0.2	-0.13 0.01	0.0011 0.0001	-0.0000032 0.0000065	18.2 1.2	83 6			179	15.03 1,175	58.54 2,174	94.06 1,174

Tabelle 19: Proportionen der Hirnregionen bei der neugeborenen (linke untere Hälfte der Tabelle) und der adulten (rechte obere Hälfte der Tabelle) männlichen Albinomaus.

Die Proportionen wurden aus den Ergebnissen der 5-parametrigen Approximation (33) berechnet. (Angaben in %).

	HV	P	NM	M	N	R+TE	TE	R	C	CM	CC	HF	CA	CP	S
HV		67.8 1.5	24.2 0.6	1.8 0.1	23.9 0.9	17.3 0.4	2.6 0.1	15.0 0.4	13.7 0.4	1.8 0.1	11.9 0.4	5.2 0.3	2.4 0.1	2.3 0.1	6.1 0.3
P	67.5 2.6		35.7 0.9	2.7 0.1	35.2 1.3	25.6 0.6	3.9 0.1	22.1 0.6	20.1 0.5	2.7 0.1	17.6 0.5	7.6 0.5	3.5 0.1	3.4 0.1	9.0 0.4
NM	18.7 0.8	27.6 1.2		7.4 0.4	98.4 3.8	71.5 1.8	10.8 0.3	61.8 1.8	56.4 1.6	7.4 0.4	49.3 1.6	21.3 1.3	9.9 0.3	9.4 0.3	25.2 1.2
M	4.1 0.3	6.1 0.5	22.2 1.9		1321.2 75.9	960.0 48.1	144.7 7.7	829.4 42.8	756.5 39.2	100.0 6.7	661.2 35.8	285.9 21.3	132.9 6.7	125.9 6.4	337.6 21.3
N	14.3 0.8	21.1 1.2	76.6 4.7	345.4 31.7		72.7 2.7	11.0 0.4	62.8 2.5	57.3 2.3	7.6 0.4	50.6 2.1	21.6 1.4	10.1 0.4	9.5 0.4	25.6 1.4
R+TE	27.2 1.1	40.3 1.6	145.7 6.6	657.5 53.8	190.4 11.3		15.1 0.4	86.4 2.4	78.8 2.2	10.4 0.5	68.9 2.2	29.8 1.8	13.8 0.3	13.1 0.3	35.2 1.6
TE	5.0 0.2	7.4 0.4	27.0 1.5	121.6 10.6	35.2 2.3	18.5 0.9		573.2 18.6	522.8 17.1	69.1 3.7	456.9 16.5	197.6 12.4	91.9 2.8	87.0 2.7	233.3 11.3
R	22.3 1.0	33.0 1.4	119.4 5.7	538.6 44.9	155.9 9.5	81.9 3.7	442.9 23.7		91.2 2.8	12.1 0.6	79.7 2.7	34.5 2.1	16.0 0.4	15.2 0.4	40.7 1.9
C	4.3 0.2	6.3 0.3	22.9 1.1	103.2 8.7	29.9 1.9	15.7 0.7	84.9 4.7	19.2 1.0		13.2 0.7	87.4 3.0	37.8 2.3	17.6 0.5	16.6 0.5	44.6 2.1
CM	1.7 0.1	2.5 0.2	8.9 0.7	40.2 4.2	11.6 1.0	6.1 0.5	33.0 2.7	7.5 3.6	38.9 3.1		661.2 35.8	285.9 21.3	132.9 6.7	125.9 6.4	337.6 21.3
CC	2.6 0.1	3.9 0.2	14.0 0.8	63.1 5.6	18.3 1.3	9.6 0.5	51.9 3.2	11.7 0.7	61.1 3.6	157.1 13.3		43.2 2.7	20.1 0.6	19.0 0.6	51.1 2.5
HF	3.6 0.3	5.4 0.4	19.6 1.7	88.2 9.6	25.5 2.4	13.4 1.1	72.6 6.4	16.4 1.4	85.5 7.4	219.7 23.3	139.9 12.6		46.5 2.8	44.0 2.7	118.1 8.4
CA	3.4 0.1	5.1 0.2	18.4 0.9	83.1 6.9	24.1 1.5	12.6 0.6	68.3 3.6	15.4 0.7	80.5 4.0	206.9 16.4	131.7 7.4	94.2 8.0		94.7 2.4	254.0 11.5
CP	2.4 0.1	3.6 0.2	13.0 0.6	58.5 4.9	17.0 1.0	8.9 0.4	48.1 2.6	10.9 0.5	56.7 2.8	145.8 11.6	92.8 5.2	66.4 5.6	70.5 3.3		268.2 12.3
S	4.6 0.3	6.8 0.5	24.5 1.8	110.7 11.0	32.1 2.6	16.8 1.2	91.0 6.9	20.6 1.5	107.3 7.8	275.7 26.4	175.5 13.7	125.5 12.6	133.2 9.5	189.1 13.6	

Tabelle 20: Parameterergebnisse und Testergebnisse der linearen Regressionsanalyse des Hirnfrischvolumens und des Frischvolumens verschiedener Hirnregionen der männlichen Albinomaus in mm^3.

Der * hinter einem Testquotienten bedeutet, daß das Testergebnis mit einer Irrtumswahrscheinlichkeit von 5 % positiv ist (Signifikanz).

R in den beiden Überschriftszeilen ist der lineare Korrelationskoeffizient.

Der Linearitätstest schließt die Daten der 153 Ontogenesetage alten Tiere ein.

	ONTOGENESETAGE											
	EMBRYONEN				20 - 30				31 - 60			
	A	B	R	NN	A	B	R	NN	A	B	R	NN
P	0.703	- 3.7	0.997	14	0.726	- 3.1	0.999	21	0.686		0.982	23
NM	0.212	- 3.7	0.998	14	0.301	-10.9	0.999	21	0.258		0.926	23
M	0.025	1.7	0.713	14	0.009	3.4	0.821	21	0.031	- 6.4	0.887	23
N	0.187	- 5.4	0.990	14	0.292	-14.3	0.998	21	0.242		0.895	23
R+TE	0.248	4.5	0.974	14	0.137	14.5	0.990	21	0.173		0.926	23
TE	0.053		0.906	10	0.029	2.3	0.984	21	0.027		0.403	23
R	0.187	5.2	0.914	10	0.109	11.8	0.987	21	0.196	-22.6	0.931	23
C	0.061	- 1.7	0.973	8	0.132	-10.1	0.989	21	0.141		0.864	23
CM	0.016		0.808	8	0.010	0.9	0.957	21	0.031	- 6.5	0.818	23
CC	0.041	- 1.4	0.937	8	0.122	-11.1	0.984	21	0.125		0.798	23
HF	0.048	- 1.2	0.986	12	0.055	- 1.6	0.998	21	0.052		0.923	23
CA	0.034		0.977	12	0.025	1.1	0.986	21	0.010	6.4	0.499	23
CP	0.029	- 0.5	0.985	12	0.026		0.994	21	0.023		0.766	23
S	0.064	- 1.5	0.976	12	0.048		0.994	21	0.098	-18.9	0.861	23

	ALLE TIERE				TEILREGRESSION				LINEARITAETSTEST
	A	B	R	NN	F(1,2)	F(2,3)	F(1,3)	F(4)	
P	0.690		0.999	58	2.8	20.1*	1.7	19.7*	QUADRATISCH
NM	0.276	- 7.0	0.998	58	17.9*	13.7*	4.6*	10.4*	QUADRATISCH
M	0.011	2.8	0.925	58					KUBISCH
N	0.265	- 9.9	0.998	58	23.4*	15.6*	7.9*	11.6*	QUADRATISCH
R+TE	0.147	11.4	0.994	58	19.2*	8.9*	11.8*	10.0*	KUBISCH
TE	0.021	3.0	0.952	54	7.0*	18.8*	3.0	18.1*	QUADRATISCH
R	0.124	9.2	0.991	54	3.1	16.9*	12.1*	10.1*	QUADRATISCH
C	0.168	-13.6	0.988	52	6.3*	39.5*	1.4	32.6*	KUBISCH
CM	0.016		0.964	52	6.8*	19.8*	5.9*	11.4*	QUADRATISCH
CC	0.151	-13.5	0.986	52	7.0*	33.4*	2.9	26.3*	KUBISCH
HF	0.056	- 1.7	0.998	56	1.2	0.6	0.6	0.6	LINEAR
CA	0.022	1.2	0.985	56	6.3*	11.4*	8.5*	13.7*	QUADRATISCH
CP	0.024		0.993	56	9.3*	6.1*	3.5	9.8*	QUADRATISCH
S	0.059	- 1.7	0.986	56	3.0	14.2*	7.0*	9.6*	KUBISCH

Tabelle 21: Parameterergebnisse der Wachstumsfunktionen verschiedener Parallelmeßreihen einer Kultur von E. coli in 2 Verdünnungen. Gemessen wurde der dekadische Logarithmus der Keimzahl.

Es ist V_{ik} das Ergebnis der k-ten Meßreihe der Verdünnung i (i, k = 1, 2), V_i das Ergebnis der gemeinsamen Berechnung der Daten der Verdünnung i sowie V das Ergebnis der gemeinsamen Berechnung aller 4 Meßreihen.

	P(1)	P(2)	P(3)	P(4)	W	NN
V(1,1)	7.82 0.05	1.04 0.02	-0.224 0.013	-0.024 0.002	3.40 0.01	167
V(1,2)	7.89 0.06	1.01 0.03	-0.197 0.014	-0.026 0.002	3.49 0.02	161
V(2,1)	7.97 0.09	1.13 0.09	-0.278 0.043	-0.016 0.005	3.39 0.03	96
V(2,2)	7.80 0.10	1.10 0.11	-0.259 0.052	-0.020 0.007	3.37 0.03	83
V(1)	7.85 0.04	1.02 0.02	-0.210 0.010	-0.025 0.002	3.44 0.01	208
V(2)	7.90 0.07	1.12 0.07	-0.272 0.033	-0.018 0.004	3.38 0.02	179
V	7.87 0.03	1.04 0.02	-0.226 0.010	-0.023 0.002	3.41 0.01	387

Tabelle 22: Parameterergebnisse der 3-parametrigen logistischen Wachstumsfunktion (10) für die Dosis-Wirkungskurven zweier Insulin-Präparate.

Näheres siehe Abschnitt 6.5

Daten nach [50, Seite 477].

	P(1)	P(2)	P(3)	W	NN
STANDARD- PRAEPARAT	1.0	5.21 0.19	-5.00 0.18	1.043 0.006	8
TEST- PRAEPARAT	1.0	5.47 1.13	-4.48 0.93	1.220 0.039	5

7 Abhängigkeit zweier wachsender Substrate voneinander

Wir haben uns bisher ausschließlich mit der Analyse des Wachstums eines Substrats befaßt, also mit der Frage nach der Größe des Substrats (oder einer Wirkung) in direkter Abhängigkeit von einer Variablen, die selbst keinen zufälligen Einflüssen unterliegt. Gegeben seien nun zwei wachsende Substrate x und y. Wie wir in Abschnitt 3.1.6 gesehen haben, werden die zu einem Zeitpunkt t erreichten Werte durch zwei Summanden beschrieben, einen Summanden, der von der funktionalen Abhängigkeit herrührt, und einen Summanden, den wir als Variation oder Fehler bezeichnen:

$$x(t) = f(t) + F(t), \qquad y(t) = g(t) + G(t) \quad . \tag{123}$$

Wir nehmen an, daß die zufälligen Fehler F und G an jeder Stelle t normalverteilt sind mit dem Mittelwert 0.
Lösen wir die erste Gleichung in (123) auf, dann ergibt sich, wenn wir die Umkehrfunktion von f mit $\tilde{f}$ bezeichnen,

$$y = g(\tilde{f}(x - F)) + G(\tilde{f}(x - F)) \quad .$$

Die TAYLOR-Reihe an der Stelle x, die nach der ersten Ableitung abbricht, ergibt

$$y = g(\tilde{f}(x)) - g'(F \cdot \tilde{f}'(x)) + G(\tilde{f}(x - F)) = g(\tilde{f}(x)) + \overline{F}(x, y, t) \quad . \tag{124}$$

Wir stehen damit vor einer ganz neuen Situation. Gemessen wird eine Variable x, von der wir auf eine zweite Variable y schließen wollen, wenn beide Variablen zufälligen Schwankungen unterliegen. Zudem ist die Abhängigkeit der beiden Variablen indirekt über die Abhängigkeit von einer dritten Variablen bedingt. Wir sagen zwar meist, die Variable y "wächst" mit der Variablen x, aber dieser Begriff des Wachstums muß streng vom bisher verwendeten Begriff Wachstum unterschieden werden. Je nach der Beziehung zwischen der Größe des Funktionswerts f bzw. g und der Größe der Fehler wird der Verlauf der Funktion (124) verschieden sein. Nehmen wir an, daß beide Substrate asymptotisch wachsen und daß die Variation mit der Größe (Alter) des Substrats steigt, dann nimmt mit x der Einfluß der Fehler auf den Verlauf von (124) zu. Während bei kleinerem t und damit kleinerem x der Einfluß der auf f(t) und g(t) beruhenden Größenzunahme überwiegt und den Verlauf von (124) stärker beeinflußt, werden bei Annäherung an die Asymptoten immer mehr die Fehler den Verlauf von (124) beeinflussen, um bei Erreichen der Asymptote sogar allein bestimmend zu sein. Nach dieser Überlegung sind verschiedene Abschnitte des Verlaufs einer solchen "Wachstumskurve" nicht gleichwertig, was bei der Interpretation unbedingt beachtet werden muß.

Geht man von den standardmäßig verwendeten Wachstumsfunktionen (wie der logistischen Wachstumsfunktion) aus, dann wird die mittelbare Funktion $g(\tilde{f}(x - F))$ zu kompliziert, um noch einfache biologische Interpretationen der Parameter zuzulassen. Daher wird man meist auf andere Ansätze ausweichen müssen.

7.1 Allometrierechnung

Das am weitesten verbreitete Verfahren, bei Wachstumsuntersuchungen zu Ergebnissen mit Hilfe mathematischer Methoden zu kommen, stellt die Allometrierechnung dar [9, 15 bis 17, 20, 28, 156]. Die SNELLsche oder Allometrieformel

(125) $$y = b \cdot x^a$$

wird dabei als die mathematische Form der Abhängigkeit des Wachstums verschiedener Organe voneinander bzw. eines Organs in Abhängigkeit von der Körpergröße verstanden. Einer der Hauptvertreter der Allometrierechnung [15 bis 17] kommt über sehr einschneidende theoretische Postulate zur Allometrieformel (125). Unter diesen Postulaten dürften die meisten empirischen Wachstumsverläufe nicht auftreten [119].

Die häufigste Anwendung der Allometrierechnung stellt die Untersuchung der Abhängigkeit des Hirnwachstums von einem Maß für die Körpergröße (Körpergewicht, exenteriertes Körpergewicht, Körperlänge etc.) dar. Im doppellogarithmischen System transformiert sich die Allometrieformel (125) in eine lineare Funktion, und die freien Parameter können durch lineare Regression geschätzt werden. Der Anwendung dieser Funktion sind aber sehr enge Grenzen gesetzt. So folgen ontogenetische Datenverläufe, die in längeren Zeitintervallen gewonnen wurden, im doppellogarithmischen System meist nicht einer linearen, sondern einer gekrümmten Kurve. Die Folge war, daß häufig nicht der zur Ausgleichung verwendete Funktionstyp gewechselt wurde, sondern daß das untersuchte Intervall in verschiedene Abschnitte unterteilt wurde, in denen jeweils die Funktion (125) angesetzt wurde. Durch die meist sehr starke Krümmung des Datenverlaufs ergaben die Untersuchungen der verschiedenen Altersbereiche sehr unterschiedliche Resultate. Häufig wurden drei "Altersbereiche" unterschieden, ein embryonaler bzw. postembryonaler Bereich und ein adulter Bereich. Zwischen dem postembryonalen und dem adulten Bereich liegt die "kritische Phase", die dem Abschnitt stärkster Krümmung des Datenverlaufs entspricht.

Dieses Vorgehen hat große Mängel. Die Unterteilung in die verschiedenen Altersbereiche ist weitgehend subjektiv und in keiner Weise durch biologische Gegebenheiten bestimmt. Damit hängen alle Ergebnisse von der willkürlichen Lage des Intervalls ab, wodurch der Wert interspezifischer Vergleiche sehr gering wird. Außerdem ist der Begriff des adulten "Zustands" unscharf gefaßt. So ist nach unseren Untersuchungen ein adultes Stadium als stationärer Zustand nur als Vereinfachung der tatsächlichen Verhältnisse anzusehen. Weiter erschwert die Überlagerung von Wachstum und Variabilität die Interpretation.

Sind $y(t)$ und $x(t)$ die Volumina (Gewichte) zweier Organe, die beide durch die 3-parametrige logistische Wachstumsfunktion (10) dargestellt werden,

$$y = \frac{P_1}{1 + \exp(P_2 + P_3 \cdot t)} \; , \qquad x = \frac{Q_1}{1 + \exp(Q_2 + Q_3 \cdot t)} \; ,$$

dann erhält man nach Elimination des Alters t eine Beziehung zwischen y und x

$$(126) \qquad \frac{\operatorname{logit}(y/P_1) - P_2}{P_3} = \frac{\operatorname{logit}(x/Q_1) - Q_2}{Q_3} \qquad \text{(Logit-Transformation nach (19))}$$

Dies ist eine allometrische Abhängigkeit nicht zwischen x und y, sondern zwischen

$$\frac{P_1 - y}{y} \quad \text{und} \quad \frac{Q_1 - x}{x} \quad :$$

$$(127) \qquad \frac{P_1 - y}{y} = \alpha \cdot \left[\frac{Q_1 - x}{x}\right]^{\beta}, \quad \alpha = \exp\left[\frac{P_2 \cdot Q_3 - P_3 \cdot Q_2}{Q_3}\right],$$

$$\beta = \frac{P_3}{Q_3} \quad .$$

Eine "allometrische" Abhängigkeit in x und y erhalten wir nur für $P_2 = Q_2$ und $P_3 = Q_3$.

Dann ist $y = \frac{P_1}{Q_1} \cdot x$ ("Isometrie").

Gegen den speziellen Ansatz (125) ist bis auf seine mangelnde Brauchbarkeit nichts einzuwenden, und sicher kommt ihm eine historische Bedeutung zu. Die damit verbundenen Probleme seien an dem Beispiel der Abhängigkeit des Hirngewichts vom Körpergewicht bei der Albinomaus erläutert (Bild 124).

In der ersten (embryonalen und frühen postembryonalen) Phase ist die doppellogarithmische Regressionsgerade vorwiegend durch Wachstumsvorgänge bestimmt, die stärker ins Gewicht fallen als die Streuung der Meßwerte. Mit dem Erreichen der "kritischen Phase" ändern sich diese Verhältnisse. Die Zunahme des Hirngewichts läßt schnell nach und endet mit etwa 40 Ontogenesetagen fast ganz. Zum gleichen Zeitpunkt hat das Körpergewicht noch einmal einen zweiten sehr starken Wachstumsschub, der erst mit 45 Ontogenesetagen seine höchste Aktivität erreicht. Dadurch biegt der Datenverlauf nach horizontal um. Wenn das Hirngewicht das massenmäßig faßbare Wachstum einstellt, ist die kritische Phase beendet (Abschnitt 6.1 und 6.3.1.1). In die kritische Phase fällt aber auch weitgehend das Stadium der stärksten Unterschiede der Körpergewichte, die rein auf exogenen Faktoren (Anzahl der Geschwister) beruhen.

Eine allometrische Untersuchung, die sich streng auf Tiere nach diesem Zeitpunkt beschränkt, erfaßt nicht mehr den Zusammenhang zwischen wachsendem Gehirn und wachsendem Körpergewicht, sondern den Zusammenhang zwischen der Streuung des Hirngewichts einerseits und andererseits dem Wachstum der zweiten Phase des

Körpergewichts, überlagert von der Streuung des Körpergewichts. Es müßte also eine vierte Phase der Allometrierechnung definiert werden, die nur Tiere umfaßt, deren Hirn- und Körpergewichtswachstum abgeschlossen ist. Dies ist bei der Albinomaus frühestens bei 100 Ontogenesetagen der Fall. Das Körpergewicht benötigt dazu die doppelte Zeit wie das Hirngewicht. In der vierten Phase würde der Zusammenhang zwischen den Streuungen von Hirn- und Körpergewicht erfaßt werden unter der Voraussetzung, daß es den adulten Zustand gibt.

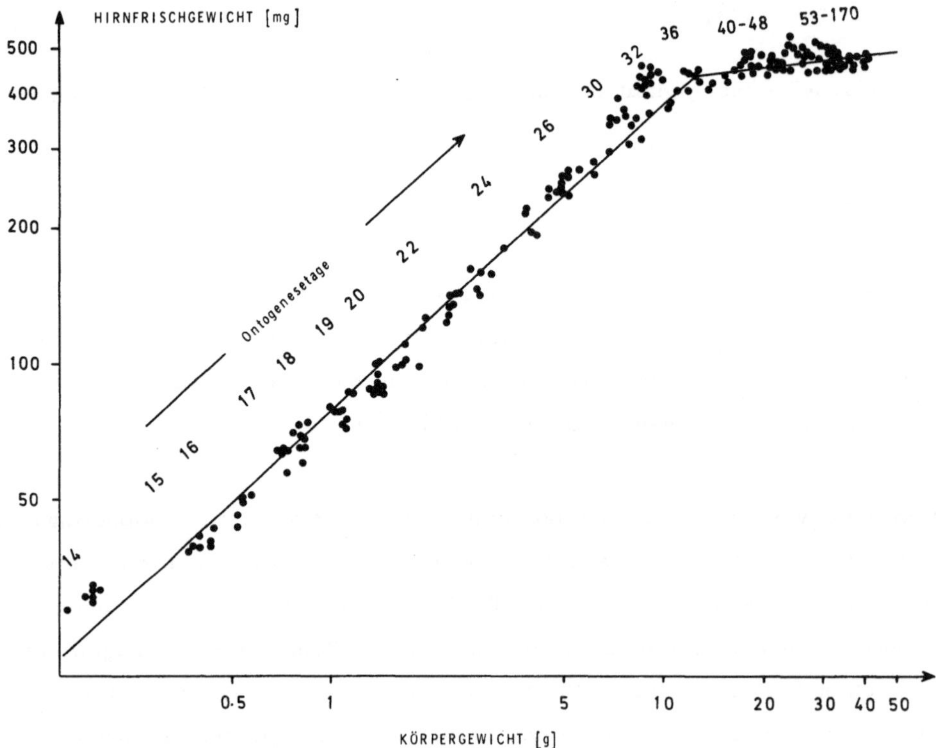

Bild 124: Abhängigkeit des Hirnfrischgewichts vom Körpergewicht der Albinomaus in doppellogarithmischer Darstellung.

Die beiden Regressionsgeraden der Altersgruppen 14 bis 32 Ontogenesetage und 32 bis 170 Ontogenesetage sind nach Logarithmierung der Daten berechnet worden

Da die Kenntnis der Phasen-"Grenzen" genaue Wachstumsanalysen voraussetzt, sind diese Grenzen mit "allometrischen Methoden" nicht bestimmbar. Um aber die Ergebnisse verschiedener Autoren bzw. für verschiedene Arten vergleichen zu können, müssen die Grenzen beachtet werden. Wie man sich anhand des Bildes 124 überzeugen kann, bedingt die Hinzunahme einiger weniger Tiere aus der kritischen Phase oder gar aus der postembryonalen Phase eine deutliche Änderung der Lage der Ausgleichsgeraden. Außerdem werden die Informationen auf zwei Parameter komprimiert, die in den einzelnen Phasen biologisch nicht vergleichbar sind. Wir kennen die Variablen noch nicht, die die Parameter direkt beeinflussen, und werden sie bei der Inhomogenität des im allgemeinen verwendeten Meßdatenmaterials wohl auch kaum finden. Damit ist eine Interpretation der Ergebnisse der Allometrierechnung sehr schwierig, wenn nicht gar unmöglich.

Sinnvoller ist es dagegen, das Wachstum der einzelnen Substrate für sich gegen eine selbst nicht vom Zufall abhängige Variable, wie sie das Alter darstellt, getrennt zu untersuchen, um anschließend mit den so gewonnenen Erkenntnissen Vergleiche verschiedener Substrate durchzuführen.

8 Anhang

8.1 Glossar

Ableitung: Synonyme: Differentialquotient, Steigung, Wachstumsgeschwindigkeit, Wachstumsrate.

Die Ableitung ist der Grenzwert des Quotienten aus der Änderung dy einer →Funktion y = f(t) und der Intervallänge dt für dt gegen 0.

Geometrisch ist die Ableitung die Steigung der Kurventangente im Punkt [t, y].

Adresse: Bezeichnung eines Speicherplatzes im →Kernspeicher, repräsentiert durch einen Namen, eine Codierung oder eine Zahl.

Alle Speicherstellen eines Kernspeichers sind einzeln durch einen Namen, eine Codierung oder eine Zahl adressierbar und können über die Adresse direkt angesprochen werden.

Anfangsschätzung: Vorgabe einer Näherungslösung für einen →Iterationsprozeß.

Asymptote: Eine →lineare Funktion G(t), der sich die Funktion f(t) dergestalt annähert, daß die Differenz

$$G(t) - f(t)$$

gegen Null geht, wenn t gegen $+\infty$ oder gegen $-\infty$ geht.

Im einfachsten Fall hängt G(t) nicht von t ab. Die Funktion f(t) nähert sich dann "asymptotisch" einem konstanten Wert.

Ausgleichsrechnung: Kalkül zur Anpassung eines vorgegebenen Funktionstyps (Schätzung der plausibelsten Werte der →Parameter) an eine →Meßdatenmenge.

Bibliotheksprogramme:	In der Bibliothek des Deutschen Rechenzentrums steht eine große Anzahl von Programmen zur Verfügung, die von Benutzern dupliziert und verwendet werden können. Informationen über Programme können vom Deutschen Rechenzentrum, 61 Darmstadt, Rheinstraße 75, angefordert werden.
Binomialverteilung:	Spezielle →Verteilungsfunktion: $F(t) = \sum_{i=0}^{m} \binom{n}{i} p^i \cdot (1-p)^{n-i}$, $0 < p < 1,\ 0 \leq m \leq n,\ m - 1 < t \leq m.$ $F(t) = 0$ für $t < 0$ und $F(t) = 1$ für $t > n$.
Binär:	Aus zwei Einheiten bestehend. Ein binäres Zahlensystem ist das →Dualsystem.
bit:	(1) Abkürzung für binary digit (Elementareinheit). (2) Eine Stelle einer Dualzahl.
blank:	Leerzeichen bzw. Leerstelle zwischen gedruckten oder gestanzten Daten.
byte:	→Adressierbare Einheit für ein Zeichen, bestehend aus mehreren (meist 8) aufeinanderfolgenden →bits.
Datum:	Basiselement einer Information, das vom Computer verarbeitet oder produziert wird. Ein Datum besteht aus irgendwelchen Symbolen und beschreibt oder bezieht sich auf Tatsachen, Bedingungen, Situationen oder andere Faktoren.
Dichte:	Synonym: Dichtefunktion. →Ableitung der →Verteilungsfunktion.
Differentialquotient:	Siehe →Ableitung.
Differentiation:	Bildung des →Differentialquotienten einer →Funktion.
Dualzahl:	Zahl zur Basis 2. Bei einer Dualzahl besteht jede Stelle nur aus den Ziffern 0 und 1.
Exponentialfunktion:	Die Exponentialfunktion im engeren Sinne ist $\exp(x) := e^x$.
Extremum:	Mathematisch strenge Definition des Verhaltens einer Funktion, deren geometrisches Bild einen Gipfel (Maximum) oder ein Tal (Minimum) besitzt. →Monotone Funktionen besitzen keine Extrema.

FORTRAN: FORmula TRANslation: Problemorientierte Programmiersprache. FORTRAN IV ist eine Version der Sprache FORTRAN.

Funktion: Eine Funktion $y = f(t;P_1, P_2, \ldots)$ ist eine Vorschrift, mittels der einem beliebigen zulässigen Wert der unabhängigen Variablen t ein Wert der abhängigen Variablen y zugeordnet wird.

f ist eine Abkürzung für die Verknüpfung von unabhängiger Variablen, Konstanten $(P_1, P_2, \ldots)$ und Operatoren $(+, -, \cdot, :, \ldots)$. Die Angabe der Konstanten in der Argumentenliste kann auch fehlen: $y = f(t)$.

Funktionsfamilie: Menge von →Funktionen, die in der Zuordnung von unabhängiger Variablen, Konstanten und Operatoren übereinstimmen. Zwei Funktionen einer Familie unterscheiden sich in den Zahlenwerten der Konstanten, die in Funktionsfamilien als →Parameter bezeichnet werden.

HCG-Test: Human Chorion Gonadotropin-Test. Nachweis einer bestehenden Gravidität über die Bestimmung der Ausscheidung des von der Plazenta produzierten Gonadotropins im Urin.

Integration: Zur →Differentiation inverse mathematische Operation.

Das bestimmte Integral einer Funktion ist der Grenzwert der Summe der Produkte aus der Länge der Teilintervalle und dem Wert der Funktion an einer beliebigen Stelle im Teilintervall bei immer feiner werdender Teilung des Intervalls.

Geometrisch ist das bestimmte Integral der Flächeninhalt zwischen der der Funktion entsprechenden Kurve und der Abszisse. Der Flächeninhalt ist positiv, wenn die Kurve über der Abszisse liegt, und negativ, wenn die Kurve unter der Abszisse liegt.

Das unbestimmte Integral einer Funktion f(t) ist eine Funktion F(t), deren →Differentialquotient wieder f(t) ist.

Irrtumswahrscheinlichkeit: Synonyme: Fehler I. Art, Signifikanzniveau. Wahrscheinlichkeit, eine Hypothese durch einen Test abzulehnen, obwohl diese zutrifft.

Iterationsprozeß: Schrittweise Veränderung von Näherungslösungen eines Problems. Das Ergebnis des vorherigen Schrittes wird als Näherungslösung des nächsten Schrittes verwendet.

Kartenleser: Eingabeeinheit, die den Lochkarteninhalt in den →Kernspeicher überträgt.

Kartenstanzer: Ausgabeeinheit, die die im →Kernspeicher zur Ausgabe bereitgestellten Daten in Lochkarten stanzt.

Kernspeicher: Maschineninterner Datenspeicher, der in →adressierbare Einheiten (Wörter oder bytes) unterteilt ist. Diese bestehen aus Elementareinheiten (→bits).

Die Kapazität eines Kernspeichers (Anzahl der adressierbaren Einheiten) wird im allgemeinen in Vielfachen von

$1\ K = 1024 = 2^{10}$ (→Wörter bzw. →bytes)

angegeben.

Lineare Funktion: Die →Funktion $f(t;P_1,P_2,...)$ hat die Form

$$y = f(t;P_1,P_2,...) = P_1 \cdot t + P_2.$$

Bei linearen Funktionen wird P_1 meist mit A und P_2 mit B bezeichnet.

Lineare Regression: Ausgleichung einer →Meßdatenmenge durch eine →lineare Funktion (siehe →Ausgleichsrechnung).

Linearisierung:

(1) Approximation einer Funktion $y = f(t)$ durch eine →lineare Funktion.
(2) Transformation der Variablen y und t derart, daß f(t) in eine →lineare Funktion in den transformierten Variablen übergeht.

Linearitätstest: Test der Hypothese, daß in der Darstellung

$$y = f(t;P_1,P_2,...) + Z$$

die unbekannte Funktion f →linear ist. Dabei ist y eine →Zufallsvariable und Z eine normalverteilte →Zufallsvariable, die an jeder Stelle t den Mittelwert 0 und eine nicht von t abhängende Varianz besitzt.

Liste: Folge von Variablennamen oder Namen von Datenfeldern.

Lochstreifen: Papierstreifen mit in Sprossen angeordneten Lochungen, auf dem die Daten durch Lochkombinationen codiert sind, wobei jedem Zeichen eine Lochkombination zugeordnet ist.

Magnetband: Maschinenexterner Datenspeicher.

Markierungsbogen: Genormter maschinenlesbarer Fragebogen.

Matrix: Rechteckige Anordnung von Zahlen. Die horizontalen Reihen sind die Zeilen, die vertikalen Reihen sind die Spalten.

Für Matrizen gibt es spezielle Rechenregeln [152, 153].

Meßdatum: Spezielles →Datum, das eine numerische Information enthält und im hier gebrauchten Sinne einem Meßergebnis (→Realisation einer →Zufallsvariablen) entspricht.

Monotone Funktion: Eine →Funktion f(t), die mit steigendem Argument t nicht fällt (monoton nicht fallend) bzw. nicht steigt (monoton nicht steigend). Eine Verschärfung sind die Begriffe monoton steigend:

$$t_1 < t_2 \rightarrow f(t_1) < f(t_2)$$

bzw. monoton fallend:

$$t_1 < t_2 \rightarrow f(t_1) > f(t_2) \; .$$

Ontogenesemonat: 30 Tage-Einheit. Das Alter in Ontogenesemonaten ist das Alter, gerechnet vom Zeitpunkt der Konzeption ab.

Ontogenesetag: Ein Tag. Das Alter in Ontogenesetagen ist das Alter, gerechnet vom Zeitpunkt der Konzeption ab.

Parameter: Bezeichnung für die "Konstanten" einer →Funktion, wenn diese verschiedene Zahlenwerte annehmen dürfen, siehe →Funktionsfamilie.

Bezeichnung für Veränderliche, wenn diese eine Sonderstellung besitzen.

Population: Statistische Grundgesamtheit.

Programm: Vollständiger Plan - speziell die vollständige Folge von Maschinenbefehlen - zur Lösung eines Problems.

Realisation: Spezieller (Meß-) Wert einer →Zufallsvariablen (siehe →Stichprobe).

Spannweite: Synonym: Variationsbreite.

Differenz zwischen größtem und kleinstem →Stichprobenwert.

Steigung: Siehe →Ableitung.

Stichprobe: Menge zufällig aus einer →Population ausgewählter Elemente. Ihre Anzahl ist der Umfang der Stichprobe. Die Werte der Elemente werden auch als →Realisationen bezeichnet.

TAYLOR-Reihe: Spezielle Potenzreihenentwicklung einer →Funktion.

Translation: Bewegung einer →Funktion, die sich nur aus Verschiebungen in den Achsenrichtungen zusammensetzt.

Umkehrfunktion: Die Umkehrfunktion g(y) einer →Funktion f(t) ist die Funktion, die man durch Auflösung von y = f(t) nach t erhält: t = g(y).

Verteilungsfunktion: Eine Funktion F(t), die für jeden Wert t die Wahrscheinlichkeit dafür angibt, daß eine →Zufallsvariable mit der Verteilungsfunktion F(t) kleiner oder gleich t ist. Eine Verteilungsfunktion ist →monoton nicht fallend und geht für t gegen $-\infty$ gegen 0 und für t gegen $+\infty$ gegen 1.

Wachstumsgeschwindigkeit: Siehe →Ableitung.

Wendepunkt: Mathematisch strenge Definition des Verhaltens einer →Funktion, deren →Ableitung ein →Extremum besitzt. Die Stelle des →Extremums der →Ableitung entspricht dem Abszissenwert des Wendepunktes der →Funktion.

Wort: →Adressierbare Einheit, bestehend aus 36 →bits (auf der Anlage IBM 7094).

Zufallsvariable: Variable, deren jeweiliger Wert vom Zufall abhängt.

8.2 Literatur

[1] ADDISON, W.H.F.: The development of the purkinje cells and of the cortical layers in the cerebellum of the albino rat.
J. Comp. Neurol., Philadelphia 21 (1911) 459-488

[2] AKERT, K., GRUESEN, R.A., WOOLSEY, C.N. and MEYER, D.R.: Klüver-Bucy-Syndrome in monkeys with neocortical ablations of temporal lobe.
Brain 84 (1961) 480-493

[3] AKERT, K. und HUMMEL, P.: Anatomie und Physiologie des limbischen Systems.
Grenzach-Baden: Deutsche Hoffmann-La Roche 1963

[4] ALTMAN, J.: Autoradiographic and histological studies of postnatal neurogenesis. II. A longitudinal investigation of the kinetics, migration and transformation of cells incorporating tritiated thymidine in infant rats, with special reference to postnatal neurogenesis in some brain regions.
J. Comp. Neurol., Philadelphia 128 (1966) 431-474

[5] ALTMAN, J. and DAS, G.: Autoradiographic and histological studies of postnatal neurogenesis.
J. Comp. Neurol., Philadelphia 126 (1966) 337-390

[6] ALTMAN, J., DAS, G. and ANDERSON, W.: Effects of infantile handling on morphological development of the rat brain: an exploratory study.
Developmental Psychobiology 1 (1968) 10-20

[7] ANGEVINE, J.B.: Autoradiographic study of histogenesis in the area dentata of the cerebral cortex in the mouse.
Anat. Rec., Philadelphia 148 (1964) 255

[8] ARIENS KAPPERS, C.U.: Feinerer Bau und Bahnverbindungen des Zentralnervensystems.
In: Handbuch der vergleichenden Anatomie der Wirbeltiere.
(Hrsg.) BOLK, L., GÖPPERT, E., KALLIUS, E. und LUBOSCH, W.
Berlin, Wien: Urban und Schwarzenberg 2. Band 1934, S. 319-486

[9] ARIENS KAPPERS, J.: Brain-body weight relation in human ontogenesis.
Koninklijke Akad. Wetenschappen, Amsterdam 39 (1936) 871-880

[10] BEHRENS, B. und KÄRBER, G.: Wie sind Reihenversuche für biologische Auswertungen am zweckmäßigsten anzuordnen?
Arch. exper. Path. Pharmak., Leipzig 177 (1935) 379-388

[11] BERKSON, J.: Application of the logistic function to bioassay.
J. Amer. Statist. Assoc. 39 (1944) 357-365

[12] BERKSON, J.: Why I prefer logits to probits.
Biometrics 7 (1951) 327-339

[13] BERKSON, J.: A statistically precise and relatively simple method of estimating the bioassay with quantal response, based on the logistic function.
J. Amer. Statist. Assoc. 48 (1953) 565-599

[14] BERRY, M. and ROGERS, A.W.: The migration of neuroblasts in the developing cerebral cortex.
J. Anat., London 99 (1965) 691-709

[15] BERTALANFFY, L.v. and PIROZYNSKI, W.J.: Ontogenetic and evolutionary allometry.
Evolution 6 (1952) 387-392

[16] BERTALANFFY, L.v.: Quantitative laws of metabolism and growth.
Quart. Rev. Biol. 32 (1957) 218-231

[17] BERTALANFFY, L.v.: Wachstum.
In: Handbuch der Zoologie.
(Hrsg.) HELMCKE, J.G., LENGERKEN, H.v. und STARCK, D.
Berlin: de Gruyter 8. Band, 10. Lieferung, 4. Teil 1957, S. 1-68

[18] BLINKOV, S.M. und GLEZER, I.I.: Das Zentralnervensystem in Zahlen und Tabellen.
Jena: Fischer 1968

[19] BMD: Biomedical computer programs.
Health Sciences computing facility School of medicine, University of California, Los Angeles (1.9.1965)

[20] BONIN, G.v.: Brain weight and body weight in mammals.
J. Gen. Psychol. 16 (1937) 379-389

[21] BROCK, N. und SCHNEIDER, B.: Pharmakologische Charakterisierung von Arzneimitteln mit Hilfe des Therapeutischen Index.
Arzneim.-Forschg. 11 (1961) 1-7

[22] BRODAL, A.: The amygdaloid nucleus in rat.
J. Comp. Neurol., Philadelphia 87 (1947) 1-16

[23] BRODY, S.: Bioenergetics and growth.
New York: Hafner 1964

[24] BROSS, I.: Estimates of the LD_{50}: A Critique.
Biometrics 6 (1950) 413-423

[25] CALEY, D. and MAXWELL, P.: An electron microscopic study of neurons during postnatal development of the rat cerebral cortex.
J. Comp. Neurol., Philadelphia 133 (1968) 17-44

[26] CASPERSSON, T.: The relation between nucleic acid and protein synthesis.
Symp. soc. exp. Biol. 1 (1947) 127-151

[27] CAUSTON, D.R.: A computer program for fitting the RICHARDS function.
Biometrics 25 (1969) 401-409

[28] COUNT, E.W.: Brain and body weight in man: their antecedents in growth and evolution.
Ann. New York Acad. Sc. 46 (1947) 993-1122

[29] CRAIGIE, E.H.: Changes in vascularity in the brain stem and cerebellum of the albino rat between birth and maturity.
J. Comp. Neurol., Philadelphia 38 (1924) 27-48

[30] CRAIGIE, E.H.: Postnatal changes in vascularity in the cerebral cortex of the male albino rat.
J. Comp. Neurol., Philadelphia 39 (1925) 301-324

[31] CRAIN, S.M.: Development of electrical activity in the cerebral cortex of the albino rat.
Proc. Soc. Exper. Biol. Med., New York 81 (1952) 49-51

[32] CROSBY, E.C. and HUMPHREY, T.: Studies of the vertebrate telencephalon. II. The nuclear pattern of the anterior olfactory nucleus, tuberculum olfactorium and the amygdaloid complex in adult man.
J. Comp. Neurol., Philadelphia 74 (1941) 309-352

[33] CROSBY, E.C. and HUMPHREY, T.: Studies of the vertebrate telencephalon.
J. Comp. Neurol., Philadelphia 81 (1944) 285-305

[34] CROSBY, E.C., HUMPHREY, T. and LAUER, E.: Correlative anatomy of the nervous system.
New York: Macmillan 1962

[35] DE GROOT, J.: The rat forebrain in stereotaxic coordinates.
Amsterdam: N.V. Noord 1959

[36] DE LONG, G.R. and SIDMAN, R.L.: Effects of eye removal at birth on histogenesis of the mouse superior colliculus: an autoradiographic analysis with tritiated thymidine.
J. Comp. Neurol., Philadelphia 118 (1962) 205-223

[37] DIXON, W.J.: The up-and-down method for small samples.
J. Amer. Statist. Assoc. 60 (1965) 967-978

[38] DIXON, W.J. and MOOD, A.M.: A method for obtaining and analyzing sensitivity data.
J. Amer. Statist. Assoc. 43 (1948) 109-126

[39] DONALDSON, H.H.: A comparison of the albino rat with man, in respect to the growth of the brain and of the spinal cord.
J. Comp. Neurol., Philadelphia 18 (1908) 345-392

[39a] DREWS, G.: Mikrobiologisches Praktikum für Naturwissenschaftler.
Berlin, Heidelberg, New York: Springer 1968

[40] DUBOIS, E.: Die gesetzmäßige Beziehung von Gehirnmasse zur Körpergröße bei den Wirbeltieren.
Zschr. Morph. Antropol., Stuttgart 18 (1914) 323-350

[41] EMELE, B.: Biometrische Untersuchungen der Volumina von Rhombencephalon und Cerebellum der Albinomaus.
Zschr. mikroskop.-anat. Forsch., Leipzig 82 (1970) 397-443

[42] FANCONI, G. und PRADER, A.: Pathologie des Wachstums und der endokrinen Drüsen.
In: Lehrbuch der Pädiatrie.
(Hrsg.) FANCONI, G. und WALLGREN, A. Basel: Schwabe 1961

[43] FANGHÄNEL, J. und FALKENTHAL, S.: Zum Wachstum des Säuglingsherzens.
Morph. Jb., Leipzig 114 (1969) 129-149

[44] FEREMUTSCH, K : Die Morphogenese des Palaeocortex und des Archicortex.
Bibl. Psychiat. Neurol., Basel: Karger 91 (1952) 33-73

[45] FEREMUTSCH, K.: Die Methode der cytoarchitektonischen Aussonderung von Nervenzellarealen im Gehirn.
Bibl. Psychiat. Neurol., Basel: Karger 91 (1952) 74-136

[46] FEREMUTSCH, K.: Die embryonale Fundamentalgliederung der Hirnrinde.
Zschr. Anat. Entw.gesch. 123 (1962) 264-270

[47] FINK, H. und HUND, G.: Probitanalyse mittels programmgesteuerter Rechenanlagen.
Arzneim.-Forschg. 15 (1965) 624-630

[48] FINK, H., HUND, G. und MEYSING, D.: Vergleich biologischer Wirkungen mittels programmierter Probitanalyse.
Method. Inform. Med. 5 (1966) 19-25

[49] FINNEY, D.J.: Probit Analysis.
2nd ed. London 1952 (Neudruck 1962)

[50] FINNEY, D.J.: Statistical Method in Biological Assay.
2nd ed. London 1964

[51] FISHER, R.A.: Some remarks on the methods formulated in a recent article on "The quantitative analysis of plant growth".
Ann. Appl. Biol. 7 (1921) 367-372

[52] FLEISCHHAUER, K.: Über die Neuroanatomie in der Medizin von heute.
Dtsch. med. Wschr. 91 (1966) 75-80

[53] FRIEDE, R.L.: Topographic brain chemistry.
New York: Academic press 1966

[54] GADDUM, J.H.: Simplified mathematics for bioassay.
J. Pharmacy Pharmac., London 6 (1953) 345-358

[55] GADDUM, J.H.: Bioassay and mathematics.
Pharmacol. Rev., Baltimore 5 (1953) 87-134

[56] GAMBLE, H.J.: An experimental study of the secondary olfactory connections in Lacerta viridis.
J. Anat., London 86 (1952) 180-196

[57] GEIGY, J.R. (Hrsg.): Documenta Geigy. Wissenschaftliche Tabellen.
7. Aufl. Basel: Geigy 1968

[58] GERHARD, L.: Zur vergleichenden Anatomie und Histologie vegetativer Kerngebiete in Mittelhirn, Brücke und Medulla oblongata.
Acta neuroveget., Wien 30 (1967) 155-168

[59] GERHARD, L.: Atlas des Mittel- und Zwischenhirns des Kaninchens.
Berlin, Heidelberg, New York: Springer 1968

[60] GILLILAN, L.A.: The nuclear pattern of the non-tectal portions of the midbrain and isthmus in rodents.
J. Comp. Neurol., Philadelphia 78 (1943) 213-440

[61] GIRGIS, M.: The basal rhinencephalic structures and olfactory connexions in the coypu rat (Myocastor coypus).
Thesis for degree of Ph. D. St. Mary's Hospital Medical School, London March 1965

[62] GOLDBY, F.: The cerebral hemispheres of Lacerta viridis.
J. Anat., London 68 (1934) 157-215

[63] GOLDBY, F.: On the relative position of the hippocampus and the corpus callosum in placental mammals.
J. Anat., London 74 (1939/40) 227-238

[64] GRAY, P.A.: The cortical lamination pattern of the opossum, Didelphis virginiana.
J. Comp. Neurol., Philadelphia 37 (1924) 221-260

[65] GURDJIAN, E.S.: The corpus striatum of the albino rat.
J. Comp. Neurol., Philadelphia 45 (1928) 249-281

[66] HABERMEHL, K.-H.: Die Altersbestimmung bei Haustieren, Pelztieren und beim jagdbaren Wild.
Berlin und Hamburg: Parey 1961

[67] HARMS, J.W.: Biologie des Wachstums.
In: Handbuch der allgemeinen Pathologie.
(Hrsg.) BÜCHNER, F., LETTERER, E. und ROULET, F.
Berlin, Göttingen, Heidelberg: Springer 6. Band, 1. Teil 1955, S. 139-179

[68] HARTLEY, H.O.: The estimation of non-linear parameters by "internal least squares".
Biometrika 35 (1948) 32-45

[69] HASSLER, R.: Limbische und diencephale Systeme der Affektivität und Psychomotorik.
Muskel und Psyche, Symp. 18./19.10.1963 in Wien
Basel: Karger 1964, S. 3-33

[70] HASTINGS, C.: Approximations for digital computers.
Princeton Univ. Press 1954

[71] HAUG, H.: Quantitative Untersuchungen an der Sehrinde.
Stuttgart: Thieme 1958

[72] HERRE, W. und STEPHAN, H.: Zur postnatalen Morphogenese des Hirnes verschiedener Haushundrassen.
Morphol. Jb., Leipzig 96 (1955) 210-264

[73] HICKS, S.P. and D'AMATO, C.J.: Cell migrations to the isocortex in the rat.
Anat. Rec., Philadelphia 160 (1968) 619-634

[74] HILD, W.: Das Neuron.
In: Handbuch der mikroskopischen Anatomie des Menschen.
(Hrsg.) MÖLLENDORFF, W.v. und BARGMANN, W.
Berlin, Göttingen, Heidelberg: Springer 4. Band, 4. Teil 1959, S. 1-184

[75] HIMWICH, W. and HIMWICH, H.: The developing brain.
Progress in brain research. Vol. 9 Amsterdam: Elsevier 1964

[76] HOPF, A.: Volumetrische Untersuchungen zur vergleichenden Anatomie des Thalamus.
J. Hirnforsch. 8 (1965) 25-38

[77] HOPF, A. und ECKERT, H.: Autoradiographic studies on the distribution of psychoactive drugs in the rat brain.
Psychopharmacologica, Berlin 16 (1969) 201-222

[77a] HOPF, A. and CLAUSSEN, C.P.: Comparative studies on the fresh weight of the brains and spinal cords of Theropithecus gelada, Papio hamadryas and Cercopithecus aethiops.
3. Internat. Congress of primatology in Zürich 3.8.70 (im Druck)

[78] HUMPHREY, T.: The development of the human amygdala during early embryonic life.
J. Comp. Neurol., Philadelphia 132 (1968) 135-166

[79] HYDÉN, H.: The neuron.
In: The Cell.
(Ed.) BRACHET, J. and MIRSKY, A.
New York: Academic Press 4. Vol., Part 1 1960, pp. 215-323

[80] IBM 7090/7094: IBSYS Operating System Version 13
Fortran IV language.
File No. 7090-25
Form C 28-6390-2

[81] JANSEN, J. und BRODAL, A.: Das Kleinhirn.
In: Handbuch der mikroskopischen Anatomie des Menschen.
(Hrsg.) MÖLLENDORFF, W.v. und BARGMANN, W.
Berlin, Göttingen, Heidelberg: Springer 4. Band, 8. Teil 1958

[82] JOHNSON, M.L.: The time and order of appearance of ossification centers in the albino mouse.
Amer. J. Anat. 52 (1933) 241-271

[83] JOHNSON, T.N.: Studies on the brain of the guinea pig. The nuclear pattern of certain basal telencephalic centers.
J. Comp. Neurol., Philadelphia 107 (1957) 353-377

[84] JOHNSTON, J.B.: Further contributions to the study of the evolution of the forebrain.
J. Comp. Neurol., Philadelphia 35 (1923) 337-481

[85] KÄRBER, E.: Beitrag zur kollektiven Behandlung pharmakologischer Reihenversuche.
Arch. exper. Path. Pharmak., Leipzig 162 (1931) 480-483

[86] KLATT, B.: Studien zum Domestikationsproblem, Untersuchungen am Hirn.
Biblioth. Genet. 2 (1921) 1-180

[87] KLATT, B.: Noch einmal: Hirngröße und Körpergröße.
Zool. Anz. 155 (1955) 215-232

[88] KÖNIG, J.F.R. and KLIPPEL, R.A.: The rat brain, a stereotaxic atlas.
Baltimore: Williams and Wilkins 1963

[89] KORNELIUSSEN, H.K.: On the morphology and subdivision of the cerebellar nuclei of the rat.
J. Hirnforsch. 10 (1968) 109-122

[90] KORNELIUSSEN, H.K.: On the ontogenetic development of the cerebellum (nuclei, fissures, and cortex) of the rat, with special reference to regional variations in corticogenesis.
J. Hirnforsch. 10 (1968) 379-412

[91] KOVAC, W. und DENK, H.: Der Hirnstamm der Maus.
Wien, New York: Springer 1968

[92] KRETSCHMANN, H.-J. und WINGERT, F.: Über die Fehlergröße der Oberflächenbestimmung nach der Schnittserienmethode.
Zschr. wiss. Mikrosk. 68 (1967) 93-114

[93] KRETSCHMANN, H.-J.: Die Myelogenese eines Nestflüchters (Acomys (cahirinus) minous, BATE 1906) im Vergleich zu der eines Nesthockers (Albinomaus).
J. Hirnforsch. 9 (1967) 373-396

[94] KRETSCHMANN, H.-J. und WINGERT, F.: Über die quantitative Entwicklung der Hippocampusformation der Albinomaus.
J. Hirnforsch. 10 (1968) 471-486

[95] KRETSCHMANN, H.-J. und WINGERT, F.: Biometrische Analyse der Volumina des Corpus amygdaloideum an einer ontogenetischen Reihe von Albinomäusen.
Brain Research 12 (1969) 200-222

[96] KRETSCHMANN, H.-J. und WINGERT, F.: Biometrische Analyse der Volumina des Striatum einer ontogenetischen Reihe von Albinomäusen.
Zschr. Anat. Entw.gesch. 128 (1969) 85-108

[97] KRETSCHMANN, H.-J. und WINGERT, F.: Biometrische Analyse der Volumina des Cortex piriformis einer ontogenetischen Reihe von Albinomäusen.
Zschr. Anat. Entw.gesch. 129 (1969) 234-258

[98] KRETSCHMANN, H.-J., SCHLEIFENBAUM, L., WINGERT, F.: Quantitative studies on the postnatal development of Cercopithecus aethiops.
3. Internat. Congress of primatology in Zürich 3.8.70 (im Druck)

[99] KRIEG, W.J.S.: Connections of the cerebral cortex. I. The albino rat. A. Topography of the cortical areas. B. Structure of the cortical areas. C. Extrinsic connections.
J. Comp. Neurol., Philadelphia 84 (1946) 221-275, 277-323

[100] KRIEG, W.J.S.: Connections of cerebral cortex. I. The albino rat. C. Extrinsic connections.
J. Comp. Neurol., Philadelphia 86 (1947) 267-394

[101] KRIEG, W.J.S.: Functional neuroanatomy.
Bloomington: Pantagraph Printing 1966

[102] KROON, H.M.: Die Lehre der Altersbestimmung bei den Haustieren.
Hannover: Schaper 1929

[103] LAISSUE, J.: Die histogenetische Gliederung der Rindenanlage des Endhirns.
Acta anat., Basel 53 (1963) 158-185

[104] MARCHAND, F.: Ueber das Hirngewicht des Menschen.
Abhandlung. mathem.-phys. Classe Kön. Sächs. Ges. Wissensch. 27 (1902) 390-482

[105] MARTIN, R.: Entwicklungszeiten des Zentralnervensystems von Nagern mit Nesthocker- und Nestflüchterontogenese. (Cavia cobaya Schreb. und Rattus norvegicus Erxleben).
Revue suisse de Zoologie 69 (1962) 617-727

[106] MAYR, E.: Artbegriff und Evolution.
Hamburg: Parey 1967

[107] MICHAELIS, P.: Das Hirngewicht des Kindes.
Monatsschrift für Kinderheilkunde 6 (1907/08) 9-26

[108] MÜLLER, K.H. und STREKER, I.: FORTRAN IV.
Mannheim: Bibliographisches Institut, Hochschulskriptum Nr. 804 1967

[109] NELDER, J.A.: The fitting of a generalization of the logistic curve.
Biometrics 17 (1961) 89-110

[110] ORTMANN, R.: Histochemische Untersuchungen auf Succinodehydrogenase am Gehirn bei verschiedenen Vertebraten.
Acta histochem. 4 (1957) 158-165

[111] ORTMANN, R.: Die Chemoarchitektonik des Gehirns.
Dtsch. med. Wschr. 86 (1961) 2063-2068

[112] PEARL, R. and REED, L.J.: Skew-growth curves.
Proc. Nat. Acad. Sci., Washington 11 (1923) 16-22

[113] PETRI, CH.: Die Skelettentwicklung beim Meerschwein.
Vierteljahresschrift Nat. Ges. Zürich 80 (1936) 157-240

[114] PFANZAGL, J.: Allgemeine Methodenlehre der Statistik.
Göschen Band 747/747a Berlin: de Gruyter 1968

[115] PFISTER, H.: Neue Beiträge zur Kenntnis des kindlichen Hirngewichts.
Archiv für Kinderheilkunde 37 (1903) 239-251

[116] PORTMANN, A.: Cerebralisation und Ontogenese.
Medizinische Grundlagenforschung 4 (1962) 1-62

[117] PRIGGE, R. und SCHÄFER, W.: Methoden der Wertbemessung biologisch wirksamer Substanzen.
Arch. exper. Path. Pharmak., Leipzig 191 (1939) 281-310

[118] RAMSEY, H.: Electron microscopy of the developing cerebral cortex of the rat.
Anat. Rec., Philadelphia 139 (1961) 333

[119] RICHARDS, F.J.: A flexible growth function for empirical use.
J. Exp. Botany 10 (1959) 290-300

[120] ROBBINS, H. and MONRO, S.: A stochastic approximation method.
Ann. Math. Stat. 22 (1951) 400

[121] ROESSLE, R. und ROULET, F.: Maß und Zahl in der Pathologie.
Berlin und Wien: Springer 1932

[122] RÖHRS, M.: Biologische Anschauungen über Begriff und Wesen der Domestikation.
Zschr. Tierzüchtung und Züchtungsbiologie 76 (1961) 7-23

[123] ROMEIS, B.: Mikroskopische Technik.
München und Wien: Oldenburg Verlag 1968

[124] ROMER, A.S.: Vergleichende Anatomie der Wirbeltiere.
Übersetzt u. bearb. FRICK, H.
Hamburg: Parey 1966

[125] ROSE, M.: Über das histogenetische Prinzip der Einteilung der Großhirnrinde.
J. Psychol. Neurol., Leipzig 32 (1926) 97-160

[126] ROSE, M.: Cytoarchitektonischer Atlas der Großhirnrinde der Maus.
J. Psychol. Neurol., Leipzig 40 (1929/30) 1-51

[127] SANIDES, F.: Untersuchungen über die histologische Struktur des Mandelkerngebietes.
J. Hirnforsch. 3 (1957) 56-77

[128] SANIDES, F.: Wie sich das Menschenhirn entwickelt hat.
Ingelheim: C.H. Boehringer Sohn 1962

[129] SCHARF, J.-H.: Zum Körperlängenwachstumsgesetz der menschlichen Leibesfrucht.
Acta anat., Basel 73 (1969) 10-18

[130] SCHARF, J.-H., MUTAFOV, ST. und HELWIN, H.: Analysis des somatischen und des psychischen Wachstums Minderbegabter auf Grund quantitativer Untersuchungen.
Morph. Jb., Leipzig 114 (1970) 359-392

[131] SCHARRER, E.: Vom Bau und Leben des Gehirns.
Berlin: Springer 1936

[132] SCHNEIDER, B.: Probitmodell und Logitmodell in ihrer Bedeutung für die experimentelle Prüfung von Arzneimitteln.
Antibiot. et Chemother. 12 (1964) 271-286

[133] SCHONBACH, J., HU, K.H. and FRIEDE, R.L.: Cellular and chemical changes during myelination: histologic, autoradiographic, histochemical and biochemical data on myelination in the pyramidal tract and corpus callosum of rat.
J. Comp. Neurol., Philadelphia 134 (1968) 21-38

[134] SCHUMACHER, G.H., WOLFF, E. und JUTZI, E.: Quantitative Untersuchungen über das postnatale Organwachstum des Goldhamsters (Mesocricetus auratus Wrth.). I. Körpergewicht-Herz.
Morph. Jb., Leipzig 107 (1965) 550-567

[135] SCHUMACHER, G.H. und WOLFF, E.: Zur vergleichenden Osteogenese von Gallus domesticus L., Larus ridibundus L. und Larus canus L..
III. Knochenwachstum von Gallus domesticus L. und Larus ridibundus L..
Morph. Jb., Leipzig 112 (1968) 123-138

[136] SMART, J.: The subependymal layer of the mouse brain and its cell production as shown by radioautography after thymidine -H_3 injection.
J. Comp. Neurol., Philadelphia 116 (1961) 325-347

[137] SPATZ, H.: Anatomie des Mittelhirns.
In: Handbuch der Neurologie.
(Hrsg.) BUMKE, O. und FOERSTER, O.
Berlin: Springer 1935, 1. Band, S. 474-540

[138] STARCK, D.: Die Evolution des Säugetier-Gehirns.
Wiesbaden: Steiner 1962

[139] STARCK, D.: Die Neencephalisation (Die Evolution zum Menschenhirn).
In: Menschliche Abstammungslehre.
(Hrsg.) HEBERER, G.
Stuttgart: Fischer 1965, S. 103-144

[140] STEPHAN, H.: Vergleichend-anatomische Untersuchungen an Insektivorengehirnen.
Acta anat., Basel 44 (1961) 12-59

[141] STEPHAN, H. und ANDY, O.: The septum.
J. Hirnforsch. 5 (1962) 229-244

[142] STEPHAN, H.: Die kortikalen Anteile des limbischen Systems.
Der Nervenarzt 35 (1964) 396-401

[143] STEPHAN, H.: Größenänderungen im olfaktorischen und limbischen System während der phylogenetischen Entwicklung der Primaten.
In: Evolution of the forebrain.
(Hrsg.) HASSLER, R. and STEPHAN, H.
Stuttgart: Thieme 1966, S. 377-388

[144] UZMAN, L.: The histogenesis of the mouse cerebellum as studied by its tritiated thymidine uptake.
J. Comp. Neurol., Philadelphia 114 (1960) 137-159

[145] VALVERDE, F.: Studies on the piriform lobe.
Cambridge: Harvard University Press 1965

[146] VÖLSCH, M.: Zur vergleichenden Anatomie des Mandelkerns und seiner Nachbargebilde.
Arch. mikrosk. Anat. 76 (1910) 373-523

[147] WAERDEN, B.L. van der: Wirksamkeits- und Konzentrationsbestimmung durch Tierversuche.
Arch. exper. Path. Pharmak., Leipzig 195 (1940) 389-412

[148] WAERDEN, B.L. van der: Mathematische Statistik.
Berlin, Heidelberg, New York: Springer 1965

[149] WEBSTER, R.E.: Cortico-striate interrelations in the albino rat.
J. Anat., London 95 (1961) 532-544

[150] WEISS, P.: Evidence of perpetual proximo-distal growth of nerve fibres.
Biol. Bull., Lancaster 87 (1944) 160

[151] WINGERT, F.: Biometrische Analyse der Wachstumsfunktionen von Hirnteilen und Körpergewicht der Albinomaus.
J. Hirnforsch. 11 (1969) 133-197

[152] WINGERT, F.: Eine Verallgemeinerung der logistischen Wachstumsfunktion.
Schriftenreihe des Deutschen Rechenzentrums, Heft S-9 Darmstadt: 1969

[153] WINGERT, F.: Eine Verallgemeinerung der logistischen Wachstumsfunktion.
Biometrische Zeitschrift (im Druck)

[154] WINGERT, F.: Sensitivitätsanalyse einiger bekannter statistischer Tests.
Schriftenreihe des Deutschen Rechenzentrums, Heft S-13 Darmstadt: 1970

[155] WINGERT, F. und ERZ, J.: Eine neue numerische Methode zur Oberflächenbestimmung.
Biometrische Zeitschrift 10 (1968) 182-198

[156] WIRZ, K.: Ontogenese und Cerebralisation bei Eutheria.
Acta anat., Basel 20 (1954) 318-329

[157] WÜNSCHER, W., SCHOBER, W. und WERNER, L.: Architektonischer Atlas vom Hirnstamm der Ratte.
Leipzig: Hirzel 1965

[158] ZEMAN, W. and INNES, J.: CRAIGIEs Neuroanatomy of the rat.
New York: Academic Press 1963

[159] ZURMÜHL, R.: Praktische Mathematik für Ingenieure und Physiker. Berlin, Heidelberg, New York: Springer 1963

Während des Druckes erschienen zwei interessante Arbeiten:

[160] GROVER, N. B., BLOCH, M. and GROSS, J.: Computer analysis of growth of rats. Growth 34 (1970) 145-152

[161] PARKS, J. R.: Growth curves and the physiology of growth. Amer. J. Physiol. 219 (1970) 833-843

8.3 Sachverzeichnis